化学工业出版社"十四五"普通高等教育规划教材·**风景园林与园林类**

园林植物
识别与配置设计

袁伊旻　潘晶晶　张林梅 ◉ 主编

化学工业出版社

·北京·

内容简介

《园林植物识别与配置设计》以园林植物应用为导向，分上、下两篇。上篇主要从植物器官认知到园林植物应用分类，依次讲解常见园林乔木、灌木、藤本、花卉、水生、竹类、观赏草、草坪草8类植物，并选取典型的植物应用形式通过调研设计的形式说明，增加植物认知的准确性和实用性。下篇主要讲述了园林植物的景观配置设计原则、内容与程序、图纸表现及8类常见园林植物的设计应用，引用了建筑、假山水景、地形、景观小品、道路等景观要素组合设计的优秀案例，理论与实践充分结合。全书内容编写充分考虑了园林植物从认知到应用的特点，从整体到局部、从易到难，层层递进、逐层深入，符合应用型人才培养教学目标要求。

《园林植物识别与配置设计》可作为高等院校园林、风景园林、园艺、观赏园艺、林学、农学、植物学等专业师生的教材，也可作为园林设计师、园林植物养护等科研、管理工作者的参考用书。

图书在版编目（CIP）数据

园林植物识别与配置设计/袁伊旻，潘晶晶，张林梅
主编．—北京：化学工业出版社，2024.7
ISBN 978-7-122-45441-6

Ⅰ．①园… Ⅱ．①袁… ②潘… ③张… Ⅲ．①园林植物-
识别②园林植物-景观设计 Ⅳ．①S688②TU986.2

中国国家版本馆 CIP 数据核字(2024) 第 075159 号

责任编辑：尤彩霞　　　　　　　装帧设计：韩　飞
责任校对：宋　玮

出版发行：化学工业出版社
　　　　　（北京市东城区青年湖南街 13 号　邮政编码 100011）
印　　刷：北京云浩印刷有限责任公司
装　　订：三河市振勇印装有限公司
787mm×1092mm　1/16　印张 17　字数 441 千字
2024 年 8 月北京第 1 版第 1 次印刷

购书咨询：010-64518888　　　　售后服务：010-64518899
网　　址：http://www.cip.com.cn
凡购买本书，如有缺损质量问题，本社销售中心负责调换。

《园林植物识别与配置设计》
编写人员名单

主　　编：	袁伊旻	潘晶晶	张林梅
副 主 编：	唐艳平	胡　俊	赵丽艳
	袁　燎	傅　强	
参　　编：	彭　莉	肖　冰	陈小娅
	李　华	蒋楠楠	谈　洁
	胡　轩	刘崇敏	刘　瑶
	王雪晶	郑天朗	李志斌
	胡燨月	高　倚	

前　言

　　营造舒适、宜人、生态良好的自然环境是城市建设追求的目标，打造更高层次、更具品位的环境景观是现代城市建设的必然趋势。园林植物是营造城市景观空间的重要材料，从事景观设计的相关工作人员需重视园林植物的景观设计与营造，使园林植物在城市景观建设中发挥更大的作用。

　　本书主要特色如下：

　　一、编写模式新颖。本书打破了传统教材的章节编写模式，采用"项目导向、任务驱动、实训加强、知识拓展（以二维码链接形式呈现）、练习巩固"五位一体的编写模式，结合作者多年的教学经验和研究成果，充分利用园林植物鲜活、有机的生命色彩，突出植物本身的亲人性，引导读者"走出去、蹲下来、看清楚、能识别、会应用、懂设计"，使内容更具互动性、针对性、实用性、可操作性。

　　二、内容循序渐进，符合学生认知规律。全书分为上篇和下篇，一共 11 个项目单元、37 个任务、12 个实训模块、11 个知识拓展（以二维码链接形式呈现）、11 个练习与思考。全书内容编写完全遵循读者的知识认知、技能形成、岗位需求、职业成长规律，充分考虑了园林植物从认知到应用的特点，注重从整体到局部、从易到难、层层递进、逐层深入的逻辑关系，更加符合应用型人才培养教学目标要求。

　　三、突出植物应用特色的描述。目前应用型高校的学生和教师亟需具有针对性、专业性的园林植物与应用知识的教材。本书以此诉求为目标，着重阐述植物形态特征、识别要点、园林用途、植物文化、生态习性等知识点。

　　四、突出职业核心技能。注重内容与植物应用工作岗位需求相结合，突出职业核心技能，每一内容模块都是基于企业的工作岗位需求进行描述，尤其是工作任务、实训模块、知识拓展（以二维码链接形式呈现）等内容与绿化工、花卉工、施工员、建造师等从业人员获取从业证书的知识需求有紧密联系，使读者学习更具目的性，职业核心技能得以突出。

　　本书由华中农业大学、武汉设计工程学院、哈尔滨信息工程学院、成都艺术职业大学、湖北工程学院、武汉生物工程学院的专业教师、工程师联合编写。同时，本书的编写得到了武汉设计工程学院校级教学研究项目"'金课'背景下地方新建本科高校植物类课程建设的研究和实践"（2019JY111）和"武汉设计工程学院校级教材《园林植物基础》建设项目"（JC202103）、"数字化景观技术下的风景园林规划设计课程教学模式探索与实践"（2021JY101）、"城市微更新理念下口袋公园设计探究"（B2021370）项目的支撑。本书中植物的中文名与拉丁名均与 1999—2013 年出版的 *Flora of China*（《中国植物志》英文修订版）保持一致，少数物种根据行业习惯略有变动。

　　由于编者水平有限，书中难免有疏漏和不足之处，敬请广大读者批评指正，在此谨致以深深的谢意！

编者

2023 年 12 月

目　录

上　篇

上 篇

绪 论

知识目标： 理解并掌握园林植物及配置设计、植物造景等相关概念。了解园林植物的4大功能，并能举出相应的例子。了解园林植物及配置设计的国内外发展历程以及未来发展趋势，从而更好把握植物配置设计的前景与方向。

技能水平： 通过学习本章内容，对本门课程有更直观的认识与了解，掌握本门课程的学习方法。

导言

园林植物作为一种体现生命的自然物，本身具有两方面的属性：一是自然属性，如生态习性、形态特征、生物学特性等；二是人文属性，反映人的需要、情感、意境和理想。"天人合一"的思想要求两者完美结合，彰显"源于自然，高于自然"的艺术境界。其本质表现在人对大自然的尊重，强调保护自然生境，凭借用地天然的条件成景，使其升华到一个更高的艺术境界，使表达形式更加趋于和谐、完美。

本章通过对园林植物基础知识的学习，包括相关概念的界定、园林植物的基本功能，以及园林植物的国内外发展历程，可以对后续内容的理解与掌握更加深刻，能从更高角度理解园林植物及配置设计的基本内涵。

一、相关概念

1. 园林植物

园林植物（landscape plant）是指适用于园林绿化的植物材料，包括木本和草本的观花、观叶或观果植物，以及适用于园林、绿地和风景名胜区的防护植物与经济植物。室内花卉装饰用的植物也属于园林植物的概念范畴。通俗来讲，园林植物涵盖了所有具有观赏价值的植物（图0-1）。

与普通栽培植物相比，园林植物是专门用于园林景观设计用途的，其分类概念、应用宗旨、分类方法、应用形式等都有所不同。园林植物对植物自身的观赏价值、季相变化、树形树冠、市场供应量、文化内涵、生态习性、后期养护等都是有所要求的，并不是所有的植物都能作为园林用途。每一种植物都有其独特性和功能用途，需结合具体场景应用。

2. 园林植物造景

植物个体、自然植被和植物群落自身形态所表现的形象，通过人们的感官传递到大脑皮质所引起的感受和联想，被称为植物景观。学术上，"植物景观"不仅包括利用植物为主题营造的人工视觉景观，还包括通过植物景观来实现的生态学和文化上的人造景观。

(a) 玉兰　　　　　　　　　　　　　　　(b) 梅花

(c) 竹　　　　　　　　　　　　　　　(d) 桂花

图 0-1　不同的园林植物

园林植物造景是利用一些园林植物材料（如乔木、灌木、藤本植物、草本植物等），在充分考虑植物的线条、颜色、形状等自然属性的同时，通过一定的艺术手法将植物的这些自然美表现出来的一种人工修饰景观。因此植物造景必须遵循一定的科学性和艺术性，它不仅要注重生态适应中植物与环境的统一，而且须根据适当的艺术创作为指导，力求在反映植物个体和群体的形式美的同时，还能使人们在观赏时产生一定的意境美（图 0-2）。

3. 植物配置

与植物配置相关的说法很多，比如植物搭配、种植设计，国外相关概念有 "plant design""planting the landscape" 等，虽然内容都是与植物的种植设计有关，但是也有一些差异。根据学者的释义，植物配置就是利用植物材料结合造园的其他题材，按照园林植物的生长规律和立地条件，采用不同的构图形式，组成不同的园林空间，创建各式的园林景色以满足人们游憩观赏的需要。

虽然有非常相似的概念与提法，但每个概念的侧重点不尽相同。园林植物造景这个概念主要是强调利用植物自身的特性来创造景观。而植物配置这个概念强调植物结合其他的题材，通过不同的形式和手法来达到创造景观的目的。总之，植物的配置设计、造景设计都是根据园林总体规划的功能要求和景区布局的要求，结合造园的其他题材，运用不同种类植物材料自身的美学和生态特性，按照科学性及艺术性的原则，布置成各种形式的种植类型（植物群落）以满足园林绿地中各个地段审美、游憩、改善环境等的要求。

二、园林植物的功能

园林植物在环境中的功能主要体现在以下几个方面。

1. 园林植物的生态功能

园林植物具有改善环境的作用：净化空气、改善城市小气候、净化水体、降低噪声、净

图 0-2　植物景观体现出的美景及意境

化土壤等。植物通过光合作用吸收 CO_2，放出 O_2，又通过呼吸作用吸收 O_2 和排出 CO_2，但是，光合作用所吸收的 CO_2 要比呼吸作用排出的 CO_2 多 1/3，即植物整体是消耗了空气中的 CO_2，增加了空气中含 O_2 量。所以园林植物又被称为"造氧工厂"。

（1）净化空气

城市建设中，大气污染是城市的一种严重公害。其中对人类生活环境威胁最大的是烟尘、二氧化硫、二氧化碳、氟化氢等有害物质，这些，也是城市的主要污染物。许多园林植物对大气中有毒物质具有较强抗性和吸毒净化能力，所以园林植物具有监测大气污染的作用。例如用凤仙花、月季可对二氧化硫进行监测，郁金香、杜鹃可对氟及氟化氢进行监测，一串红、竹可对氯及氯化氢进行监测等。

同时，园林植物也能吸收有害气体，使空气净化。据有关部门测定，二氧化硫通过 15 米宽法国梧桐木林带后，平均浓度下降 53.7%，可见园林植物能够阻挡和吸收各种有害气体。因此，合理配置城市园林绿化植物可吸收净化有毒气体，阻挡粉尘飞扬；多种植草坪可以防止灰尘再起，从而大大减少人类疾病。据测定，绿化林带或树丛比没有绿化的空旷地降尘量减少 23%～52%，飘尘量减少 37%～60%。为此，市民们将城市园林植物称为城市中消除粉尘污染的"过滤器"（图 0-3）。

（2）杀死病菌

园林植物能减轻细菌污染，是天然的"灭菌器"。由于城市园林绿地被花草树木等地被植物覆盖，上空的灰尘相应减少，也减少黏附其上的病原菌。此外，许多园林植物还能分泌出一种具有一定杀菌作用的杀菌素。据测定，凡是有绿化树木花草的地方比空旷地空气中含菌量显著减少。由此可见，搞好绿化对城市的环境卫生起到积极作用，故把园林植物称为城市的"净化器"。

图 0-3　可降低有害气体浓度的法国梧桐行道树　　　　图 0-4　形成天然"消声器"的行道树

（3）减轻噪声

园林植物可以减轻噪声干扰，是天然的"消声器"。由于城市中交通繁忙，工厂林立，其噪声有时严重。城市噪声是一种公害，对人们的工作、休息和身体健康影响很大。当噪声强度超过 70 分贝时，就会使人产生头昏、头痛、神经衰弱等不良症状。而园林植物枝叶茂密，有吸收和阻挡噪声的功能。如行道树选择雪松、水杉等树种，它们的冠和茎叶对声波有散射的作用，树叶表面的气孔和粗糙的毛，就像多孔纤维吸收声板，能把噪声吸收，可降低噪声。因此，人们把园林植物称为天然的"消声器"（图 0-4）。

2. 园林植物的美化功能

很多园林植物都具有较高的观赏价值，以其优美的姿态、丰富的色彩、季相的变化为园林景观、城市环境增添了不少美色。每种植物都有其独特的形态、色彩、风韵、芳香等，这些特色又能随季节和植物年龄的变化而变化。在园林绿化中，人们不但能欣赏植物的单体美，还能欣赏到植物的群体美和配置协调美等。

植物的外形千姿百态，不同形状和性状的植物经过精心设计和妥善培植，可以产生韵律感、层次感等种种艺术组景的效果，这对园林境界的创作起着巨大的作用。除此之外，植物的叶、花、果、干等，都具有一定的观赏价值和园林应用价值（图 0-5）。

植物的叶具有极其丰富多彩的形貌，叶的大小、形状、质地、色彩等，都具有很高的观赏价值。如银杏，一片片银杏叶像一把把展开的扇子，到了秋天，银杏树叶变成金黄，随风飘落时像一只只金黄色的蝴蝶翩翩起舞。

植物的花有各种各样的形状和大小，而在色彩上更是千变万化、层出不穷，有些花还具有令人陶醉的芳香。单朵的花又常排聚成大小不同、形式各异的花序。同时，开花的季节、开放时间的长短以及开放期内花色的变化等都有不同的观赏意义。

植物的果实既有很高的经济价值，又有突出的美化作用。一般来说，果实的形状以奇、巨、丰为好。"奇"指的是形状奇异有趣，如铜钱树的铜币状果实、腊肠树的香肠状果实、秤锤树的秤锤状果实等；"巨"指的是单体的果形较大或果序较大，如果大的柚子、椰子等；"丰"指的是植株上果实的数量非常丰盛。果实的色彩还具观赏意义，有红色、黄色、蓝紫色、白色、黑色，或有花纹，或呈透明等。同时植物的叶、花、果实、茎、干又有招引其他生物的作用，可给园林带来生动活泼的气氛。

3. 园林植物的经济功能

大多数园林植物均具有生产物质财富、创造经济价值的作用。一方面植物的全株或其一部分，如叶、根、茎、花、果、种子以及所分泌的乳胶、汁液等，许多都可以入药、食用或做工业原料用，其中一些甚至属于国家经济建设或出口贸易的重要物资；另一方面，由于运用某些园林植物提高了园林的质量，因而增加了游人量和经济收入，并使游人在身体和精神

(a) 银杏

(b) 牡丹

(c) 腊肠树

(d) 酒瓶椰子

图 0-5　植物的不同观赏部位

上得到休息和享受，这也是一种经济功能。园林植物的经济功能是多种多样的，在具体实施中必须因地制宜、深入细致地进行考虑。

4. 园林植物的文化功能

自古以来，人们就用植物来表达自己的某种情感，例如中国古诗文中常提到的"花中四君子"——梅、兰、竹、菊，"岁寒三友"——松、竹、梅。其中，梅迎寒而开，超凡脱俗，而且具有傲霜斗雪的特征，是坚韧不拔人格的象征。兰，花朵色淡香清并且多生于幽僻之处，故常被看作是谦谦君子的象征。竹，经冬不凋，且自成美景，人们认为其刚直谦逊，不亢不卑，潇洒处世，常被用来比喻不同流俗的高雅之士。菊，不仅清丽淡雅、芳香袭人，还艳于百花凋后，不与群芳争列，故历来被用于象征恬然自处、傲然不屈的高尚品格。常被用来比喻坚强不屈、不怕风雪之意。

植物的这种源自中国传统文化的内涵仍旧反映在现代园林设计中。例如四季常青、抗性极强的松柏类，常用以代表坚贞不屈的革命精神；富丽堂皇、花大色艳的牡丹，被视为繁荣兴旺的象征，表现主人雍容华贵、富贵昌盛。在其他国家植物也有着丰富的文化内涵，如在欧洲许多国家以月桂代表光荣、油橄榄象征和平等。

三、园林植物景观设计的发展历程及发展趋势

（一）中国早期的植物造景（古典园林）发展历程

1. 萌芽生成期——商、周、秦、汉（公元前 11 世纪—公元 220 年）

据有关典籍记载，我国造园始于商周，其时称之为囿。最初的"囿"，就是把自然景色优美的地方圈起来，放养禽兽，挖池筑台，供帝王狩猎，所以也叫游囿。天子、诸侯都有

囿，只是范围和规格等级上的差别，"天子百里，诸侯四十"。汉起称苑，汉朝在秦朝的基础上把早期的游囿，发展到以园林为主的帝王苑囿行宫，除布置园景供皇帝游憩之外，还举行朝贺，处理朝政。汉高祖的"未央宫"、汉文帝的"思贤苑"、汉武帝的"上林苑"等，都是这一时期的著名苑囿。

《苏州志》记载的"穿沼凿池，构亭营桥，所植花木，类多茶与海棠"，描绘了当时比较简单的人工种植设计。秦始皇时期，出现了为道路遮阴的行道树种植设计。汉武帝时期，"上林苑"种植的植物达 2000 多种。据《西京杂记》记载，有梨十、枣七、栗四、桃十、李十五、奈三（苹果的一种）、查三（即山楂）、椑三、棠四、梅七、杏二、桐三（以上均为种）；林檎十、枇杷十、橙十、安石榴十、楟十、白银树十、黄银树十、槐六百四十、千年长生树十、万年长生树十、摇风树十、鸣风树十、琉璃树七、池离树十、离娄树十、白俞、梬杜、梬桂、梬漆树十、楠四、枞七、栝十、楔四、枫四（以上均为株）及专门种植南方奇花异草的扶荔宫。

2. 成长转折期——魏、晋、南北朝（公元 220—589 年）

魏、晋、南北朝是我国社会发展史上一个重要时期，一度社会经济繁荣，文化昌盛，士大夫阶层追求自然环境美，游历名山大川成为社会上层的普遍风尚。绘画艺术极大发展，文人、画家参与造园，进一步发展了"秦汉典范"。山水画成为创作的主要题材来源，出现以山水为主题的"自然山水园"。"山有高林巨树，悬葛垂萝，沼池种荷莲蒲草，再杂以奇木"是对当时种植设计风格的描述。在画意上的构图、色彩、层次和美好的意境成为造园艺术的借鉴。讲究意境与配置，通过运用桃、李、竹、柏这些植物营造景观，园林植物恰当配置、园林要素合理配置，从而产生雅俗共赏的意境，是园林中植物配置发展到成熟的标志之一。

3. 成熟全盛期——隋、唐、宋、元、明、清中期（公元 589—1796 年）

真正大批文人、画家参与造园，还是在隋唐之后。造园家与文人、画家相结合，运用诗画传统表现手法，把诗画作品所描绘的意境情趣，引用到园景创作上，甚至直接用绘画作品为底稿，寓画意于景，寄山水为情，逐渐把我国造园艺术从自然山水园阶段，推进到写意山水园阶段。隋炀帝在洛阳兴筑别苑，以西苑最为别致。唐明皇宫苑中，讲究造园技术，发展起盆景技术。

唐宋文人把生活诗意化，影响到园林，使园林成为写意山水园，追求高洁、超脱、秀逸的意境。这时用植物写意的手法发展得更快。唐朝王维辞官隐居到陕西省蓝田县辋川，辋川别业是他的终老之所。相地造园，园内山石溪流、堂前小桥亭台，依照他所绘的画图布局筑建，园景如诗如画，他的"诗中有画，画中有诗"的园林妙境，在园林发展历程中创立了一个典范，兴起了"写意山水园"。而在唐明皇的宫苑中，植物配置合理，如沉香亭前植木芍药，庭院中植千叶桃花，后苑有花树，兴庆池畔有醒醉草，太液池中栽千叶白莲，太液池岸有竹数十丛。造园的同时产生了盆栽技术。

宋朝、元朝造园，特别是在用石方面，有较大发展。宋徽宗在"丰亨豫大"的口号下大兴土木。他对绘画有些造诣，尤其喜欢把石头作为欣赏对象。先在苏州、杭州设置了"造作局"，后来又在苏州添设"应奉局"，专司搜集民间奇花异石，舟船相接地运往京都开封建造宫苑。宋徽宗时期的寿山艮岳是山水宫苑的范例，是一座具有相当规模的御苑。以山水创作为主，其建筑据景随形而改，植物配置是主景。艮岳东麓的"萼绿华堂"植梅数万株，芬芳馥郁；艮岳之西的"药寮"有参、术、杞、菊、黄精、川芎；"西庄"种植麻、菽、麦、黍、豆、粳秫，一派田园风光景色。这期间，大批文人、画家参与造园，进一步加强了写意山水园的创作意境。

私家园林以明代建造的江南园林为主要成就，如"沧浪亭（图 0-6）""拙政园（图 0-7）""寄畅园"等。同时在明末还产生了我国第一部关于园林艺术创作的理论书籍——《园冶》（作者计成，明代造园艺术巨匠）。《园冶》中植物景观的叙述语言讲求文笔气韵，不乏华丽的词语，诉诸人们种种感官知觉和审美随想。全文多用木、树、花、林、藤、萝、嫁、卉等泛指植物，对有些植物种类的具体名称缺乏清晰的界定，如竹、杨、柳等。全文涉及有具体名称的植物26种，其中常绿乔木3种：松、柏、桂花；落叶乔木9种：梅、梧桐、槐、柳、梨、杨、桑树、桃、李；灌木1种：蔷薇；草本11种：兰花、白芷、白苹、红蓼、芭蕉、芍药、麻、芦苇、荷花、菊花、溪荪；藤本1种：薜荔；竹类1种：竹。

皇家园林创建以清代康熙、乾隆时期最为活跃。当时社会稳定、经济繁荣给建造大规模写意自然园林提供了有利条件，如"圆明园""避暑山庄（图0-8）""畅春园"等。

图 0-6　沧浪亭

图 0-7　拙政园

图 0-8　承德避暑山庄

4. 发展滞后期——清中后期（公元 1796—1911 年）

造园理论探索停滞不前，加之外来侵略、西方文化的冲击、国民经济的崩溃等，使园林创作尤其是植物配置的研究与实践由全盛到衰落。

（二）国外植物景观发展历程

1. 古埃及园林植物造景

国外园林最早有记载的是公元前4000年埃及人建造的花园。由于独特的气候条件，埃及人沿着尼罗河建造的住宅庭园一般是方形，四周有高墙护卫，墙内有埃及榕（*Ficus microcarpa*）、枣椰子（*Phoenix dactylifera*）、棕榈（*Trachycarpus fortunei*）等成排种植，中间区域由4排拱形葡萄棚架组成。路两边的葡萄棚架两侧有矩形水池和花坛，靠近围墙种了两排枣椰子，还有无花果（*Ficus carica*）、刺槐（*Robinia pseudoacacia*）、石榴（*Punica granatum*）以及国外引进的蔷薇（*Rosa multiflora*）、银莲花（*Anemone cathayensis*）、矢车菊（*Centaurea cyanus*）、罂粟（*Papaver somniferum*）、藿香蓟（*Ageratum conyzoides*）、芦苇（*Phragmites australis*）等（图0-9）。

2. 西亚古典园林植物造景

（1）波斯宅园植物造景

波斯的造园是在气候、宗教、国民习性三重影响下产生的。古波斯人用钻石和珍珠建造凉

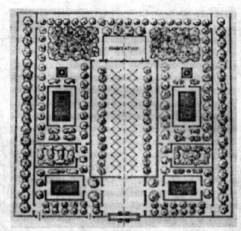

图 0-9　埃及早期植物造景

亭。在中世纪的波斯庭院中，波斯人栽培了果树与花卉。到了公元前1500年，波斯人学埃及人在山上建造住宅花园，因为是山地，所以花园呈台阶状，种植的植物有桃（*Amygdalus persica*）、杏（*Armeniaca vulgaris*）、樱桃（*Cerasus pseudocerasus*）、柑橘（*Citrus reticulata*），还用玫瑰（*Rosa* ssp.）、茉莉（*Jasminum sambac*）、番红花（*Crocus sativus*）和仙客来（*Cyclamen persicum*）等装饰花园。

（2）美索不达米亚的植物造景

美索不达米亚文明与埃及文明大致相对而立，由于地处天然森林资源丰富的两河流域，发展了以森林为主体、以自然风格取胜的造园，以狩猎为主要目的的猎苑景观曾经盛极一时。美索不达米亚的居民崇拜参天巨树，渴求绿树成荫，因而所有的"苑"都密植成行的树木。美索不达米亚地区的先民还创造了最经典的"空中花园"（hanging garden），这种"悬空园"被称为垂直绿化的鼻祖。

3. 欧洲古典园林植物造景

（1）意大利植物造景

文艺复兴时期意大利台地园可以说是西洋园林的鼻祖，主要以别墅花园为典型代表。在整个构图中，以花坛、泉池、露台为面，园路、阶梯、瀑布等为线，小水池、园亭、雕塑等为点，统一对称布置在轴线两侧。以直线道路将园子划分成整齐的长方形小区，各区以精心修剪的黄杨（*Buxus sinica*）、冬青（*Ilex chinensis*）、月桂（*Laurus nobilis*）、紫杉（*Taxus cuspidata*）绿篱围边，高耸的意大利丝柏树（*Cupressus sempervirens*）贴着小路，凉亭用树枝编成，浓密的树荫与地中海明朗的阳光形成对照，从高处俯视，如同精致的图画，由树木组成的林荫路强调了透视线以及对风景的框架作用。意大利园林中多选择常绿植物，如石松（*Lycopodium japonicum*），色彩鲜艳的开花植物用得很少；阔叶树多用七叶树（*Aesculus chinensis*）、悬铃木（*Platanus acerifolia*）等。

（2）法国植物造景

17世纪全盛时期的法国在园林上借鉴了意大利的规则式布局，创造了许多著名的别墅、宫苑。如凡尔赛宫，被誉为"Vista Garden"（图0-10）。法国园林在植物配置上更强调花坛、丛林、树篱、花格墙。花坛更突出大规模的精致效果，包括刺绣花坛、组合花坛、分区花坛、柑橘花坛、水池花坛等；丛林由修剪的树丛构成，作为花园的背景，里面有几何图案的园路；树篱作为花坛与丛林间的过渡；花格墙多用在园门、客厅、凉亭、廊架中，由藤蔓植物组成。此外，法国园林广泛采用丰富的阔叶乔木，呈现出明显的四季变化，如欧洲大叶椴（*Tilia platyphyllos*）、七叶树（*Aesculus chinensis*）、山毛榉（*Fagus longipetiolata*）、鹅耳枥（*Carpinus turczaninowii*）等。

（3）英国植物造景

英国早期受法国园林的影响，但后来发现法国园林因不能与英国的自然条件相融合而显得生硬拙劣。在17世纪的东西方贸易中，英国人从中国瓷器、漆器上描绘的中国风景园林画面获得灵感，从本国的自然风景中汲取营养，在园林设计中大量运用自然式手法，顺应自然的河流、湖泊、起伏的草地和树木自然生长的变化。通过这种地形、河流、溪水的变化，使风景避免了单调，园林呈现出一派田园牧歌式的自然景色，形成了"自然风景学派"。冬景采用外来的欧洲冷杉（*Abies alba*）、云杉（*Picea asperata*）、金钟柏（*Thuja occidentalis*）等常绿针叶树，在一些住宅绿地中又出现不规则式花园。许多植物建造成专类园，如月季园、蕨类园、草花园等。

图 0-10　凡尔赛宫植物景观

图 0-11　日本枯山水景观

4. 日本古典园林植物造景

日本园林与中国园林同属于东方园林体系，早期受中国园林的影响，但在长期的发展过程中形成了自己的特色。日本庭园一般面积较小，面积大的不过1亩多❶，面积小的仅几平方米，但颇有民族特色。日本常见的庭院类型有枯山水、池泉园、筑山庭、平庭、茶庭（图0-11）。

日本古典园林的植物配置多强调自然式，由于受佛教禅宗影响很深，日本人特别注重转瞬即逝的美，因而春赏樱花、秋赏红叶的季相景观备受欢迎。如京都平安神宫和二条城二之丸庭园是著名的赏樱胜地，古木翁郁的岚山、以竹多闻名的嵯峨野都是京都著名的赏枫胜地。每当秋枫转红，它们与京都的古刹寺庙交相辉映，别有精致与古朴的人文之美。常用植物有：苔藓、草，代表大千世界，追求"和、寂、清、静"的境界；竹子、桂花、冬青、大叶黄杨（*Euonymus japonicus*）等，体现清纯、典雅；松、柏、苏铁，象征长寿，体现生命意义。

（三）园林植物景观的现代相关理论

1. 生态主义与现代园林

1969年，美国的麦克哈格出版了《设计结合自然》一书，提出了综合性生态规划思想，在行业内产生了巨大影响。20世纪70年代以后，受生态和环境保护思想的影响，更多的景

---

❶ 1亩＝666.67平方米

观设计师在设计中遵循生态原则，生态学思想成为当代景观设计中的一个普遍原则。

2. 大地艺术与植物景观

20 世纪 60 年代，一些艺术家打破传统观念，在旷野和荒漠中直接利用自然材料作为艺术表现的手段，开拓了大地艺术的新领域。在形式上，采用简洁的几何形体，创作出超越人体尺度的艺术作品。大地艺术的思想影响着众多的植物景观设计师去探索利用更多植物和自然材料创造出更丰富的景观空间。

3. 后现代主义与景观设计

20 世纪 80 年代，人们逐渐对现代主义感到厌倦，后现代主义应运而生。与现代主义相比，后现代主义是现代主义的延续和超越，更强调设计的多元化。历史主义、复古主义、折中主义、文脉主义、隐喻与象征、非联系有序系统、讽刺、诙谐等理念，都融入景观设计中。1992 年建成的巴黎雪铁龙公园就有明显的后现代主义烙印。

4. 极简主义与现代景观

极简主义追求抽象、简化、几何秩序，以极为单一、简洁的几何形体连续重复构成作品。不少植物景观设计师在设计形式上追求极度简化，用较少的形状、物体、材料控制大尺度空间，用简单的几何形体构成景观单元，设计出简洁、有序的现代景观。

（四）我国园林植物景观的发展趋势

20 世纪 90 年代，上海如程绪珂等园林理论专家提出了生态园林概念，从理论与实践两方面进行了深入探讨，将过去单纯的观赏装饰园林向着改善人居生存环境、保护城市生态平衡转化，从而赋予园林新的含义。

随着西方现代景观设计思想的引入，国内学者有了更多接触国外园林的渠道，学科理论也不断拓展。吴良镛教授的《人居环境科学导论》就着重探讨了人与环境的相互关系，强调把人类聚居作为一个整体，更好地建设符合人类理想的聚居环境。自改革开放以后，城市公园建设受到充分重视，传统私家园林的空间逐步向城市公共园林发展，全国各地相继建设不同规模的城市公园或城市绿地群组，掀起了城市公园建设的高潮。

1982 年后，全国开展了以创建国家园林城市为目标的城市环境建设整治活动，以改善城市生态环境、提高人居环境质量为出发点，就植物在城市用地中的指标进一步提出了更高标准的量化要求。这个举措对提高城市的整体品位和素质，改善投资环境，激励市民关心、爱护自己城市的环境和景观面貌，起到积极的促进作用。在此基础上，2004 年，中华人民共和国建设部又出台了"生态园林城市"创建的阶段目标和申报评选办法，成为园林城市建设的新目标。

总的来说，我国园林植物的发展趋势，更倾向于生态园林、人居环境的设计，随着城市公共园林的不断发展，以及园林城市的大力建设，园林植物的发展必将走上新台阶。

四、园林植物配置设计的学习方法

园林植物配置设计最能体现园林设计的综合性。它涉及植物学、植物生态学、观赏园艺学、森林学、造林及果树学、园林艺术、文学、美学等多个学科，所以要求设计师的知识面很广。不同的造景风格一般都伴随以不同的学习方法。就植物配置设计而言，中国古代"师法自然"的学习方法论给我们指引了方向。从师法自然的缘由及历史作用总结，可得知师法自然的必要性。

对现代人而言，重提"师法自然"，可以由浅及深，由现代到古代，由师法自然的成果至"自然"这一源头来进行。"师法自然"分为了以下五个不同的层次。

1. 学习现有的园林植物景观——经过人为设计的"再创的自然"

可以从现有的园林植物景观中学习，而现有的园林植物景观（古典、现代）是经过人为设计后"再创的自然"，其中不乏优秀的作品，这些作品当然是我们学习的对象，对于这类植物景观的学习过程可以计划为如下步骤：

（1）初步的观摩

学习别人的设计方法不能停留在照片的欣赏上，必须到现场观看，首先是初步判断，然后决定是否可学，这是选择的过程，同时也可以由别人推荐。

（2）原有设计资料的收集

这种收集与阅读是对这一作品的充分理解，加深对设计图纸的空间想象，这种想象能力对景观设计至关重要，这是由图纸向现实环境过渡的过程，带着这种想象与理解可以进入下一步。

（3）现场调查

现场调查是师法自然过程中必不可少的一步。这一步首先是把想象中的环境与现实环境相对应，建立整体印象，再就是对各处优秀景点的具体调查、记录。可应用速写和拍照。速写不仅是对景物的描绘，更重要的是记录对景观空间的亲身感受。拍照可以起到记录的作用，但对于感受的记录是无法替代速写的。记录还包括对景物的分析，如平面布局，植物的种类、大小、形态、长势、色彩关系，土壤状况，地形特点，与其他景观的联系，等等。

（4）整理、对比、总结

根据调查记录进行整理，凭记忆描绘平面图，着重植物在空间上的关系。对各景点的记录通过重新描绘整理，与原来的设计图对比，再来回想其优秀景观的形象，与照片对比，最后总结其合理性。而这一过程可能会加入个人的设计意识。

2. 学习关于景观的文学书画作品——经过提炼的"想象的自然"

植物配置大师往往懂诗知画，文学修养较高，他们构思园林，往往先用简练的诗句构出各景区的主题，然后根据诗意作些草图，在建造时则仔细体味诗意，推敲山水、亭榭、花木的位置，使景观最大限度地表现出诗意。只有对文学艺术有一定的基础，才能理解诗意，才能从诗意中演绎出景。园林与文学的渊源由来已久，园林中的文学成分，如题名、对联、匾额、刻石等，大都取材于古典诗词文。关于景观的文学作品，如诗词、游记等都是历代文人观赏山水的审美心得和对景观的理解。我们可以采取反向思维方式，把这些文学作品所描述的景观予以描绘再现。

如唐代王维在自然山水园中作画、宋徽宗从画院到艮岳的构思、元代倪云林的山水画《狮子林图》、明代的文人画和文人园、清代李渔的芥子园和《芥子园画谱》都是从原生自然走入人工自然的创作与再创作。由此可见画中景与园中景的联系，园中景可以入画，画中景也可以入园。风景画中的景观本身来自于自然，是作者提炼了的"意想中的自然"。从画景中学习造景也是一个不错的方法，具体步骤可以这样：先选择合适的风景画；再仔细观赏画中景物，尽可能地辨认植物种类，分析它们之间的结构、层次、位置等；最后通过空间想象把画中景转化成园林设计中常用的表现形式。

3. 学习乡村植物景观——经过劳动干预的"删改的自然"

乡村是相对于城市而言的，居住和利用土地生产是乡村的两个基本功能，这两种功能的需要势必要对原有自然环境产生影响。所以说，乡村的自然环境是经过人类劳动影响而"删改"过的自然。在这删改的过程中有两个因素不可忽视，一是功利的需求，二是审美的需求（一种粗朴的、半自觉的）。走进乡村环境的城里人，大都会被乡村景观所吸引，甚至为之惊叹。这些景观在功能安排、空间组织上如此巧妙，在形式上如此富有魅力，有时超出专业人士的想象。这些优美的景观不是经过人为设计的，但它却恰恰符合了功利与审美的需求。它不妨碍生产生活，甚至是有利的，因此才可能得以保留或利用；再者因为它美观，所以才得以保存和维护。在长时间不断完善过程中，不益于功利和不美的被删除或更改，有益于功利和美的被保留维护。所以在乡村植物景观中，有很多也是需要我们去学习的。

学习的关键就在于深入自然环境，感受自然景观的魅力，从中吸取适合于自己的造景方法，通过不断积累锻炼自己的设计感觉。这一过程可以分为：

① 实地调查，资料收集——感受过程

a. 记录内容：环境状况、景观特点描述、景观要素分解（植物、结构、地形、特点、水、石等）。

b. 照片记录：现状展示。

c. 速写：实地视觉感受。

② 景观分析（美之所在）——分析过程。

③ 景观要素重组及重组后景观价值分析（绘图）——整理绘制过程。

④ 景观类型分类——总结过程。

4. 学习自然植物景观——自身演变的"原始的自然"

自然植物景观是指处于原生状态或很少受人类干扰的次生状态的植物景观，多以植物群落的形式出现，它的形成基本上是一个纯自然的过程。因此它的结构组成、外貌特征都比乡村植物景观复杂，需要有植物学、群落生态学、地质地貌学、气候学等知识作为基础，才能对其进行深入剖析。正由于它的复杂性，很多关于自然植物景观的研究多停留在景观形态和空间氛围上。

对自然植物景观的学习重在亲身感受，自然植物景观非常丰富，如原始森林、原始次生林、疏林草原、高山草甸、戈壁沙滩、沼泽湖泊等不同环境中的植物景观都给人以不同的心理感受。有了这种感受的积累，才可能根据不同的环境营造与之相适应的植物景观。要想拥有这种感受，唯一的办法就是到实地去旅行观赏，光看看照片是远远不够的。

感受了自然植物景观的氛围，熟悉了它的景观形态，下一步就是更深入地了解其内部组成及与外部的关系，这有利于掌握其规律性。对自然植物景观的调查研究可以结合生态学中植物群落的调查研究方法来进行。

首先采用实地调查的方法，如资料收集、景观环境记录等，并根据现场实地调查的结果，进行描绘整理、评价描述等，最终进行景观元素的整理与分析。

5. 学习成果在实际设计中的运用检验

从自然中学习植物造景的核心在于实践，其目的在实际运用。在学习过程中增加了对植物景观的感受，积累了对植物景观的审美经验，也整理了植物景观的实例或者模式。从某方面说，这些模式可以套用，但绝对不是抄袭，也不是模仿，因为其中有自己的审美思维和再创造，这仅仅是属于自己的。其实，最关键的是在学习过程中锻炼了自我的设计感觉和创造能力。

【练习与思考】

1. 园林植物和普通栽培植物的区别有哪些方面？

2. 园林植物的功能有哪些？

3. 国内园林植物的发展经历了哪些历史阶段？

4. 怎样有效学习本门课程？

认知园林植物器官

知识目标： 能够准确阐述植物的根、茎、叶、花、果实、种子等器官的定义、功能、形态特征、分类及变态类型。

技能水平： 通过掌握植物各器官的功能、基本形态以及变态类型，将其与环境相互联系，能够达到识别植物的目的，学会利用植物各器官的形态特征与观赏价值，合理地发挥园林植物的景观特质与生态功能。

导言

植物体上由多种组织构成的、行使一定功能的结构单位称为器官。通常多数高等植物的植物器官可分为根、茎、叶、花、果实、种子六种类型，每个器官有着各自的特性。

植物的器官是植物鉴别的重要依据，认识植物的某个器官并不代表对整株植物的认识，需将植物的各个部分联系起来，通过比较，才能对植物有更为深刻的认识。如同属的植物，通常在植物的外观上相差不大，仅靠茎、叶是很难鉴别的，这时只有通过茎、叶、花、果实、种子的结合，甚至解剖来进行比较和鉴别。

植物是风景园林规划设计的核心元素。识别植物、熟悉植物习性并很好地应用植物，是学习园林植物基础的目的之一。认识植物，要从植物的器官开始，应正确地认识植物的根、茎、叶、花、果实、种子；了解并掌握植物各器官的功能、基本形态以及变态类型；将植物的各器官联系起来，比较认识，从而能够达到识别植物的目的；从感性的层面去体会各器官在应用中的观赏价值。

任务一　观察植物的根

【任务提出】　植物的根常生长于土壤中，在土壤中伸向四面八方，将植株牢牢地固定在大地上。观察图 1-1-1 中两种植物的根，它们在形态、组成和分布等方面有着明显的区别。那么，根的类型有哪些，各类根有何特点，根又是如何向土壤深处生长，并向四周扩展的呢？除固定植株外，根还有什么作用？校园中就有很多园林植物，我们该如何识别它们的根，并准确描述其特征、判断其类型呢？

【任务分析】　园林植物营养器官的发育始于种子的萌发。种子萌发时，胚根向下伸长，扎根土壤，胚轴和胚芽向上生长，伸出土面形成地上茎叶系统，根、茎、叶共同担负着植物体的营养生长活动，所以称为营养器官。其形、姿、色丰富多彩，具有重要的观赏价值。识别园林植物的根，首先要了解其形态特征，内心熟练掌握描述根形态的名词术语，然后才能准确地描述、鉴定、识别。

【任务实施】 教师准备不同类型的根实物标本或新鲜植物材料及多媒体课件，结合校园中及同学们比较熟悉的园林植物简介其特征、类型、识别方法，然后启发和引导学生依次观察识别。

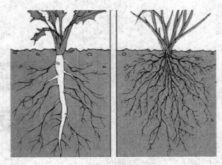

图 1-1-1　植物的根

一、根的生理功能

根是植物的地下营养器官。根将植物固定在土壤中，与茎共同支持着整个植物体；根能从土壤中吸收大量的水分及溶于水中的营养物质，并担负着输导营养物质的作用；根也是一个储藏物质的场所，常储藏糖类、矿物质、水等物质。此外，有些植物的根还有合成、分泌和繁殖等作用，如火炬树、栾树、核桃、刺槐、杜梨、文冠果、丁香、紫藤、福禄考、天竺葵等均可采用根插繁殖。

二、根的种类与根系

（一）根的种类

按照根的来源和性质，可以分为主根、侧根和不定根。

1. 主根

主根是种子萌发时，胚根突破种皮，直接生长而成的根，如图 1-1-2 所示。主根一般垂直向地下生长。

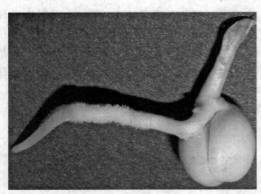

图 1-1-2　主根

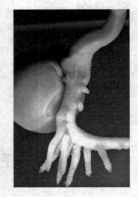

图 1-1-3　侧根

2. 侧根

侧根是主根产生的各级大小分支，如图 1-1-3 所示。侧根从主根向四周生长，与主根成一定的角度，侧根又可产生分支。

3. 定根

当种子萌发时，胚根首先突破种皮向地生长，形成主根，然后从主根上可以产生侧根。不论主根或侧根，它们都来源于胚根，位置固定，所以称为定根。例如用松子播种发育成的根。

4. 不定根

从茎、叶或组织培养中的愈伤组织上产生的非胚根所形成的、位置也不固定的根，统称为不定根。例如生产中用扦插、压条等繁殖产生的根。

（二）根系的类型

一株植物地下部分根的总和称为根系。根系可分为直根系和须根系两类。

1. 直根系

植物的根系由一明显的主根（由胚根形成）和各级侧根组成，主根发达，较各级侧根粗壮、能明显区别出主根和侧根的根系称为直根系。大多数双子叶植物和裸子植物的根系为直根系，如雪松、金钱松、马尾松、杉木、侧柏、圆柏、银杏、白玉兰、香樟、栾树、枫杨、马褂木、紫叶李、鸡爪槭、蒲公英、油菜等。

2. 须根系

植物的须根系由许多粗细相近的不定根（由胚轴和下部的节上长出）组成。在根系中不能明显地区分出主根（这是由于胚根形成主根生长一段时间后，停止生长或生长缓慢造成的）。主根不发达或早期停止生长，由茎基部生出的不定根组成的根系为须根系。如香蒲、水鳖、粉条儿菜、百合、芒、灯心草、羊茅等大部分单子叶植物的根系均为须根系。

三、根的变态

植物的根由于生态环境的不同，在长期发展过程中，其形态与功能发生了变化，这种变化特性稳定，且可代代遗传，称为根的变态，这种现象也可成为这类植物的鉴别特征。

1. 贮藏根

贮藏根是一些二年生或多年生草本植物的地下越冬器官，贮藏有大量营养物质，通常肉质肥大，形态多样，大致可分两类。

① 肉质直根　由主根发育而成，粗大，一般不分支，仅在肥大的肉质直根上有细小须状的侧根，可呈圆柱形、圆锥形、纺锤形（图1-1-4）。如蒲公英、菊苣、胡萝卜、萝卜等的根都为贮藏根。

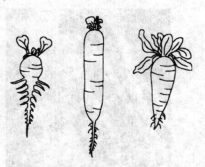

图1-1-4　肉质直根　　　　　　　　图1-1-5　块根

② 块根　由不定根或侧根的局部膨大而成的，一株上可形成多个块根（图1-1-5）。块根的形状也很多，有不规则块状、纺锤状、圆柱状、掌状、串珠状。如何首乌、大丽花等的根都为块根。

2. 气生根

气生根是指由植物茎上发生的、生长在地面以上的、暴露在空气中的不定根，一般无根毛。根据其生理功能的不同，又可分为攀缘根、呼吸根、支持根和板状根。

① 攀缘根　通常从藤本植物的茎上长出，用于攀附其他物体或固着在其他树干、山石或墙壁表面，这类不定根称为攀援根（图 1-1-6）。攀缘根常见于木质藤本植物，如常春藤、凌霄、薯蓣等。

② 呼吸根　有些生长在沿海或沼泽地带的植物，为了增强呼吸作用，一部分根从泥中向上生长暴露在空气中，以帮助植物体进行气体交换，形成呼吸根（图 1-1-7），像热带红树林的一些植物如红树、水松、落羽杉、池杉等。还有些植物则从树枝上发出许多向下垂直的呼吸根，如榕树等。

③ 支持根　由接近地面的节产生一种具有支持作用的变态的不定根，叫作支持根（图 1-1-8），如甘蔗、玉米、高粱等禾本科植物的根。

④ 板状根　在树干基部与根茎之间形成的板壁状凸起的不定根称为板状根。板状根起支持作用，多见于热带、亚热带树木，如榕树、中山杉、人面子、野生荔枝等。

图 1-1-6　攀缘根　　　　图 1-1-7　呼吸根　　　　图 1-1-8　支持根

3. 寄生根

高等植物中的寄生植物通过根发育出的吸器伸入寄主植物的根或茎中获取水分和营养物质，这种结构称为寄生根（图 1-1-9）。如菟丝子、桑寄生等属于茎寄生植物；列当、肉苁蓉、檀香树等则属于根寄生植物。

 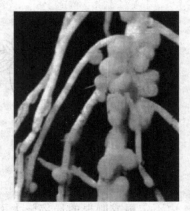

图 1-1-9　寄生根　　　　　　图 1-1-10　豆科植物根瘤

四、根瘤与菌根

根系生长在土壤中，土壤中有些微生物能侵入植物根中，与其建立一种双方互利的关系即共生。种子植物根与微生物的共生现象，最常见的有根瘤与菌根。

1. 根瘤

在豆科植物的根上常形成大小不等的瘤状突起，这些瘤状物称为根瘤（图 1-1-10）。它是土壤中的根瘤细菌与根的共生体。根瘤细菌从根的细胞中吸取养分生活，同时能固定空气中的游离氮素，将其转变成含氮化合物，供植物生长利用，还可以增加土壤的氮肥。因此，生产上常栽种豆科植物以提高土壤肥力，即"种豆肥田"。

除豆科植物外，苏铁、罗汉松、胡颓子等植物的根上也有根瘤的形成。

2. 菌根

菌根是植物的根与土壤中真菌的共生体。植物为真菌提供定居场所，供给光合产物；真菌的菌丝纤细，表面积大，可扩大根系吸收面积，并能分泌多种水解酶，促进根周围有机物质的分解，供植物利用。此外，真菌还能合成某些维生素类物质，促进植物生长发育。

菌根可分为内生菌根、外生菌根和内外生菌根三种。

内生菌根是真菌的菌丝侵入到皮层的细胞腔内和胞间隙中，根尖仍具根毛，如图 1-1-11 所示。

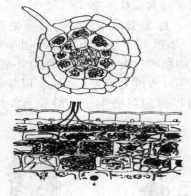

图 1-1-11　内生菌根　　　　　　　　　图 1-1-12　外生菌根

真菌的菌丝常包在根尖外面形成套状，也有的侵入表皮和皮层细胞的胞间隙内，称外生菌根，如图 1-1-12 所示。

有些植物的根尖，真菌的菌丝不仅包围着根尖，而且还能侵入皮层细胞的细胞腔内和胞间隙中，称为内外生菌根，如桦木属植物。

有些树木如马尾松、栎树等如果缺乏菌根，就会生长不良。在生产实践中需用菌根菌接种，使苗木长出菌根，从而提高树苗的成活率，加速其生长发育。

任务二　观察植物的茎

【任务提出】　在自然界中，有高大挺拔的乔木、枝干丛生的灌木，还有攀缘缠绕的藤本及枝干纤细的草本等。这些植物的根本区别在于茎。那么，如何区别乔木、灌木、藤本、草本？茎的分枝和类型又有哪些？它的主要功能有哪些？茎是如何生长发育的呢？

【任务分析】　识别园林植物的茎，首先要了解其形态特征，内心熟练掌握描述茎形态的名词术语，然后才能准确地描述、鉴定、识别。

【任务实施】 教师准备不同类型的茎实物标本或新鲜植物材料及多媒体课件，结合校园中及同学们比较熟悉的园林植物简介其特征、类型、识别方法，然后启发和引导学生依次观察识别。

一、茎的生理功能

茎是植物体的枝干，包括植物的主干（主茎）和侧枝（枝条）。茎支撑植物体的叶、花、果向四面空间伸展，支持植物体对风、雨、雪等不利自然条件的抵御；茎能把根所吸收的物质输送到植物体的各个部分，同时也能把植物的光合产物输送到植物体所需的各个地方。有些植物的茎还有储藏营养物质和繁殖的作用，如杨树、红叶李、桑树、紫薇等许多树种均可用扦插进行繁殖。

二、茎的基本形态

大多数种子植物茎的外形为圆柱形，少数植物的茎有其他形状，如莎草科植物的茎为三棱形，唇形科植物的茎为四棱形，仙人掌科植物的茎为扁圆形或多角柱形等。

茎上着生叶的部位，称为节；相邻两个节之间的部分，称为节间；叶片与枝条之间所形成的夹角称为叶腋，叶腋处的芽称为腋芽（或侧芽），茎顶端的芽称为顶芽（图1-2-1）。多年生落叶乔木和灌木的叶子脱落后，在枝条上留下的瘢痕（叶柄痕迹）称为叶痕；叶痕中的小突起是叶柄和茎间维管束断离后的痕迹，称叶迹（或维管束痕）；春季顶芽萌发时，芽鳞脱落留下的痕迹，称为芽鳞痕，根据芽鳞痕可以辨别茎的生长年龄和当年生长的长度（图1-2-2）。

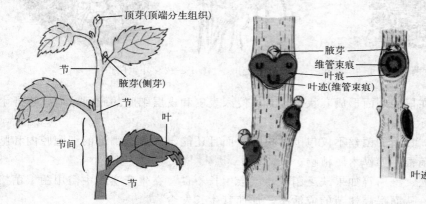

图1-2-1 茎外部形态

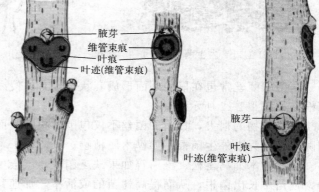

图1-2-2 茎的其他结构

节间较长的正常枝条，称为长枝；节间极度短缩形成的枝条，称为短枝。如银杏（图1-2-3）、金钱松、雪松、梨和苹果等均有明显的长、短枝之分。有些草本植物节间短缩，叶排列成基生的莲座状，如马蔺、车前、蒲公英等。

三、茎的基本类型

1. 直立茎

直立茎垂直于地面生长（图1-2-4）。大多数植物的茎均为这种类型，在具有直立茎的植物中，有草质茎，也有木质茎，如雪松、金钱松、杉木、柳杉、侧柏、圆柏、马褂木、柳树、西府海棠、红枫、蓖麻、向日葵等。

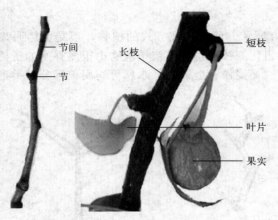

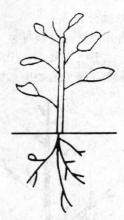

图 1-2-3　银杏的长枝和短枝　　　　　　　图 1-2-4　直立茎

2. 缠绕茎

缠绕茎不能直立生长,靠茎本身缠绕他物上升(图 1-2-5)。不同植物茎旋转的方向各不相同,如紫藤、常春油麻藤、菜豆和牵牛花等的茎由左向右旋转缠绕,叫左旋缠绕茎;葎草、薯蓣等的茎则是从右向左缠绕,叫右旋缠绕茎;左右均可旋转的,称为左右旋缠绕茎。

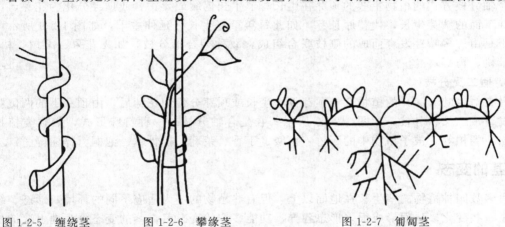

图 1-2-5　缠绕茎　　　　　图 1-2-6　攀缘茎　　　　　　图 1-2-7　匍匐茎

3. 攀缘茎

植物用小根(气生根)、叶柄或卷须等特有的变态器官攀缘他物上升的茎称为攀缘茎(图 1-2-6),如地锦、常春藤、绿萝、海金沙等。

4. 平卧茎

平卧茎平卧贴地生长,枝间不再生根,如铺地柏、平枝枸子、酢浆草等。

5. 匍匐茎

匍匐茎细长柔弱,平卧地面,蔓延生长,一般节间较长,节上能生不定根(图 1-2-7),如石松、肾蕨、翠云草、火炭母、活血丹、虎耳草、积雪草、委陵菜、香蒲、水鳖、加拿大早熟禾、匍匐剪股颖、野牛草、地毯草、草莓、蔓长春花、地瓜藤。

四、茎的分枝方式

枝通常由顶芽和腋芽发育而来。由于各种植物芽的性质和活动情况不同,所产生的枝的组成和外部形态也不同,从而分枝方式各异。植物常见的分枝方式有以下几种类型。

1. 单轴分枝

单轴分枝又称总状分枝，如图 1-2-8 所示。此类分枝方式的植物，顶端优势明显，侧芽不发达，主干极显著，主干的伸长和加粗比侧枝强得多。被子植物中很多乔木如杨树、山毛榉、香樟等，裸子植物中如银杏、雪松、马尾松、金钱松、水杉等均属单轴分枝类型。

图 1-2-8　单轴分枝　　　　图 1-2-9　合轴分枝　　　　图 1-2-10　假二叉分枝

2. 合轴分枝

合轴分枝方式的植物主茎的顶芽在生长季节生长迟缓或死亡，或顶芽分化为花芽，由紧接顶芽下面的腋芽生长，代替原顶芽，如此每年重复生长、延伸主干，如图 1-2-9 所示。这种主干是由许多腋芽发育而成的侧枝联合组成，故称为合轴分枝，如无花果、桑树、梧桐、葡萄、桃、梅等。

3. 假二叉分枝

具有对生叶（芽）的植物，在顶芽停止生长或顶芽分化为花芽后，由顶芽下的两侧腋芽同时发育成二叉状分枝，如图 1-2-10 所示。它是合轴分枝的一种特殊形式，如蕨类植物中的石松、卷柏等，被子植物中的石竹、繁缕、丁香、茉莉、接骨木、泡桐、梓树等。

五、茎的变态

大多数园林植物的茎生长在地面以上，但有些植物的茎为适应不同的环境，形态、结构上发生一些变化，从而形成很多形态各异、功能多样的变态茎。茎的变态分为地上茎的变态和地下茎的变态。

1. 地上茎的变态

① 肉质茎　肉质茎肥大多汁，绿色，能贮藏养分和水分，可进行光合作用。其形态多种，有球状、圆柱状或饼状的，如球茎甘蓝、茭白、许多仙人掌科植物的变态茎（图 1-2-11）。

图 1-2-11　仙人掌肉质茎　　　　图 1-2-12　皂角茎刺　　　　图 1-2-13　假叶树叶状茎

② 茎刺　也称为枝刺，是由茎变态为刺，位于叶腋，由叶芽发育而成，具有保护作用。柑橘、山楂、酸橙的单刺，皂角茎干上具分枝的刺（图1-2-12）均为茎刺。而月季、蔷薇、悬钩子等茎上的刺是由茎表皮的突出物发育而来的，称为皮刺。

③ 叶状茎　叶完全退化或不发达或退化成刺，由茎变成扁平绿色的叶状体，常呈绿色而具有叶的功能，代替叶进行光合作用，称为叶状茎（枝），如假叶树（图1-2-13）、竹节蓼、文竹、仙人掌、蟹爪兰、昙花、天门冬等。

④ 茎卷须　许多攀缘植物的卷须是由枝变态而来，用以攀附他物上升。茎卷须又称枝卷须，其位置或与花枝的位置相当，如葡萄（图1-2-14）；或生于叶腋，如南瓜、黄瓜等。

图1-2-14　葡萄茎卷须　　　　　图1-2-15　荷花根状茎　　　　　图1-2-16　马铃薯块茎

2. 地下茎的变态

① 根状茎　地下茎呈根状肥大，具有明显的节与节间，节上有芽并能发生不定根，所以可分割成段用于繁殖。其顶芽能发育形成花芽开花，侧芽则形成分枝，如红花酢浆草、紫花地丁、香蒲、花蔺、菖蒲、石菖蒲、白穗花、铃兰、花叶水葱、美人蕉、荷花（图1-2-15）、睡莲、鸢尾类、姜花等。

② 块茎　地下茎膨大，呈不规则的块状或球状，其上具明显的芽眼，往往呈螺旋状排列，可分割成许多小块茎用于繁殖，如马铃薯（图1-2-16）。但另一类块茎类草本园林植物，如仙客来、球根秋海棠、大岩桐等，其芽着生于块状茎的顶部，须根则着生于块状茎的下部或中部，块状茎能多年生长，但不能分成小块茎用于繁殖，所以也有人把后者划为块根类。

③ 球茎　地下茎短缩膨大呈实心球状或扁球形，其上着生环状的节，节上具褐色膜物，即鳞叶，球茎底端根着生处生有小球茎，如唐菖蒲、香雪兰、番红花、观音兰、花魔芋（图1-2-17）、慈菇等。

 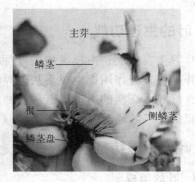

图1-2-17　花魔芋球茎　　　　　　　　图1-2-18　水仙鳞茎

④ 鳞茎　地下茎短缩为圆盘状的鳞茎盘，其上着生多数肉质膨大的鳞片，能适应干旱炎热的环境条件，整体呈球形，如郁金香、风信子、网球花、百合、大花葱、葡萄风信子、葱兰、韭兰、水仙（图 1-2-18）等。

⑤ 竹类地下茎　竹类植物地下茎的分支类型多种多样，主要有如下几种类型。

a. 合轴丛生型：无真正的地下茎，由秆基的大型芽直接萌发出土成竹，不形成横向生长的地下茎，秆柄在地下也不延伸，不形成假鞭，竹秆在地面丛生，又称为丛生竹，如刺竹属、牡竹属等。

b. 合轴散生型：秆基的大型芽萌发时，秆柄在地下延伸一段距离，然后出土成竹，竹秆在地面散生，延伸的秆柄形成假地下茎（假鞭），如箭竹属等。假鞭与真鞭（真正的地下茎）的区别是：假鞭有节，但节上无芽，也不生根。秆柄延伸的距离因竹种不同而有很大差异，有些种为数十厘米，有些可达几米。

c. 单轴散生型：有真正的地下茎（即竹鞭），鞭上有节，节上生根，每节着生一侧芽，交互排列。侧芽或出土成竹，或形成新的地下茎，或呈休眠状态。顶芽不出土，在地下扩展，地上茎（竹秆）在地上散生，又称散生竹，如刚竹属、方竹属、酸竹属等。

d. 复轴混生型：有真正的地下茎，间有散生和丛生两种类型，既可从竹鞭抽笋长竹，又可从秆基萌发成笋长竹。竹林散生状，而几株竹株又可以相对成丛状，故又称为混生竹，如赤竹属、箬竹属等。

任务三　观察植物的叶

【任务提出】　在自然界中有形形色色的叶，这些植物叶子的形状、大小和生长方式有着明显的区别，那么如何进行区别呢？不同的植物，叶形的变化很大，即使在同一种植物的不同植株上，或者同一植株的不同枝条上，叶形也不会绝对一样，多少还会有一些变化，但同一种植物的叶形总体上是相似的，其原因何在呢？

【任务分析】　识别园林植物的叶，首先要了解其形态特征，内心熟练掌握描述根形态的名词术语，然后才能准确地描述、鉴定、识别。

【任务实施】　教师准备不同类型的叶实物标本或新鲜植物材料及多媒体课件，结合校园中及同学们比较熟悉的园林植物简介其特征、类型、识别方法，然后启发和引导学生依次观察识别。

一、叶的生理功能

叶着生在茎上，由枝芽中的叶原基发育而来。叶的主要功能是进行光合作用合成有机物，并具有蒸腾作用提供根系从外界吸收水和矿物质营养的动力，叶表皮上的气孔是植物与外界进行气体交换的通道，有些植物的叶还具有储藏营养物质和繁殖的功能，生产上常对叶面施肥证明了叶还有吸收作用等。

二、叶的形态特征

1. 叶的组成

典型的叶可分叶片、叶柄和托叶三部分，这种叶称为完全叶（图 1-3-1），如梨、桃、月季等植物的叶。仅有叶片或仅有叶片和叶柄的叶，称为不完全叶，如丁香、樟树缺托叶，属不完全叶。叶片通常为绿色扁平状，主要作用是进行光合作用。叶柄是连接叶片与茎的柄状结构，主要起输导和支持作用。托叶为叶柄基部的附属物，通常成对而生，形状因种而异，托叶对幼叶和腋芽有保护作用。禾本科植物的叶柄扩展成片状将茎包围，称为叶鞘，在叶鞘与叶片连接处的内侧，有膜质的小片称为叶舌，叶舌两侧的毛状物称为叶耳，如图 1-3-2 所示。叶片的全形称为叶形，叶片的顶端称为叶端或叶尖，基部称为叶基，周边称为叶缘，叶片内分布有许多叶脉，如图 1-3-3 所示。

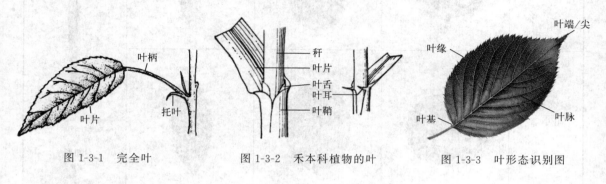

图 1-3-1　完全叶　　　　　　图 1-3-2　禾本科植物的叶　　　　图 1-3-3　叶形态识别图

2. 叶形

叶片的形状主要是以叶片的长宽比和最宽处的位置来决定的，如表 1-3-1 所示。常见叶片基本形状有圆形、披针形、椭圆形、矩圆形、针形、卵形、条形、匙形、倒卵形等，如表 1-3-2 所示。

① 圆形　长宽近相等，形如圆盘，如黄栌、芡实、山麻秆、圆叶榕、小檗、睡莲等。

② 披针形　叶片中部以下最宽向上渐狭，称为披针形叶，如柳、桃、紫叶鸭跖草、麝香百合、浙贝母、郁金香、益智等；中部以上最宽，向下渐狭，称为倒披针形叶，如杨梅、金光菊、滨菊、万年青等。

③ 椭圆形　叶片中部最宽，两端较窄，两侧叶缘成弧形，如长叶肾蕨、胡桃、枫杨、板栗、苦槠、石栎、青冈栎、樟树、苹果、深山含笑、火炭母、肖竹芋、石斛等。

④ 矩圆形（或长圆形）　长 2～4 倍于宽，两边近平行，两端均圆形，如紫穗槐、山合欢、洒金桃叶珊瑚、毛蕊花、郁金、铁甲秋海棠等。

⑤ 针形　叶细长，先端尖锐，这种叶形以松科植物最多，如雪松、黑松、华山松、白皮松、油松、长叶松、马尾松、火炬松、湿地松、黄山松、日本五针松等。

⑥ 卵形　叶端为小圆，叶基呈大圆，叶身最宽处在中央以下，且向叶端渐细，如冬青卫矛、稠李、垂丝海棠、落新妇、溲疏、英桐、洋紫荆、非洲凤仙、枳椇等。

⑦ 条形　叶片狭长，两侧叶缘近平行，如冷杉、麦冬、吉祥草、蛇鞭菊、水烛、苦草、高羊茅、草地早熟禾、巢凤梨等。另外，杉科植物中的叶大多为条形叶。

⑧ 匙形　形似勺，先端圆形向基部变狭，如补血草、羽衣甘蓝、凹叶景天等。

⑨ 倒卵形　叶端为小圆，叶基呈大圆，叶身最宽处在中央以下，且向叶端渐细，如二乔玉兰、天女花、海桐、金心冬青卫矛、白三叶草等。

⑩ 倒披针形　叶片倒披针形或倒卵形，顶端急尖或钝，基部渐狭成长柄，如雀舌黄杨等。

⑪ 倒心形　叶尖具较深的尖形凹缺，而叶两侧稍内缩，如酢浆草等。

表 1-3-1 叶片的基本形状

最宽处位置	长宽相等或相近	长是宽的 1.5～2 倍	长是宽的 3～4 倍	长是宽的 5 倍以上
近叶基部	阔卵形	卵形	披针形	条形
叶中部	圆形	阔椭圆形	长椭圆形	剑形
叶先端	倒阔卵型	倒卵形	倒披针形	

⑫ 盾形　凡叶柄着生在叶片背面的中央或近中央（非边缘），不论叶形如何，均称为形叶，如莲、旱金莲、蓖麻等。

⑬ 剑形　长而稍宽，先端尖，常稍厚而强壮，形似剑，如香蒲、龙血树、墨兰等及鸢尾属植物。

⑭ 镰刀形　镰刀形弯曲，如扭叶镰刀藓等。

⑮ 肾形　叶片基部凹形，先端钝圆，横向较宽，似肾形，如锦葵、积雪草、冬葵等。

⑯ 菱形　叶片成等边斜方形，如菱叶绣线菊、菱、乌桕、秋丹参等。

⑰ 钻形（或锥形）　锐尖如锥或短且窄的三角形状，叶常革质，如柳杉、池杉、丛生福禄考等。

⑱ 扇形　形状如扇，如银杏等。

⑲ 鳞形　叶状如鳞片，如日本香柏、侧柏、千头柏、柏木、日本花柏、沙地柏、圆柏等多数柏科植物。

⑳ 心形　与卵形相似，但叶片下部更为广阔，基部凹入，似心形，如紫荆、泡桐、虎耳草、雨久花等。

㉑ 三角形　基部宽呈平截状，三边或两侧边近相等，如加拿大杨、意大利杨、野荞麦、圆盖阴石蕨等。

表 1-3-2　常见叶片形状

圆形	披针形	椭圆形	矩圆形	针形	卵形	条形
匙形	倒卵形	倒披针形	倒心形	盾形	剑形	镰刀形
肾形	菱形	钻形	扇形	鳞形	心形	三角形

3. 叶尖的形态

叶尖常见的形状如下。

① 芒尖　叶顶尖具芒或刚毛（图 1-3-4），如蒙桑、无刺枸骨、苔草等。

② 卷须状　叶片顶端变成一个螺旋状的或曲折的附属物（图 1-3-5），如黄精等。

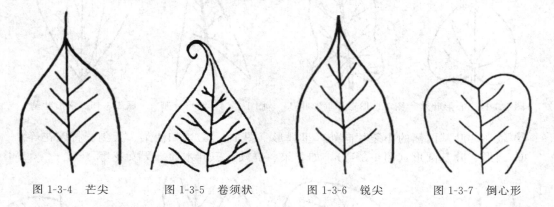

图 1-3-4　芒尖　　　　图 1-3-5　卷须状　　　　图 1-3-6　锐尖　　　　图 1-3-7　倒心形

③ 锐尖　尖头成锐角，叶尖两侧缘近直（图 1-3-6），如丝棉木、南天竹、何首乌、荞麦、粉花绣线菊、球根秋海棠、花叶万年青、绒叶喜林芋等。

④ 倒心形　叶端凹入，形成倒心形（图 1-3-7），如酢浆草、心叶球兰等。

⑤ 尾尖　叶端渐狭长成长尾状附属物（图 1-3-8），如梅、日本晚樱、乐昌含笑、郁李、菩提树等。

⑥ 尖凹　叶端微凹入（图 1-3-9），如苜蓿、三叶木通、凹叶厚朴、雀舌黄杨等。

图 1-3-8　尾尖　　　　　图 1-3-9　尖凹　　　　　图 1-3-10　渐尖　　　　　图 1-3-11　钝形

⑦ 渐尖　叶端尖头稍延长，渐尖而有内弯的边（图 1-3-10），如三尖杉、红豆杉、毛白杨、加拿大杨旱柳、阔瓣含笑、小叶朴、鹰爪枫、榆叶梅、桃叶珊瑚、水蓼、秋牡丹、三白草等。

⑧ 钝形　叶端钝而不尖或近圆形（图 1-3-11），如冬青、厚朴、红楠、福建紫薇、琼花、多花黄精等。

4. 叶基的形态

① 心形　叶基圆形而中央微凹，呈心形（图 1-3-12），如梧桐、珙桐、丁香、巨紫荆、洋紫荆、山麻秆、五角枫、葡萄、蛇葡萄、地锦、木芙蓉、金叶过路黄等。

② 耳垂形　叶基两侧的裂片钝圆，下垂如耳（图 1-3-13），如芋、紫芋、白英、牛皮消等。

③ 箭形　叶基两侧的小裂片尖锐，向下，形似箭头（图 1-3-14），如慈菇、旋花等。

④ 楔形　叶片中部以下向基部两边逐渐变狭如楔子（图 1-3-15），如垂柳、旱柳、小叶杨、观光木、杨梅、香港四照花、桂花、椤木石楠、菊花、千日红、藜等。

图 1-3-12　心形叶基　　　图 1-3-13　耳垂形叶基　　　图 1-3-14　箭形叶基　　　图 1-3-15　楔形叶基

⑤ 戟形　叶基两侧的小裂片向外，呈戟形（图 1-3-16），如菠菜、天剑、打碗花等。

⑥ 圆形　叶基圆形（图 1-3-17），如苹果、虎杖、三叶木通、天女花等。

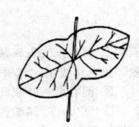

图 1-3-16　戟形叶基　　　图 1-3-17　圆形叶基　　　图 1-3-18　偏斜叶基　　　图 1-3-19　合生穿茎叶基

⑦ 偏斜　叶基两侧不对称（图1-3-18），如榆树、椰榆、朴树、美国山核桃、檀木、枳椇等。

⑧ 合生穿茎　对生叶的基部两侧裂片彼此合生成一整体，而茎恰似贯穿在叶片中（图1-3-19），如元宝草、穿心草、贯叶忍冬等。

⑨ 抱茎　没有叶柄的叶，其基部两侧紧抱着茎（图1-3-20），如抱茎小苦荬、抱茎蓼等。

5. 叶缘的形态

① 全缘　叶缘成一连续的平线，不具任何齿缺（图1-3-21），如木莲、女贞、丁香、蜡梅、樟树、浙江桂、薜荔、五色草、叶子花、大血藤、小檗、南天竹等。

② 波状　叶片边缘起伏如波浪（图1-3-22），如茄、昙花、万年青、海芋、羽衣甘蓝等。

图1-3-20　抱茎叶基　　　图1-3-21　全缘叶缘　　　图1-3-22　波状叶缘

③ 锯齿　叶缘具尖锐的齿，齿尖朝向叶先端（图1-3-23），如珍珠花、苹果、月季、小果蔷薇、海棠花桃、旱柳、垂柳、杜仲、白头翁等。

④ 重锯齿　锯齿上复生小锯齿（图1-3-24），如榆树、三叶海棠、棣棠、郁李、樱草、落新妇等。

⑤ 齿状　叶缘齿尖锐，两侧近等边，齿直而尖向外方（图1-3-25），如灰藜等。

⑥ 圆齿状　叶缘具圆而整齐的齿（图1-3-26），如山毛榉、圆叶锦葵、毛地黄等。

图1-3-23　锯齿叶缘　　图1-3-24　重锯齿叶缘　　图1-3-25　齿状叶缘　　图1-3-26　圆齿状叶缘

⑦ 钝齿　叶缘具圆而钝的齿（图1-3-27），如梅树、秋牡丹、蛇莓等。

⑧ 叶裂　叶片边缘凹凸不齐，凹入和凸出的程度较齿状缘大而深，称为叶裂，又称缺刻。根据缺刻的深浅叶裂可分为浅裂、深裂和全裂。根据裂片的排列形式可分为羽状裂（图1-3-28）和掌状裂。如梧桐、三角枫、山楂、菱叶绣线菊等都具有叶裂。

⑨ 波状　边缘起伏如小波浪（图1-3-29），如茄等。

⑩ 睫毛状　叶缘有细毛向外伸出（图1-3-30），如睫毛楔叶等。

图 1-3-27　钝齿叶缘　　图 1-3-28　羽状裂叶缘　　图 1-3-29　波状叶缘　　图 1-3-30　睫毛状叶缘

6. 叶脉类型

① 平行脉　各叶脉平行排列，由基部至顶端或由中脉至边缘，没有明显的小脉连接，如芭蕉、美人蕉等。平行脉又可分为直出平行脉（图 1-3-31）、侧出平行脉（图 1-3-32）和弧形脉（图 1-3-33）。直出平行脉指中脉与侧脉平行地自叶基直达叶尖，如水稻、小麦、玉米等。侧出平行脉指侧脉与中脉垂直，自中脉平行地直达叶缘，如芭蕉、香蕉等。弧形平行脉指平行脉自基部发出，在叶的中部彼此距离逐渐增大，呈弧状分布，最后在叶尖汇合，如车前、玉簪、紫萼等。

  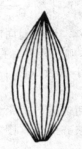 

图 1-3-31　直出平行脉　　图 1-3-32　侧出平行脉　　图 1-3-33　弧形平行脉　　图 1-3-34　羽状网脉

② 网状脉　叶脉数回分支后，连接组成网状。大多数双子叶植物属此类型。依主脉数目和排列方式又分为羽状脉（图 1-3-34）和掌状脉（图 1-3-35、图 1-3-36）。羽状脉指一条明显的主脉（中脉），两侧生羽状排列的侧脉。掌状脉指由叶基发出多条主脉，主脉间又一再分支，形成细脉。如果具三条自叶基发出的主脉，称掌状三出脉，如果三条主脉稍离叶基发出，则叫离基三出脉。

图 1-3-35　掌状网脉　　图 1-3-36　掌状网脉　　图 1-3-37　射出脉　　图 1-3-38　叉状脉

③ 射出脉　多数叶脉由叶片基部辐射出（图 1-3-37），如棕榈、蒲葵等。

④ 叉状脉　叶脉从叶基生出后，均呈二叉状分支，称为叉状脉（图 1-3-38）。这种脉序是比较原始的类型，在种子植物中极少见，如银杏，但在蕨类植物中较为常见。

7. 叶序类型

叶在茎上有规律的排列方式，称为叶序。叶序有以下几种基本类型。

① 互生　每节上只生 1 叶，交互而生（图 1-3-39），如樟树、悬铃木、山麻秆、乌桕、一品红黄栌、枸骨、无患子、酸枣、菊花、美女樱等。

② 对生　每节上生 2 片叶，相对排列（图 1-3-40），如丁香、女贞、桂花、紫薇、赤楠、雪柳、红瑞木、毛梾、山茱萸、桃叶珊瑚、石竹、葡萄等。

③ 轮生　每节上生 3 叶或 3 叶以上，作辐射排列（图 1-3-41），如铺地柏、刺柏、夹竹桃、梓树、小叶女贞、红叶石楠、狐尾椰子、百合、垂盆草、佛甲草等。

④ 基生　叶着生茎基部近地面处（图 1-3-42），如蒲公英、紫花地丁、多叶羽扇豆、红花酢浆草、三色堇、报春花等。

⑤ 簇生　多数叶着生在极度缩短的枝上（图 1-3-43），如雪松、金钱松、落叶松、银杏等。

图 1-3-39　互生叶序　图 1-3-40　对生叶序　图 1-3-41　轮生叶序　图 1-3-42　基生叶序　图 1-3-43　簇生叶序

8. 叶的类型

一个叶柄上所生叶片的数目各种植物是不同的。一个叶柄上只生一枚叶片，称为单叶；一个叶柄上生许多小叶，称为复叶。

① 羽状复叶　指小叶排列在叶轴的左右两侧，类似羽毛状，可分为奇数羽状复叶（图 1-3-44）、偶数羽状复叶（图 1-3-45）、大头羽状复叶、参差羽状复叶、二回羽状复叶（图 1-3-46）、三回羽状复叶（图 1-3-47）等。如井栏边草、铁线蕨、枫杨、牡丹、南天竹、落新妇、花椒、皂荚、合欢、花榈木、香豌豆、九里香紫藤、月季、槐树等。

图 1-3-44　奇数羽状复叶　图 1-3-45　偶数羽状复叶　图 1-3-46　二回羽状复叶　图 1-3-47　三回羽状复叶

② 掌状复叶　指小叶生在叶轴的顶端，排列如掌状（图 1-3-48），如唐松草、大麻、七叶树、五叶地锦、乌蔹莓、木棉、发财树、木通、鹰爪枫、多叶羽扇豆等。

③ 三出复叶　指仅有三个小叶集生于叶轴的顶端。如果三个小叶柄等长，称为掌状三出复叶（图 1-3-49），如橡胶树、红三叶草、紫花酢浆草等；如果顶端小叶柄较长，称为羽

状三出复叶（图 1-3-50），如大豆、菜豆、苜蓿等。

④ 单身复叶　总叶柄顶端只具一个叶片，总叶柄与小叶连接处有关节（图 1-3-51），如柑橘、金橘、柚、甜橙、回青橙、香橼的叶。

图 1-3-48　掌状叶　　图 1-3-49　掌状三出复叶　　图 1-3-50　羽状三出复叶　　图 1-3-51　单身复叶

9. 叶的变态

有些植物的叶由于长期适应环境条件的变化，往往使器官原有的形态与功能发生改变，形成变态叶（表 1-3-3）。

表 1-3-3　变态叶

变态类型	主要特点	主要作用	实例	图例
芽鳞	冬芽外面所覆盖的变态幼叶	保护作用	杨、柳、棠梨、丁香等	
苞片	花序、果序下方的变态叶	保护花果	马蹄莲、叶子花等	
鳞叶	叶退化成不含叶绿体的鳞片状	储藏营养物质	洋葱、风信子、百合等	
叶刺	植株的部分或全部叶变为刺	保护作用	仙人掌、火棘等	
叶卷须	植株的部分叶变为卷须状	攀缘生长	豌豆、土茯苓等	

变态类型	主要特点	主要作用	实例	图例
叶状柄	叶片退化,叶柄成为扁平叶片状	光合作用	相思树、金合欢等	
捕虫叶	叶变成能捕食昆虫的结构	捕食昆虫	猪笼草等	

任务四　观察植物的花

【任务提出】　花是被子植物的重要特征之一，花以其特有的形态、色彩成为植物体的重要组成部分。那么，植物的花是由哪几部分组成的？有哪些类型？花的着生方式有哪些？花的各部分如何发育？最后又是如何形成果实的呢？

【任务分析】　识别园林植物的花，首先要了解其形态特征，内心熟练掌握描述花形态的名词术语，然后才能准确地描述、鉴定、识别。

【任务实施】　教师准备不同类型的花实物标本或新鲜植物材料及多媒体课件，结合校园中及同学们比较熟悉的园林植物简介其特征、类型、识别方法，然后启发和引导学生依次观察识别。

花是被子植物所特有的有性生殖器官，从形态发生和解剖结构来看，花是适应生殖的变态短枝，花被和花蕊都是变态的叶。

一、花的组成

一朵典型的花是由花梗、花托、花萼、花冠、雄蕊和雌蕊组成（图1-4-1）。一朵花中的花萼、花冠、雄蕊、雌蕊四部分均具有，称为完全花；缺少花萼、花冠、雄蕊、雌蕊一至三部分的花，称为不完全花；兼有雌蕊和雄蕊的花为两性花；只有雌蕊的叫雌花，只有雄蕊的叫雄花，二者均为单性花；一朵花同时具有花萼和花冠的，称为两被花，仅具花萼或花冠的为单被花，二者均无时称无被花。

（一）花梗

花梗也可称作花柄，是花着生的小枝，其结构与茎相似，主要起支持和输送养分和水分的作用，其长短、粗细随植物的种类不同而不同，有的植物甚至形成无柄花。

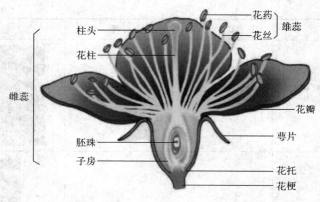

图 1-4-1 花的组成

（二）花托

花托是花梗顶端膨大的部分，花的其他部分按一定方式着生在其上。不同的植物种类其花托的形状不同，花的其他部分在其上排列的方式也不问，如较原始木兰科植物，花托为柱状，花的各部分螺旋排列其上。

（三）花萼

花萼由萼片组成，常小于花瓣，质较厚，通常绿色，是花被的最外一轮或最下一轮。有些植物的花萼有鲜艳的颜色，状如花瓣，叫瓣状萼，如白头翁的瓣状萼为淡紫色，倒挂金钟的瓣状萼为红色或白色。

根据花萼的离合程度，有离萼和合萼之分。萼片各自分离的称离萼，如油菜；萼片彼此连合的称为合萼，基部连合部分为萼筒，上部分离部分为萼裂片，如蔷薇、益母草等。有些植物的萼筒下端向外延伸形成细小中空的短管，称距，如凤仙花、飞燕草、耧斗菜等。

（四）花冠

花冠位于花萼之内，由若干花瓣组成。花瓣彼此分离的，称为离瓣花，如李、杏等；花瓣之间部分或全部合生的，称为合瓣花，如牵牛、南瓜等。花冠下部合生的部分称为花冠筒；上部分离的部分称为花冠裂片。花冠的形状因种而异，根据花瓣数目、性状及离合状态、花冠筒的长短、花冠裂片的形态等特点，花冠的常用类型如下所列。

① 蔷薇形　花瓣五片，等大，分离，每片呈广圆形，形成辐射对称的花，无瓣片与瓣爪之分，如蔷薇科的植物（图 1-4-2）。

② 漏斗状　花冠筒下部呈筒状，向上渐扩大成漏斗状，如牵牛花、田旋花、槭叶茑萝、枸杞、菜豆树、六月雪、香果树的花（图 1-4-3）。

③ 钟状　花冠筒阔而稍短，上部扩大成钟形，如桔梗科植物的花（图 1-4-4）。

图 1-4-2　蔷薇形花冠　　图 1-4-3　漏斗状花冠　　图 1-4-4　钟状花冠　　图 1-4-5　辐射状花冠

④ 辐射状　花冠筒极短，花冠裂片向四周辐射状伸展，如茄、番茄等的花（图1-4-5）。

⑤ 蝶形　花瓣五片，最上（外）的一片花瓣最大，常向上扩展，叫旗瓣；侧面对应的二片常较旗瓣小，且不同形，常直展，叫翼瓣；最下面对应的两片，其下缘稍合生，状如龙骨状，叫龙骨瓣。如红花槐、紫藤的花（图1-4-6）。

⑥ 唇形　花瓣五片，基部合生成花冠筒，花冠裂片稍呈唇形，上面二片合生为上唇，下面三片合生为下唇，如一串红、薄荷等唇形科植物的花（图1-4-7）。

⑦ 舌状　花瓣五片，基部合生成短筒，上部向一侧伸展成扁平舌状，如向日葵的边缘花、蒲公英等一些菊科植物的花（图1-4-8）。

⑧ 十字形　花瓣四片，分离，相对排成十字形，如十字花科植物的花（图1-4-9）。

图1-4-6　蝶形花冠　　　图1-4-7　唇形花冠　　　图1-4-8　舌状花冠　　　图1-4-9　十字形花冠

⑨ 高脚碟状　花冠筒部狭长圆筒形，上部突然水平扩展成碟状，如水仙、迎春、蓝雪花、络石、长春花、蔓长春花的花（图1-4-10）。

⑩ 坛状　花冠筒膨大为卵形或球形，上部收缩成短颈，花冠裂片微外曲，如柿树、葡萄风信子、菟丝子的花（图1-4-11）。

⑪ 管状　花冠管大部分呈一圆管状，花冠裂片向上伸展，如醉鱼草的花、向日葵的盘花等（图1-4-12）。

图1-4-10　高脚碟状　　　图1-4-11　坛状花冠　　　图1-4-12　管状花冠

（五）花序

花在花序轴上排列的方式叫花序。花序中最简单的是一朵花单独生于枝顶或叶腋，叫单生花。多数植物的花是按一定规律排成花序。根据花轴长短、分枝与否、有无花柄及开花顺序等，花序常可分为以下几类。

1. 无限花序

无限花序的开花顺序是花序轴基部的花先开，渐及上部，花序轴顶端可继续生长，延伸；若花序轴很短，则由边缘向中央依次开花。无限花序的生长化属单轴分枝式，常称为总状类花序，又称为向心花序。

① 总状花序　花序轴不分枝而较长，花多数有近等长的小梗，随开花而花序轴不断伸长，如刺槐、皂荚、云实、黄槐、美丽山扁豆、双荚决明、紫藤、商陆等的花序（图1-4-13）。

② 穗状花序　花轴较长，其上着生许多无柄或近无柄的花，如马鞭草、车前（图1-4-14）。

③ 柔荑花序　许多无柄或具短柄的单性花着生在柔软下垂的花轴上（图1-4-15），如杨、柳、枫杨、核桃等，常无花被而苞片明显，开花或结果后，整个花序脱落。

④ 圆锥花序：花轴有分枝，每1小枝自成1总状花序，整个花序由许多小的总状花序组成，因整个花序形如圆锥故称圆锥花序（图1-4-16），如南天竹、荆条等。

图1-4-13　总状花序

图1-4-14　穗状花序

图1-4-15　柔荑花序

⑤ 伞房花序　与总状花序相似，但下部花的花柄较长，向上渐短，各花排列在同一平面上（图1-4-17），如海桐、鸡爪槭、梨、苹果、山楂、果子蔓、百合、射干等。

⑥ 伞形花序　许多花柄等长的花着生在花轴的顶部（图1-4-18），如香菇草、茴香、吊钟花、点地梅、五加科植物等。

图1-4-16　圆锥花序

图1-4-17　伞房花序

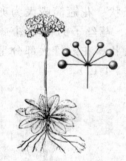
图1-4-18　伞形花序

⑦ 复伞形花序　在长花轴分生许多小枝，每个分枝均为总状花序，又称复总状花序（图1-4-19），如水稻、燕麦等。

⑧ 头状花序　多数无柄或近无柄的花着生在极度缩短、膨大扁平或隆起的花序轴上，形成一头状体，外具形状、大小、质地各异的总苞片（图1-4-20），如菊科植物。

图1-4-19　复伞形花序

图1-4-20　头状花序

图1-4-21　隐头花序

图1-4-22　肉穗花序

⑨ 隐头花序　花序轴顶端膨大，中央凹陷，许多单性花隐生于花序轴形成的空腔内壁上（图1-4-21），如无花果、菩提树等桑科榕属植物。

⑩ 肉穗花序　穗状花序的一种，但花序轴肉质佳，且花序外围有佛焰苞保护（图1-4-22），如棕榈、椰子、散尾葵、香蒲、天南星属植物等。

2. 有限花序

有限花序的开花顺序与无限花序相反，顶端或中心的花先开，然后由上而下或从内向外逐渐开放。其生长方式属合轴分枝式，常称为聚伞花序，也称为离心花序。

① 单歧聚伞花序　顶芽首先发育成花后，仅有顶花下一侧的侧芽发育成侧枝，侧枝的顶芽又形成一朵花，如此依次向下开花，形成单歧聚伞花序。如各次分枝都是从同向的一侧长出，使整个花序呈卷曲状，称为螺旋状聚伞花序（图1-4-23），如勿忘草等；如各次分枝左右交替长出，则称为蝎尾状聚伞花序（图1-4-24），如唐菖蒲等。

② 二歧聚伞花序　顶花形成以后，在其下面两侧同时发育出两个等长的侧枝，每枝顶端各发育一花，然后再以同样的方式产生侧枝（图1-4-25），如石竹等。

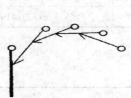
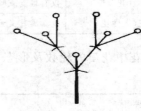

图1-4-23　螺旋聚伞花序　　　图1-4-24　单歧聚伞花序　　　图1-4-25　二歧聚伞花序

③ 多歧聚伞花序　顶花下同时发育出3个以上分枝，各分枝再以同样的方式进枝，外形似伞形花序，但中心花先开（图1-4-26），如天竺葵等。

④ 轮伞花序　聚伞花序着生在对生叶的叶腋，花序轴及花梗极短，呈轮状排列（图1-4-27），如益母草、薰衣草等唇形科植物。

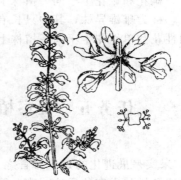

图1-4-26　多歧聚伞花序　　　　　图1-4-27　轮伞花序

在自然界中花序的类型比较复杂，有些植物是有限花序和无限花序混合的，如泡桐的花序是由聚伞花序排列成圆锥花序。花序轴还有分枝和不分枝之分。花序轴不分枝，称为简单花序；另一些花序的花序轴有分枝，每一分枝相当于一种简单花序，故称复合花序。此外，有复总状花序（又称圆锥花序），如法国冬青等；有复伞房花序，如火棘等；复伞形花序，如莨菪等；复穗状花序，如马唐、狗牙根等。

二、花的类型

根据花被的数目或有无，可将花分为三种类型，见表1-4-1。

表1-4-1　花的类型（一）

种类	特点	实例
双被花	花萼、花冠都存在,而且有明显区别	玉兰、桃、香花槐等
单被花	仅有花萼或花冠的花	榆、桑等
无被花（裸花）	无花萼和花冠的花	杨、柳、杜仲等

根据花中是否具备花蕊（雌蕊和雄蕊），可将花分为三种类型，见表1-4-2。

表1-4-2　花的类型（二）

种类	特点	实例
两性花	兼有雄蕊和雌蕊的花	丁香、苹果、国槐等
单性花	仅有雄蕊或雌蕊的花,分别称为雄花和雌花	板栗、桑等
中性花（无性花）	既无雄蕊又无雌蕊的花	绣球花序边缘的花

根据花中花瓣的轮数及形态也可进行分类，见表1-4-3。

表1-4-3　花的类型（三）

种类	特点	实例
单瓣花	仅有一轮花冠的花	桃、苹果等
重瓣花	具有多轮花冠的花	碧桃、十姊妹等
整齐花（辐射对称花）	花瓣大小形状相似的花	月季、李、牵牛等
不整齐花（两侧对称花）	花瓣大小形状不一的花	国槐、紫荆等

对植物而言，雄花和雌花生于同一植株上，称为雌雄同株，如胡桃等。雄花和雌花分别生在不同植株上，称为雌雄异株，其中只长有雄花的为雄株，只长有雌花的为雌株，如柳、桑、银杏等。两性花和单性花生于同一植株上，称为杂性同株，如鸡爪槭、红枫等。

任务五　观察植物的果实和种子

【任务提出】　果实是最进化的繁殖器官之一，它保护着种子的发育成长，成熟后有助于种子的传播，刺槐和桃的果实的质地、构造等各不相同，分属于不同类型的果实，那么，果实有哪些类型？各有何构造特点？在植物的系统发育过程中有何作用呢？

【任务分析】　识别园林植物的果实和种子，首先要了解其形态特征，内心熟练掌握描述果实和种子形态的名词术语，然后才能准确地描述、鉴定、识别。

【任务实施】　教师准备不同类型的果实和种子实物标本或新鲜植物材料及多媒体课件，结合校园中及同学们比较熟悉的园林植物简介其特征、类型、识别方法，然后启发和引导学生依次观察识别。

受精后，花的各部分发生了很大的变化，胚珠发育成种子，整个子房发育成果实。被子植物由花至果实的发育过程，在一般情况下，必须经过受精作用，子房才能发育为果实，但有些植物不经过受精，子房也能长大为果实，这种现象称为单性结实。单性结实可分为两种类型，一种是不经传粉和其他任何刺激，子房可膨大成无籽果实，称自发单性结实，如香蕉、葡萄、柑橘等，可作为园林上的优良种类；另一种类型是子房必须经过一定的刺激才能形成无籽果实，这种类型称为刺激诱导单性结实，例如用马铃薯花粉刺激番茄的柱头，采用一定浓度的2,4-二氯苯氧乙酸（2,4-D）、吲哚乙酸或萘乙酸等生长素水溶液喷洒到西瓜、番茄或葡萄等的花蕾或花序上，都能获得无籽果实。

单纯由子房发育成的果实称为真果，如桃、李、橘等。除子房外，还有花托、花萼甚至整个花序都参与形成的果实，称为假果，如苹果、垂丝海棠等。

一、果实的类型

受精作用完成以后，花的各部随之发生显著变化。通常花被脱落，雌蕊的柱头和花柱枯萎，仅子房连同其中的胚珠生长膨大，发育成果实（图1-5-1）。

果实通常是由果皮和种子两部分组成。果皮一般有外果皮、中果皮、内果皮三层。根据果实的来源，可将果实分为真果和假果。根据心皮和花部的关系可将果实分为聚花果（复果）、聚合果和单果三大类，根据果皮成熟时的结构和质地，单果又可分为干果、肉质果两大类（图1-5-2）。

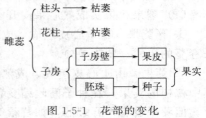

图1-5-1 花部的变化

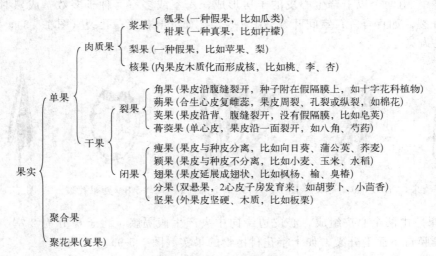

图1-5-2 果实的主要类型

（一）聚花果

由整个花序发育而成的果实。花序中的每朵花形成独立的小果，聚集在花序轴上，外形似一果实，如悬铃木、无花果（图1-5-3）、菠萝、桑树的花序。

（二）聚合果

由一朵花中多数离心皮雌蕊的子房发育而来，每一雌蕊形成一个独立的小果，集生在膨大的花托上。因小果的不同，聚合果可以是聚合蓇葖果，如八角、玉兰等；也可以是聚合瘦果如蔷薇、草莓等；还可以是聚合核果，如悬钩子（图1-5-4）等。

图 1-5-3 无花果（聚花果）　　　　　图 1-5-4 悬钩子（聚合果）

（三）单果

由一朵花的单雌蕊或复雌蕊组成的单子房所形成的果实，称为单果。按果实成熟时果皮的质地、结构等特征分为干果和肉质果两类。

1. 干果

果实成熟时果皮干燥，根据果皮开裂与否可分为裂果和闭果。

（1）裂果　果实成熟后果皮开裂，依开裂方式不同，分为以下几种：

① 蓇葖果　由 1 心皮组成，成熟时沿背、腹缝线中其中一个开裂，如飞燕草、夹竹桃、长春蔓的果实（图 1-5-5）。

② 荚果　由 1 心皮组成，成熟时沿背腹缝线同时开裂，如豆科植物的果实（图 1-5-6）。其中槐树的荚果，在种子间收缩变狭细，呈节状，成熟时则断裂成具一粒种子的断片，叫节荚。但荚果也有不开裂的，如苜蓿等植物的果实。

③ 蒴果　由两个以上合生心皮的子房形成，一室或多室，种子多数。成熟时的开裂方式有室背开裂，如百合等；室间开裂（图 1-5-7），如杜鹃花等；孔裂（图 1-5-8），如罂粟等；盖裂，如马齿苋等。

图 1-5-5 蓇葖果　图 1-5-6 荚果　图 1-5-7 蒴果空间开裂　图 1-5-8 蒴果孔裂　图 1-5-9 角果

④ 角果　由两个心皮组成，心皮边缘向中央产生假隔膜，将子房分为 2 室。果实成熟时，沿假隔膜自下而上开裂，如十字花科植物的果实（图 1-5-9）。

（2）闭果　果实成熟后，果皮不开裂，又可分为以下几种。

① 瘦果　由单雌蕊或 2～3 个心皮合生的复雌蕊而仅具一室的子房发育而成，内含一粒种子，果皮与种皮分离，如向日葵、赤胫散、水蓼、虎杖、秋牡丹、毛茛的果实（图 1-5-10）。

② 坚果　果皮木质化，坚硬，具一室一粒种子，如板栗、泽苔草、油棕、椰子的果实（图 1-5-11）。

③ 翅果　果皮伸展成翅，瘦果状，如水曲柳、榆树的果实（图 1-5-12）。

④ 分果　复雌蕊子房发育而成，成熟后各心皮分离，形成分离的小果，但小果果皮不开裂，如锦葵、蜀葵等。其他如伞形科植物的果实，成熟后分离为两个瘦果，称为双悬果（图 1-5-13）；唇形科和紫草科植物的果实成熟后分离为四个小坚果，称为四小坚果。

图 1-5-10　瘦果　　　图 1-5-11　坚果　　　图 1-5-12　翅果　　　图 1-5-13　分果　　　图 1-5-14　颖果

⑤ 颖果　由 2～3 心皮组成，一室一粒种子，果皮和种子愈合，不能分离。颖果是禾本科植物特有的果实（图 1-5-14）。

⑥ 胞果　是由合生心皮形成的一类果实，具一枚种子，成熟时干燥而不开裂，果皮薄，疏松地包围种子，极易与种子分离，如灰藜、菠菜等。

2. 肉质果

果实成熟时，果皮或其他组成果实的部分肉质多汁，常见的有以下几种。

① 浆果　由单雌蕊或复雌蕊的子房发育而成，外果皮膜质，中果皮和内果皮肉质多内含 1 粒至多粒种子，如葡萄、枸杞等（图 1-5-15）。

② 柑果　是柑橘类植物特有的一类肉质果，由复雌蕊发育而成。外果皮革质，分布许多分泌腔；中果皮疏松，具多分支的维管束；内果皮膜质，分为若干室，向内产生许多多汁的毛囊，是食用的主要部分，每室有多个种子。

③ 核果　是由具坚硬果核的一类肉质果，由 1 至多心皮组成，外果皮较薄，中果皮多为肉质化，内果皮坚硬，包于种子之外而成果核，通常含一粒种子，如珊瑚树、天目琼花、香荚蒾、接骨木、丝葵、蒲葵、银杏、罗汉松、桃、杏、李等（图 1-5-16）。

④ 梨果　是由花托和子房共同形成的假果。果实外层厚而肉质，主要由花托部分组成，其内为肉质化的外果皮和中果皮，界限不明显，内果皮木质或革质，中轴胎座常分隔为 5 室，每室含 2 粒种子，如苹果、梨、石楠、椤木石楠、小丑火棘、水榆花楸等（图 1-5-17）。

图 1-5-15　浆果　　　　　图 1-5-16　核果　　　　　图 1-5-17　梨果

⑤ 瓠果　为瓜类所特有的果实，由 3 个心皮组成，是具侧膜胎座的下位子房发育而来的假果。花托与外果皮常愈合成坚硬的果壁，中果皮和内果皮肉质，胎座发达。南瓜、冬瓜和甜瓜的食用部分为肉质的中果皮和内果皮，而西瓜的主要食用部分为发达的胎座。

植物的器官是植物观赏价值的重要部分，山花烂漫的春季、苍翠欲滴的夏季、丰硕殷实的秋季、傲雪挺立的冬季，五彩缤纷的四季景象，奇异多样的根块世界，纵横斑驳的"茎"象万千，无不由植物的表象器官来展现。不同的环境有着不同的外貌景观，不同的生境同样有着不同的姿态面貌。我们要了解植物的各个器官，并将其与环境相互联系，去体会和观赏物候景观之美，合理地利用它们，为规划设计添景增色。

二、种子的结构和功能

一粒种子可以萌发长成一株幼苗，幼苗长大后，经过生长发育，又会结出种子。那么，种子萌发时对环境条件有什么要求，种子又是怎样生长发育成一株植物体的呢？

（一）种子的生理功能

种子是种子植物特有的器官，是识别植物的依据之一。种子的主要功能是繁殖，种子中储藏有大量的营养物质，如淀粉、脂肪、蛋白质等。

（二）种子的形态

种子的外形、颜色、大小因植物种类不同而异。有的种子很大，如椰子的种子直径约15cm；有的种子较小，如兰花的种子极为微小，细如灰尘，用肉眼几乎辨认不清。从外形上看，蚕豆、菜豆的种子为肾脏形，豌豆、龙眼为圆球状。从质地上讲，油茶的种子粗糙，而皂角的种子光滑。卫矛的种子有肉质种皮，而美人蕉、鹤望兰、荷花的种皮较厚且坚硬等。种子的颜色多为褐色和黑色，但也有其他颜色，如豆类植物的种子就有黑、红、绿、黄、白等色。

（三）种子的构造

种子的外面是种皮，种子里面有胚，有些植物的种子中还有胚乳，其基本结构如图1-5-18所示。

$$
种子
\begin{cases}
种皮
\begin{cases}
外种皮：较厚而硬，常具有附属物 \\
内种皮：较薄而软
\end{cases}
上有种脐、种孔等附属物 \\
胚
\begin{cases}
胚芽：在胚轴上端，禾本科种子的胚芽外有胚芽鞘 \\
子叶：着生在胚轴上段的两侧或周围，数目为1、2或多个，是吸收和储藏养料的组织 \\
胚轴：胚的中轴，上连胚芽，下连胚根，其上着生子叶 \\
胚根：在胚轴下端，禾本科种子的胚根外有胚根鞘
\end{cases} \\
胚乳（有或无）：位于种皮与胚之间，是储藏养料的组织
\end{cases}
$$

图 1-5-18　种子的基本结构

1. 种皮

种皮位于种子外面，具有保护胚及胚乳的作用。有些植物的种皮仅一层，有些植物则具有内外两层种皮，种皮常具光泽，上面有花纹或附属物，如乌桕种皮外有蜡层，榆树种皮外有翅，楸树种皮外有纤维毛等。

成熟的种子，种皮上一般还有种脐、种孔、种脊等部分（图1-5-19）。种脐是种柄脱落后留下的痕迹，它在豆类种子中最明显。种脐的一端有种孔，其主要作用是种子萌发时胚根伸出的通道。种脐的另一端与种孔相对处通常隆起，称为种脊。

有的植物如橡胶树、蓖麻（图1-5-20）等种皮下端有海绵状的突起，称为种阜，有的植物如荔枝、龙眼、卫矛种子具有假种皮，荔枝（图1-5-21）、龙眼的食用部分即为假种皮。

2. 胚

胚是种子中最重要的部分，由胚芽、胚根、胚轴和子叶四部分组成。胚中的子叶数常作为植物分类依据之一。在被子植物中，仅有一个子叶的称为单子叶植物，具有两个子叶的称为双子叶植物。裸子植物的子叶数目不定，有些只有2个，如金钱松、扁柏；也有的具有2～3个，如银杏、杉木；而松属常有7～8个；由于裸子植物的子叶数较多，习惯上称为多子叶植物。

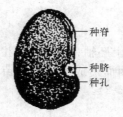
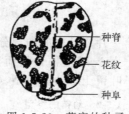
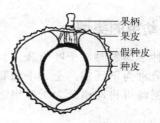

图 1-5-19　种皮上的附属物　　图 1-5-20　蓖麻的种子　　图 1-5-21　荔枝的果实及种子

3. 胚乳（有或无）

胚乳位于种皮和胚之间，是种子内储藏营养物质的组织。无胚乳种子的子叶肥大发达，代替胚乳具有储藏功能。胚乳或子叶储藏的营养物质因植物种类而异，主要有淀粉、脂肪和蛋白质。银杏的胚乳及大豆的子叶储藏大量蛋白质，板栗的子叶储藏大量淀粉，红松的胚乳、核桃的子叶储存大量的脂类等。

三、种子的类型

根据种子成熟后胚乳的有无，可把种子分为有胚乳种子和无胚乳种子两类。

（一）有胚乳种子

有胚乳种子由种皮、胚及胚乳三部分组成，它的胚乳占据种子大部分位置。所有裸子植物、大多数单子叶植物以及许多双子叶植物的种子属于这种类型（表 1-5-1）。

表 1-5-1　有胚乳种子

项目	裸子植物	单子叶植物	双子叶植物
代表植物	马尾松、油松、白皮松等	竹类、禾本科植物等	油桐、玉兰、桑、柿等
种子结构	翅 外种皮 内种皮 胚乳 子叶 胚芽 胚轴 胚根 胚柄	种皮(果皮) 胚乳 胚芽鞘 胚芽 子叶 胚轴 胚根 胚根鞘	种皮 胚乳 子叶 胚芽 胚轴 胚根
特点	具两层种皮，种皮外常具翅，内方是胚乳，胚为棒状，位于中央	种皮与果皮愈合不能分离，内方是胚乳，胚芽外有胚芽鞘，胚根外有胚根鞘，子叶一片，发达，称为盾片	具两层种皮，内方是胚乳，胚乳成两瓣状对合生长，子叶两个，膜质

（二）无胚乳种子

许多双子叶植物，如豆类、核桃、刺槐及柑橘类等植物的种子，以及部分单子叶植物如慈姑等的种子都缺乏胚乳，属无胚乳种子。

无胚乳种子只有种皮和胚两部分，子叶肥厚，储藏大量养料。例如豆类植物的种子，剥开种皮可见两片肉质肥厚的子叶。子叶无脉纹，着生在胚轴上。两片子叶之间为胚芽，胚芽另一端为胚根（图 1-5-22）。

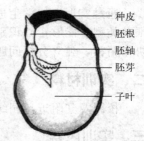

图 1-5-22　无胚乳种子
（蚕豆的种子）

四、幼苗的类型

种子萌发时，子叶与胚芽长出的第一片真叶之间的部分称为上胚轴；子叶与初生根之间的部分称为下胚轴。上、下胚轴的生长情况随植物种类而异，因而形成不同的幼苗出土情况，据此可将幼苗分为子叶出土型和子叶留土型两种类型（表1-5-2）。

表 1-5-2　幼苗的类型

项目	子叶出土型幼苗	子叶留土型幼苗
特点	种子萌发时，下胚轴迅速伸长，将子叶、上胚轴和胚芽推出土面	种子萌发时，下胚轴不伸长，只是上胚轴和胚芽迅速向上生长形成幼苗的主茎
生长过程		
隶属植物类别	大多数裸子植物、双子叶植物	大部分单子叶植物、部分双子叶植物
代表植物	油松、侧柏、刺槐等	毛竹、棕榈、蒲葵、核桃、油茶、三叶橡胶等

此外，有些种子的萌发（如花生），兼有子叶出土和子叶留土的特点。它的上胚轴和胚芽生长较快，同时下胚轴也相应生长。所以，播种较深时，则不见子叶出土；播种较浅时，则可见子叶露出土面。

子叶出土与子叶留土是植物体对外界环境的不同适应性。这一特性为播种深浅的栽培措施提供了依据，一般子叶出土的植物覆土宜浅，子叶留土的则可稍深。

实训模块一　园林植物器官的观察识别

一、实训目的

通过实训，使学生进一步熟练掌握园林植物根、茎、叶、花、果实、种子的基本形态特征及类型，能够正确识别、描述各类型的根、茎、叶、花、果实、种子；同时培养学生团队协作精神，独立分析问题、解决问题的能力及其创新能力。

二、实训材料

校园及其附近游园绿地中各种类型的园林植物。

三、实训内容

识别校园及其附近游园绿地中园林植物根、茎、叶、花、果实、种子的形态类型。

四、实训步骤

（1）教师下达任务，并简单介绍如何对园林植物器官进行识别。

（2）学生分组识别并记录，完成实训报告。

（3）分别选取 10 种左右典型的根、茎、叶、花、果实、种子，对学生进行技能考核测试。

五、实训作业

1. 简述根与根系的类型及其识别特征。
2. 根与茎的外形区别是什么？
3. 怎么区分单叶与复叶，复叶的主要类型有哪些？
4. 举例简述花序的类型。
5. 简述花的组成及各部分的功能。
6. 简述果实的主要类型及识别要点。

【练习与思考】

1. 如何区别直根系与须根系？请举例说明。
2. 茎的分枝方式有哪些？各有何特点？
3. 简述单叶、复叶和叶序的特征，并绘图说明。
4. 简述果实和种子是由花的哪些部分发育来的？
5. 如何区分真果与假果？请举例说明。
6. 举例说明果实和种子的传播方式。
7. 果实如何分类？举例说明各类果实的主要识别要点。
8. 举例说明哪些种子是有胚乳种子，哪些是无胚乳种子。
9. 幼苗如何分类？举例说明各类幼苗的主要识别要点。

项目单元一【知识拓展】见二维码。

一、定根、不定根、直根系及须根系的观察；

二、长枝与短枝的辨别；

三、杨树叶与刺槐叶的辨别；

四、月季、玫瑰、蔷薇的区别

园林植物的分类

知识目标： 了解植物分类的方法；了解园林植物标本制作方法。植物分类检索表鉴定及使用方法。

技能水平： 能够正确地运用植物分类及命名方法，掌握检索表的编制原理、类别和使用方法，学会查阅检索表鉴定植物，正确地检索出植物的科、属、种名。

导言

植物分类学是植物科学中历史最为悠久的学科，它的内容包括植物的调查、采集、鉴定、分类、命名以及对植物进行科学的描述、探究植物的起源与进化规律等。对植物进行科学系统的分类，是应用植物的基础与前提。本项目单元介绍的园林植物分类，包括植物分类的基础知识、园林植物的类群、园林植物的应用分类以及部分常见木本园林植物及草本园林植物。

任务一　园林植物的分类及命名

【任务提出】 植物种类繁多，形态各异。那么，如何给植物界诸多的植物命名？命名的规则要求又如何？用什么方法能正确地检索出植物的科、属、种名呢？

【任务分析】 自然界的植物种类繁多，有 50 万余种。为了便于掌握和利用众多的植物资源，就要用科学的方法对植物进行比较和分类，按照一定的法则，用比较、分析、归纳等方法，对植物进行分类鉴定，建立分类系统，掌握植物类群间的演化及发展规律。

【任务实施】 教师准备不同类型的实物标本或新鲜植物材料及多媒体课件、植物专科志、地方植物志或适宜文献，结合校园中及同学们比较熟悉的园林植物介绍其形态学术语、特征、类型等。尽可能收集到植物的全部特征资料，然后指导学生运用专业工具书对植物进行科、属、种的分类鉴定并核对。

一、植物学分类方法

1. 人为分类法

人为分类法是从人们主观的目的与习惯出发，根据风景园林植物的生长习性、观赏特性、景观绿化用途等方面的差异及共性，不考虑植物种类之间的亲缘关系和植物在系统发育中的地位，将风景园林植物主观划分为不同的大类。

(1) 李时珍（《本草纲目》）分类法

我国明代医学家李时珍（1518—1593）所著《本草纲目》，根据植物的外形、习性及用途将其分为草、木、谷、果、菜5部，共52卷，记载植物1195种。

(2) 普雷本·雅各布森（Preben Jakobsen）垂直高度分类法

丹麦景观规划师普雷本·雅各布森从人类视觉感受角度出发，将植物按照其高度所对应的人体不同器官，将植物分为5个等级，即地表等级、膝下等级、膝至腰等级、腰至眼等级、眼以上等级（ground level, below knee height, knee-waist height, waist-eye level, above eye level）。每个不同分类等级的植物，会给予观赏者不同的心理感受（表2-1-1）。

表 2-1-1　植物界五个等级类群

分类	包含植物种类
地表等级	草坪及其他草本地被类植物
膝下等级	匍匐茎植物、矮生草本植物、低矮灌木
膝至腰等级	中生草本植物、小型灌木
腰至眼等级	高生草本植物、中型灌木
眼以上等级	大型乔木、乔木

2. 古典植物分类法

尽管人们在生产实践中，很早就有植物分类知识，但成为较系统的分类学，还应从瑞典著名博物学家林奈（Linnaeus）（1707—1778）时代算起。其发表的《自然系统》（*Systema Naturae*）、《植物属志》（*Genera Plantarum*）、《植物种志》（*Species Plantarum*）摆脱了以用途、生境和形态对植物进行分类的偏向，将雄蕊的有无、数目及着生情况作为纲的分类标准（分为24纲，其中1～23纲为显花植物，如一雄蕊纲、二雄蕊纲等，第24纲为隐花植物），将雌蕊特征作为目的分类标准，将果实作为门的分类标准。

3. 自然分类法

自然分类法是以植物彼此间亲缘关系的远近程度作为分类标准，能客观地反映植物的亲缘关系和系统发育的分类方法。以达尔文《物种起源》（*The Origin of Species*）一书中所创立的生物进化论为先导，综合了形态学、解剖学、细胞学、遗传学、生物化学、生态学等多方面依据，对植物进行分类，符合植物界的自然发生和进化规律。自然分类系统即依照自然分类法建立的系统，我国目前常用的自然分类系统有以下三个。

(1) 恩格勒系统

由德国植物学家恩格勒（A. Engler）（1844—1930）和柏兰特（R. Prantl）于1897年在《植物自然分科志》一书中发表的，它是分类学史上第一个比较完整的系统，此系统包括了整个植物界，将其分为13门，第13门为种子植物门，种子植物门再分为裸子植物和被子植物两个亚门，认为被子植物中最原始的为柔荑花序类植物，并且将被子植物亚门分为单子叶植物和双子叶植物两个纲，并将双子叶植物纲分为离瓣花亚纲（古生花被亚纲）和合瓣花亚纲（后生花被亚纲）。

(2) 哈钦松系统

英国植物学家哈钦松（J. Hutchinson）（1884—1972）在其发表于《有花植物科志》（*The Families of Flowering Plants*）中的文章认为，多心皮的木兰目、毛茛目是被子植物的原始类群，但过分强调了木本和草本两个来源，认为木本植物均由木兰目演化而来，属毛茛学派，即真花学派的代表。但此分类系统使得亲缘关系很近的一些科在系统位置上都相隔很远，这种观点亦受到现代多数分类学家的反对。

（3）克朗奎斯特系统

美国学者克朗奎斯特（A. Cronquist）在其 1988 年出版的著作《有花植物的进化和分类》（*The Evolution and Classification of Flowering Plants*）中提出了克朗奎斯特系统。此系统采用真花学说及单元起源的观点，认为有花植物起源于已灭绝的种子蕨，木兰目是被子植物的原始类型。其主要特点是：①采用被子植物单起源观点，认为有花植物起源于一类已灭绝的种子蕨；②被子植物最原始的类型是木兰目，柔荑花序各自起源于金缕梅目；③单子叶植物起源于类似现代睡莲目的祖先。

二、植物分类的等级

等级又名阶层，是植物的分类单位，植物分类的等级主要包括界、门、纲、目、科、属、种，有时在各等级之下分别加入亚门、亚纲、亚目、亚科、族、亚属等。每一等级都有学名，现以玉兰为例说明植物分类的主要等级（表 2-1-2）。

表 2-1-2　植物分类的主要等级（以玉兰为例）

植物分类等级			玉兰的分类地位	
中文	拉丁文	英文	中文	拉丁文
界	Regnum	kingdom	植物界	Plantae
门	Divisio	division	被子植物门	Angiospermae
纲	Classis	Class	木兰纲	Magnoliopsida
目	Ordo	order	木兰目	Magnoliales
科	Familia	family	木兰科	Magnoliaceae
属	Genus	genus	玉兰属	*Yulania*
种	Species	species	玉兰	*Yulania denudata*

在植物分类等级系统中，种为最基本的分类单位。许多形态相似、亲缘关系比较近的种集合为属，一个属的不同种有的可进行杂交，这也是育种上培育新品种的一个重要的方法。具有许多共同特征、亲缘关系相近的若干属归为一个科。对于初学分类的人来说，掌握属和科的形态特征是很重要的，而这些能力必须通过在野外的实践中逐步积累而获得。依上述类推，相近的科归为目，若干相近的目集合为高一级的纲，相近的纲则归为门。

种的概念及定种的标准一直是令科学家困惑的难题，关于种的概念大致有两种观念：一是形态学上的种，强调物种间形态方面的差别；二是生物学上的种，强调物种间的生殖隔离。各种观念均有其合理之处，从目前来看，还难以统一，但作为植物分类学习者，应掌握以下几种观念：①物种是客观存在的。②物种既有变的一面，又有不变的一面；种可代代遗传，也正因为某些形态特征相对稳定，才可区分不同的物种，决定其分类归属；物种的变异是绝对的，没有变异，就不会有进化，新种不会产生。③物种由很多形态类似的群体所组成，来源于共同的祖先并能正常地繁育后代，不同的种且有明显的形态上的间断或生殖上的隔离（杂交不育或能育性降低）。

种内群体往往具不同的分布区，分布区生境条件的差异导致种群分化为不同的生态型、生物型及地理宗，分类学家根据其表型差异划分出种下的层级。

亚种（subspecies）是指在形态上已有比较大的变异且具不同分布区的变异类型，如四蕊朴（*Celtis tetrandra* subsp. *sinensis*），缩写形式 ssp. 或 subsp. 。

变种（varietas）为使用最广泛的种下层级，一般是指具不同形态特征的变异居群，常用于已分化的不同的生态型，缩写形式 var.。

变型（forma）多是在群体内形态上发生较小变异的一类个体，缩写形式 f.。

此外，在园林、园艺及农业生产实践中，还存在着一类人工培育而成的栽培植物，它们在形态、生理、化学等方面具相异的特征，这些特征可通过有性和无性繁殖得以保持，当这类植物达到一定数量而成为生产资料时，则可称为该种植物的品种（cultivar）。例如，圆柏的栽培品种'龙柏'［*Sabina chinensis*（L.）Ant. 'Kaizuka'］。由于品种是人工培育出来的，植物分类学家均不把它作为自然分类系统的对象。

属，是指形态特征相近，同时具有密切关系的种的集合。

科，包含属、种的大的分类单位，同科植物具有共同的基本特征，每个科在形态上也有自己的特征和表型。

三、植物的命名

植物种的名称，不但因各国语言不同而异，即使在同一国家也往往由于地区不同而出现"同物异名"或"同名异物"的现象。例如北京的玉兰，湖北称应春花，江西称望春花，江苏称白玉兰；我国北方常见的毛白杨，河南称大叶杨，也有的地方称响杨、白杨；北方的一种小灌木（鼠李科）和南方山地常见的一种大乔木（漆树科）都被称为酸枣等。植物名称的不统一，对植物的考察研究、开发利用、与国际国内的学术交流非常不利，因此，有必要给予每一种植物制定世界统一的科学名称。

1753 年瑞典植物学家林奈提倡用拉丁文"双名法"来命名植物，后经国际植物学会公认并制定了《国际植物命名法规》，已被世界各国采用，这样的植物名称称为植物的学名。

《国际植物命名法规》中规定，"双名法"是以两个拉丁词或拉丁化的词给每种植物命名，第一个词是属名，用名词，第一个字母要大写，用斜体；第二个词是种加词（种名或种区别词），一般是形容词，少数为名词，全部字母用小写，用斜体；一个完整的学名还要在种名之后附以命名人的姓氏缩写，用正体。一个完整的学名应为：属名＋种加词＋命名人（缩写）。例如，银杏的学名是 *Cinkgo biloba* L.，其中 *Cinkgo* 是属名，*biloba* 是种加词，L. 是定名人林奈（Linnaeus）的缩写；银白杨的学名是 *Populus alba* L.，其中 *Populus* 是属名，*alba* 是种加词，L. 是定名人林奈（Linnaeus）的缩写。

1. 种的命名

种的命名采用林奈所创立的双名法。即每种植物的学名由两个拉丁文单词组成，第一个单词是属名，为名词，第一个字母大写；第二个单词为种加词，为形容词，均为小写。完整的学名应在种加词后附上命名人的姓氏或其缩写；若命名人为两人，则在两人名间用"et"相连；若由一人命名，另一人发表，则命名人在前、发表人在后，中间用"ex"相连。书写形式为：属名、种加词用斜体书写，命名人姓名或其缩写用正体书写。以玫瑰、红豆树、白皮松为例，学名书写方法如下：

玫瑰：*Rosa rugosa* Thunb.

　　　属名　种加词　命名人

红豆树：*Ormosia hosiei* Hemsl. et Wils.

　　　　属名　　种加名 命名人1　命名人2

白皮松：*Pinus bungeana* Zucc. ex Endl.

　　　　属名　种加词　命名人　发表人

2. 亚种、变种、变型的命名

亚种、变种、变型的命名采用三名法。这些分类等级的学名表示法，为原种名后加亚种的缩写，其后写亚种名（又称亚种加词）及亚种命名人。变种和变型也是同样的表示法，例如，大王杜鹃的亚种：可爱杜鹃（*Rhododendron rex* Levl. subsp. *gratum.*）

丁香的变种：白丁香（*Syringa oblata* Lindl. var. *alba* Rehd.）

槐树的变型：龙爪槐（*Sophora japonica* L. f. *pendula* Loud.）

3. 品种的命名

品种的命名是在原种的学名之后，加上 cv. 和品种名，或将品种名置于'   '之中，这两种写法后均不附品种命名人的姓名。如夹竹桃的白花品种：

白花夹竹桃（*Nerium indicum* Mill cv. *Paihua* 或 *Nerium indicum* Mill 'Paihua'），目前'   '的形式更为通用。

4. 属的命名

属名通常根据植物的特征、特性、原产区地方名、生长习性或经济用途而命名。由属名加命名人组成。如柳属的学名为 *Salix* L.；桑属的学名为 *Morus* L.。

5. 科的命名

科的学名是以该科模式属的学名去掉词尾，加 aceae 组成。如蔷薇科的学名为 Rosaceae，是模式属蔷薇属的学名 *Rosa* 去掉词尾 *a* 加上 aceae 而成。杨柳科的学名为 Salicaceae，是模式属柳属的学名 *Salix* 去掉词尾 *x* 加上 aceae 而成。

6. 国际植物命名法规纲要

为了统一植物的名称，1867 年在巴黎召开了第一次国际会议并颁布了简要的法规，以后每届会议对其进行讨论并修订。1975 年第 12 届会议颁布的《国际植物命名法规》的主要内容包括以下 5 部分。

① 分类群的名称种采用双名法命名；属以上（含属）等级名称第一个字母必须大写；种和属的名称后应列上作者（命名人）名。

② 新分类群必须是在公开的专业刊物上发表；名称符合法规；应有拉丁文描述及特征简介；标出命名模式。

③ 优先律原则 由于信息交流的阻隔，一种植物或某一分类群往往有一个以上的名称，但只能承认其发表最早的合法名称为正确名称，其他的称为异名。但早期植物学文献很难考证，故规定以林奈《植物种志》出版日（1753 年 5 月 1 日）为界限。优先律只适用同等级的科（含科）以下等级。此外，由于习惯的原因，对某些科名或属名仍采用保留名称。

④ 模式方法 科和科以下等级名称发表时必须指定一命名模式，种和种以下等级的发表必须注明单份模式标本，发表新属必须指定一模式种，发表新科必须有模式属。常用的模式名称有主模式等。

⑤ 名称的改变 植物学名的变动一般由下列原因引起，并应给予改变：

a. 根据法规应除掉同名和异名。同名是指异物同名，如同一属内不同物种有相同名称，则后命名的名称必须改变，另给新名。异名是指同物异名，如同一物种被重复发表名称，按优先律原则，后发表的为异名，应予去除。

b. 改组或等级升降引起的变动，即某种植物原置于甲属，后经研究后改置于乙属，则名称发生变动。如杉木在 1803 年被英国 Lambert 置于松属，给予学名 *Pinus lanceolata* Lamb.，后来 W. J. Hooker 将其归于杉木属，学名更改为 *Cunninghamia lanceolata*（Lamb.）Hook.。等级升降引起的学名变动最常见的是某变种提升为种，或某等级降级为变种。

四、植物分类检索表

检索表是用来鉴别植物种类的工具。鉴别植物时，利用检索表从两个相互对立的性状中选择一个相符的，放弃一个不符的，依序逐条查索，直到查出植物所属科、属、种。常用的检索表有定距检索表和平行检索表两种。

（一）定距检索表

定距检索表是将相对的两个性状编为同样的号码，并且从左边同一距离处开始，下一级两个相对性状向右缩进一定距离开始，逐级下去，直到最终。如对木兰科某几个属编制定距检索表如下：

1. 叶不分裂；聚合蓇葖果
  2. 花顶生
    3. 每心皮具 4～14 胚珠，聚合果常球形 ·············· 1. 木莲属 *Manglietia*
    3. 每心皮具 2 胚珠，聚合果常为长圆柱形 ·············· 2. 玉兰属 *Yulania*
  2. 花腋生 ·············· 3. 含笑属 *Michelia*
1. 叶常 4～6 裂；聚合小坚果具翅 ·············· 4. 鹅掌楸属 *Liriodendron*

（二）平行检索表

平行检索表的主要特点是左边的数字及每一对性状的描写均平头排列。如上述检索表可制如下：

1. 叶不分裂；聚合蓇葖果 ·············· 2
1. 叶常 4～6 裂；聚合小坚果具翅 ·············· 鹅掌楸属 *Liriodendron*
  2. 花顶生 ·············· 3
  2. 花腋生 ·············· 含笑属 *Michelia*
    3. 每心皮具 4～14 胚珠，聚合果常球形 ·············· 木莲属 *Manglietia*
    3. 每心皮具 2 胚珠，聚合果常长圆柱形 ·············· 玉兰属 *Yulania*

编制检索表过程中，选用区别性状时，应选择那些容易观察的表型性状，最好是用肉眼及手持放大镜就能看到的性状。相对性状最好有较大的区别，不要选择那些模棱两可的特征。编制时，应把某一性状可能出现的情况均考虑进去，如叶序为对生、互生或轮生，在所编制植物中每一组相对的特征必须是真正对立的，事先一定要考虑周全。

五、植物界的基本类群

目前生物界已有二界、三界、四界、五界等分类系统，我国生物学家陈世骧提出了一个六界系统，他把生物界分为三个总界：无细胞生物总界，包括病毒一界；原核生物总界，包括细菌和蓝藻两界；真核生物总界，包括植物、真菌和动物三界。除了陈世骧的六界系统外，还有人主张在 Whittaker 的五界系统之下，加一个病毒界，构成另一个六界系统。但一般认为病毒不是最原始的生命形态，因此六界系统未受到重视。

目前植物分类学大多仍然沿用二界分类系统。

按照两界生物系统，根据植物的形态结构、生活习性和亲缘关系，可将植物分为两大类16 个门（图 2-1-1）。

上述 16 门植物中，藻类、菌类、地衣称为低等植物，由于它们在生殖过程中不产生胚，故称为无胚植物。苔藓、蕨类、裸子植物和被子植物合称为高等植物，它们在生殖过程中产生胚，故称为有胚植物。凡是用种子繁殖的植物称为种子植物，种子植物开花结果又称为显花植物。蕨类植物和种子植物具有维管束，所以把它们称为维管束植物；藻类、菌类、地衣、苔藓植物无维管束，称为非维管束植物。苔藓、蕨类植物的雌性生殖器官为颈卵器，裸子植物中也有不退化的颈卵器，因此，三者合称为颈卵器植物。

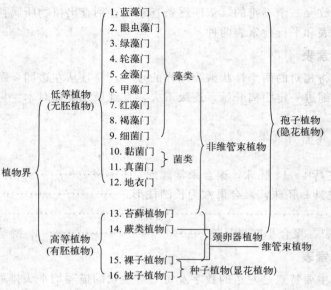

图 2-1-1　二界系统植物分类

　　园林植物多数为高等植物。裸子植物和被子植物以其优美的形态、色彩、香味等观赏特性而成为园林植物的主体，多数叶形美丽的蕨类植物也可作为优良的观叶和地被植物。

任务二　园林植物常见应用分类

【任务提出】　园林植物种类繁多，应用广泛，为了识别方便，首先要对其进行简要分类，我们该如何识别这些园林植物种类，可以按照哪些方法对其进行应用分类呢？

【任务分析】　园林植物分类就是按照一定的标准和方法，将这些植物划分为不同的类别，为其栽培育种应用提供科学依据。目前国内外常按照植物的应用特点来进行不同的分类。

【任务实施】　教师准备不同种类的植物图片、视频等资料或新鲜植物材料，简单介绍植物应用分类的方法，然后引导学生观察，并按照不同标准和方法对其进行应用分类。

　　应用分类又称为实用类分类或人为分类，是以自然分类学意义上的"种"和栽培"品种"为基础，根据园林树木的生长习性、观赏特性、园林用途、生态特征等方面的特点作为分类标准进行大类划分的方法。在园林行业中，往往根据实际需要，从不同角度对园林树木进行应用概念上的大类划分。

一、依据自然分布习性分类

1. 热带木本园林植物
在脱离原产地后，需进入高温温室越冬的木本植物，如大王椰子、袖珍椰子、龙血树等。

2. 热带雨林园林植物
要求夏季高温、冬季温暖、空气相对湿度在 80% 以上的荫蔽环境。在栽培中夏季需荫蔽养护，冬季需进入高温温室越冬，如热带兰类、海芋、龟背竹等。

3. 亚热带园林植物

喜温暖而湿润的气候条件，在华南、江南露地栽培，在温带冬季要在中温温室越冬，夏季节需适当遮阴防护，如香樟、广玉兰、栀子、杨梅、米兰、白兰花等。

4. 暖温带园林植物

在我国北方可在人工保护下露地越冬，在黄河流域及其以南地区，均可露地栽培，如栾树、桃、月季等。

5. 亚寒带园林植物

在我国北方可露地自然越冬，如紫薇、丁香、榆叶梅、连翘等。

6. 亚高山园林植物

大多原产于亚热带和暖温带地区，但多生长在海拔 2000m 以上的高山上，因此，既不耐暑热也怕严寒，如倒挂金钟、仙客来、朱蕉等。

7. 热带及亚热带沙生园林植物

喜充足的阳光、夏季高温而又干燥的环境条件，常作温室草本园林植物来栽培，如仙人掌、龙舌兰、光棍树等。

8. 温带和亚寒带沙生园林植物

在我国多分布于北部和西北部的半荒漠中，可在全国各地露地越冬，但不能忍受南方多雨的环境条件，如沙拐枣、麻黄等。

二、依据园林绿化用途分类

1. 庭荫树

庭荫树是冠大荫浓，在园林绿化中起庇荫和装点空间作用的乔木。庭荫树应具备树形优美、枝叶茂密、冠幅较大、有一定的枝下高、有花果可赏等特征。常用的庭荫树有合欢、二球悬铃木、香樟、国槐、枫杨等。

2. 孤赏树

具有较高观赏价值，在绿地中能独自构成景致的树木，称为孤植树或标本树。孤赏树主要展现树木的个体美，一般要求树体雄伟高大，树形美观。常用的孤赏树有银杏、枫香、雪松、凤凰木、榕属植物等。

3. 行道树

行道树是种植在道路两侧及分车带的树木总称。其主要作用是为车辆和行人庇荫，减少路面辐射和反射光，还可降温、防风、滞尘、降噪、装饰和美化街景。一般来说行道树具备树形高大、冠幅大、枝叶繁茂、分枝点高等特点。常用的行道树有无患子、银杏、香樟、二球悬铃木、国槐、榕树、毛白杨、欧洲七叶树、北美鹅掌楸等。

4. 花灌木

花灌木是指花、叶、果、枝或全株可供观赏的灌木。此类树种具有美化和改善环境的作用，是构成园景的主要素材，在风景园林植物的应用中最为广泛。如园林绿化中用于连接特殊景点的花廊、花架、花门，点缀山坡、池畔、草坪、道路的丛植灌木等。常用的花灌木有八仙花、火棘、棣棠、金钟花、绣线菊等。

5. 绿篱植物

园林规划中用于密集栽植形成生物屏障的植物称为绿篱植物。其多为木本植物，主要功能是分隔空间、屏蔽视线、衬托景物等，一般要求枝叶密集、生长缓慢、耐修剪、耐密植、养护简单。常用的绿篱植物有冬青卫矛、金叶女贞、红花檵木、珊瑚树、侧柏、蚊母等。

6. 攀缘植物

攀缘植物是指茎蔓细长、不能直立生长，需利用其吸盘、卷须、钩刺、茎蔓或吸附根等器官攀附支持物向上生长的植物。其主要用于垂直绿化，可种植于墙面、山石、枯树、灯柱、拱门、棚架、篱垣等旁边，使其攀附生长，形成各种立体的绿化效果。常用的攀缘植物有木香、紫藤、地锦、常春藤、铁线莲、炮仗花、叶子花等。

7. 草坪和地被植物

草坪植物是指植株能覆盖地表的低矮植物，大多指禾本科、莎草科草本植物，如狗牙根、高羊茅、黑麦草、早熟禾、剪股颖、结缕草、羊胡子草等。地被植物是指那些株丛密集、低矮，经简单管理即可用于代替草坪覆盖在地表、防止水土流失，能吸附尘土、净化空气、减弱噪声、消除污染，并具有一定观赏和经济价值的植物，如紫金牛、马蹄金、酢浆草、白三叶、铺地柏等。

8. 切花草本植物

切花是从植株上剪下的带有茎叶的花枝，常用的切花草本园林植物有唐菖蒲、非洲菊、月季、马蹄莲、百合、香石竹、霞草等。

9. 花坛、盆栽草本植物

花坛植物是指耐性强、生长力强、植株整齐饱满、花期一致、花色花相丰富的具有观赏功能的植物的总称。常用的花坛植物有万寿菊、孔雀草、矮牵牛、夏堇等。盆栽草本园林植物是指种植于固定的容器中用于观赏的植物。常用的盆栽植物有观赏松、何首乌、竹芋等。

三、依据观赏部位分类

（一）观花类

观花类植物将花形、花色与花香作为园林植物主要的观赏要素。其中大多数风景园林观花类植物花色鲜艳，花期较长。该类植物花的形状、大小、色彩多种多样，花期差异也较大。

① 赏形　多数植物的花形为常见的钟形、十字形、坛形、辐射形、蝶形等，但也有部分植物的花发生变化形成奇异花形，如凤仙花、紫堇、耧斗菜具有特殊的距，珙桐花具白色巨型苞片等。

② 观色　红色花系（红色、粉色、水粉），如合欢、海棠、桃、石榴、夹竹桃、一串红等；蓝紫色花系（蓝色、紫色），如泡桐、紫玉兰、紫丁香、紫藤、二月兰、鸢尾、八仙花、醉鱼草、夏堇等；黄色花系（黄、浅黄、金黄），如鹅掌楸、金桂、迎春花、连翘、蜡梅、黄木香等；白色花系，如茉莉、白玉兰、珍珠梅、毛樱桃、琼花、女贞等；彩斑色系，如三色堇、矮牵牛、香石竹、勋章菊等。

③ 闻香　花香大致可分为清香，如茉莉、蜡梅、香雪兰等；甜香，如桂花等；浓香，如百合、栀子等；淡香，如玉兰、丁香等；幽香，如兰花等；暗香，如梅花等。

④ 识相　花或花序着生在树冠上的整体表现形貌，特称为"花相"。木本园林植物的花相有以下几类。

a. 独生花相——本类较少、形较奇特，如苏铁类。

b. 线条花相——花排列于小枝上，形成长形的花枝。由于枝条生长习性之不同，有呈拱状花枝的，有呈直立剑状的，有略短曲如尾状的，如连翘、金钟花等。

c. 星散花相——花朵或花序数量较少，且散布于全树冠各部，如珍珠梅、鹅掌楸等。

d. 团簇花相——花朵或花序形大而多，就全树而言，花感较强烈，但每朵或每个花序的花簇仍能充分表现其特色，如玉兰、木兰等。

e. 覆被花相——花或花序着生于树冠的表层,形成覆伞状,如栾树、七叶树等。

f. 密满花相——花或花序密生全树各小枝上,使树冠形成一个整体的大花团,花感最为强烈,如榆叶梅、火棘等。

g. 干生花相——花着生于茎干上,如紫荆、槟榔、枣椰、可可等。

⑤ 寻期　春季开花的风景园林植物有梅花、芍药、郁金香、鸢尾、风信子、樱花、桃、海棠等;夏季开花的有石竹、百合、大花美人蕉、睡莲、夹竹桃、八仙花等;秋季开花的有翠菊、旱金莲、大丽花等;冬季开花的有蜡梅、一品红、仙客来、瓜叶菊;四季开花的有四季桂、天竺葵、月季等。

(二)观果类

观果类植物将果形、果色作为园林植物主要的观赏要素。

① 果形　果实的形状体现在"奇""巨""丰"三方面。"奇"指形状奇特,造型具趣味,例如五指茄的果实形似手指,秤锤树的果实如秤锤;"巨"指果实单体体积较大,如柚、椰子等;"丰"就全树而言,无论果实单体或者果序均有丰硕的数量,可收到引人注目的效果,如火棘、花楸等。

② 果色　果实的色彩根据颜色不同可分为:a. 红色,如荚莲、桃叶珊瑚、南天竹、石榴、樱桃、花楸、火棘等;b. 黄色,如银杏、梨、杏、木瓜、佛手、金柑等;c. 蓝紫色,如紫珠、葡萄、沿阶草、蓝果忍冬、豪猪刺、十大功劳等;d. 黑色,如女贞、小蜡、常春藤、君迁子、鼠李、金银花等;e. 白色,如红瑞木、雪果、湖北花楸、陕甘花楸等。

(三)观叶类

观叶类植物将叶形、叶色、叶质地作为园林植物主要的观赏要素。根据叶的大小可以将风景园林树木分为小型叶类、中型叶类、大型叶类,同时每个类型都具有多种叶形,如披针形、钻形、鳞形、圆形、扇形、条形等。

叶的颜色丰富,观赏价值高,根据叶色的深浅、随季节的变化等特点可以分为以下几类:绿叶类、春色叶类、秋色叶类、常色叶类、双色叶类、斑色叶类。

叶片内含有的叶绿素、叶黄素、类胡萝卜素、花青素等色素,因受树种遗传特性的制约和外界条件的影响,不同色素相对含量处于动态平衡之中,因此导致了叶色变化多样、五彩缤纷。同时,叶色在很大程度上还受树木叶片对光线的吸收与反射差异的影响。例如,许多常绿树木的叶片在阳光下呈现出特有的绿色效果,而一些冬青属植物则呈现出银色或金属色。

在叶的观赏特性中,叶色的观赏价值最高,因其呈现的时间长,能起到突出树形的作用,叶色与花色、果色相比,群体观赏效果显著,叶色是园林色彩的主要创造者。树木叶色可分为基本叶色与特殊叶色。

1. 基本叶色

树木的基本叶色为绿色,这是由于叶肉细胞中具有大量叶绿素,是植物进行光合作用的主要色素,叶绿素吸收大部分红光和紫光而反射绿光。受树种及受光度的影响,叶的绿色有墨绿、深绿、浅绿、黄绿、亮绿、蓝绿等差异,且会随季节变化而变化。各种树木叶的绿色由深至浅的顺序大致为常绿针叶树、常绿阔叶树、落叶树。常绿针叶树叶片多呈暗绿色,显得朴实、端庄、厚重。常绿阔叶树叶片以浅绿色为主。落叶树种叶片较薄,透光性强,叶绿素含量较少,叶色多呈黄绿色,不少种类在落叶前,由于叶绿素含量逐渐减少,其他色素显现出来,叶色变为黄褐色、黄色或金黄色等,表现出明快、活泼的视觉特征。

① 深浓绿色叶树种　油松、红松、雪松、云杉、青杆、侧柏、山茶、女贞、桂花、榕树、槐树、毛白杨、榆树等。

② 浅淡绿色叶树种　水杉、落叶松、金钱松、七叶树、鹅掌楸、玉兰、旱柳、糖槭等。

2. 特殊叶色

树木除绿色外呈现的其他叶色，丰富了园林景观，给观赏者以新奇感。根据变化情况，特殊叶色可分为以下几种类型。

（1）常色叶类

常色叶有单色与复色两种。单色叶表现为某种单一的色彩，以红、紫色（如红枫、红花檵木、紫叶李、紫叶桃、紫叶小檗等）和黄色（如金叶鸡爪槭、金叶雪松等）两类色为主。复色叶是同一叶片上有两种以上不同的色彩，有些种类，叶表和叶背颜色显著不同（如胡颓子、红背桂、银白杨等），也有些种类在绿色叶片上有其他颜色的斑点或条纹（如金心大叶黄杨、银边黄杨、变叶木、金心香龙血树、洒金东瀛珊瑚等）。常色叶类树木所表现的特殊叶色受树种遗传特性支配，不会因环境条件的影响或时间推移而改变。

（2）季节色叶类

树木的叶片在绿色的基础上，随着季节的变化而出现有显著差异的特殊颜色。季节叶色多出现在春、秋两季。春季新叶叶色发生显著变化者，称为春色叶树，如山麻秆、长蕊杜鹃、黄连木、臭椿、香椿等。在南方温暖地区，一些常绿阔叶树的新叶，不限于在春季发生，而是任何季节的新叶均有颜色的变化。在秋季落叶前叶色发生显著变化者，称为秋色叶树，如银杏、金钱松、悬铃木、黄栌、火炬树、枫香、乌桕等。秋色叶树种以落叶阔叶树居多，颜色以黄褐色较普遍，其次为红色或金黄色，它们对园林景观的季相变化起重要作用，受到园林工作者的高度重视。

① 秋叶呈红色或紫红色的树种　鸡爪槭、五角槭、糖槭、枫香、五叶地锦、小檗、漆树、盐肤木、黄连木、黄栌、花楸、乌桕、石楠、卫矛、山楂等。

② 秋叶呈黄色或黄褐色的树种　银杏、白桦、紫椴、无患子、鹅掌楸、悬铃木、蒙古栎、金钱松、落叶松、白蜡等。

树木的季节叶色除红、黄色外，还存在许多过渡色。季节叶色开始的时间及持续期长短既因树种而异，也与气候条件尤其是温度、光照和湿度变化有关。

除了叶子的形状、色泽之外，植物的叶还可形成声响的效果。如针叶的响声自古就有"听松涛"之说，"雨打芭蕉"亦可成为自然的音乐。

（四）观芽类

芽是幼态未伸展的枝、花或花序，包括茎尖分生组织及其外围的附属物。观芽类植物的观赏特性由于观赏期较短而种类较少，如银芽柳等。

（五）观干类

观干类植物将树木的枝条、树皮、树干以及刺毛的颜色、形态作为园林植物主要的观赏要素。常见的观干类植物有白桦、梧桐、悬铃木、白皮松、红瑞木、棣棠、光棍树、紫茎等。

树木的树皮、树干、枝条以及刺毛的颜色、形态都具有一定的观赏性，尤其在落叶后，枝干的颜色和形态更为醒目。枝条具有独特观赏价值的园林树木称为观枝树种，如龙爪槐、龙爪柳、红瑞木、黄瑞木、金枝梾木、金丝垂柳等。一些乔木树种既可赏枝也可赏干，如白桦、枫桦、梧桐、悬铃木、青榨槭、白皮松等。

树皮的开裂方式也具一定的观赏价值，常见的有以下几种：

① 光滑树皮　树皮表面平滑无裂，多数树种幼年期树皮均无裂，也有老年期树皮不裂的，如梧桐、桉树等。

② 横纹树皮　树皮表面呈浅而细的横纹，如山桃、桃、白桦等。

③ 片裂树皮　树皮表面呈不规则的片状剥落，斑驳状如白皮松、悬铃木等。

④ 丝裂树皮　树皮表面呈纵而薄的丝状脱落，如青年期的柏类。

⑤ 纵裂树皮　树皮表面呈不规则的纵条状或近人字状的浅裂，多数树种属此类。

⑥ 纵沟树皮　树皮表面纵裂较深，呈纵条或近人字状的深沟，如老年期的核桃、板栗等。

⑦ 长方块裂纹树皮　树皮表面呈长方形裂纹，如柿树、黄连木等。

⑧ 疣突树皮　树皮表面具不规则的疣突。如木棉表面具刺，还有山皂荚、刺楸等。

树干的皮色对美化配置效果具有很大的影响，如在街道上用白色树干的树种，可产生极好的美化作用及使道路变宽的视觉效果。

（六）赏根类

风景园林植物裸露的根部或特化的根系有一定的观赏价值，尤其是一些多年生的木本植物，如松树、朴树、梅花、榕树、银杏、山茶、蜡梅、四数木等。

（七）赏株形

树木株形一般指成年树冠整体形态的类型，由干、茎、枝、叶组成，树冠对株形起着决定性作用。树木株形常可分为圆柱形、尖塔形、伞形、棕榈形、丛生形、球形、馒头形、拱枝形、苍虬形、风致形等。

四、依栽培方式分类

1. 露地风景园林植物

在自然条件下，完成全部生长过程，如鸡冠花、大丽花等。

2. 温室风景园林植物

原产于热带、亚热带温暖地区的风景园林植物，在北方寒冷地区栽培必须在温室内培养或冬季需要在温室内保护越冬，如君子兰、花叶芋、一品红、芒果、蒲桃、椰子、假槟榔等。

五、依据经济用途分类

风景园林植物按其经济用途分类，可以分为食用植物，如椰子、苹果等；油料植物，如棕榈、芸薹等；药用植物，如人参、杜仲等；香料植物，如玫瑰、八角等；材用植物，樟子松、青檀等；树脂植物，油松、漆树等。

六、依植物茎的形态分类

（一）木本园林植物

木本植物是指根和茎因增粗生长形成大量的木质部，而细胞壁也多数木质化的坚固植物，地上部为多年生。木本园林植物则是木本植物中具有观赏价值的植物总称。

1. 乔木

乔木通常指主干单一明显的树木，主干生长离地面较高处始分枝，树冠具有一定的形态，如银杏、雪松，水杉、香樟、垂柳等。可依其高度而分为大乔木（12m 以上）、中乔木（6～12 m）、小乔木（6m 以下）。

（1）常绿针叶树

常绿树是指终年具有绿叶的乔木，每年都有新叶长出，新叶长出时部分旧叶脱落，陆续更新，终年保持常绿，如香樟、紫檀、马尾松等。针叶是裸子植物常见的叶子外形，常绿针叶树是指常绿乔木中叶子形状像针或鳞片的乔木，多为裸子植物，针叶植物较阔叶植物更耐寒。

南洋杉科：南洋杉；松科：雪松、油杉、冷杉、日本冷杉、辽东冷杉、白杆、青杆、日本云杉、黄杉、马尾松、湿地松、黑松、油松、赤松、白皮松、日本五针松、火炬松、华山松、黄山松；杉科：杉木、柳杉、日本柳杉、北美红杉；柏科：圆柏、龙柏、北美圆柏、香柏、中山柏、日本花柏、日本扁柏、刺柏、杜松、侧柏、千头柏、福建柏；罗汉松科：罗汉松、竹柏；三尖杉科：三尖杉、粗榧；红豆杉科：榧树、香榧、红豆杉、南方红豆杉。

（2）落叶针叶树

落叶针叶乔木是指每年秋冬季节或干旱季节叶全部脱落的、以适应寒冷或干旱环境的叶子形状像针或鳞片的乔木，多为裸子植物。落叶是植物减少蒸腾、度过寒冷或干旱季节的一种适应，这一习性是植物在长期进化过程中形成的。

松科：金钱松、落叶松、华北落叶松；杉科：水杉、落羽杉、墨西哥落羽杉、池杉、东方杉、中山杉。

（3）常绿阔叶树

常绿阔叶树是指常绿乔木中叶型较大的乔木，四季常绿，叶片多革质、表面有光泽，叶片排列方向垂直于阳光，多集中于壳斗科、樟科、山茶科、木兰科。

杨梅科：杨梅；壳斗科：苦槠、青冈栎、石栎；山龙眼科：银桦；木兰科：木莲、广玉兰、白兰花、深山含笑、阔瓣含笑、乐昌含笑；八角科：莽草；樟科：香樟、肉桂、浙江楠、紫楠；金缕梅科：蚊母树；蔷薇科：椤木石楠、枇杷；豆科：洋紫荆、花榈木；芸香科：柑橘、柚；冬青科：冬青、大叶冬青、枸骨；木樨科：桂花、女贞；杜英科：山杜英。

（4）落叶阔叶树

落叶阔叶树是指冬季叶片全部脱落以适应寒冷或干旱的环境，叶片较大、非针形或鳞片形的乔木。它们冬季以休眠芽的形式过冬，叶和花等脱落，待春季转暖，降水增加的时候纷纷展叶，开始旺盛的生长发育过程。

银杏科：银杏；杨柳科：毛白杨、银白杨、加杨、小叶杨、旱柳、绦柳、馒头柳、龙爪柳、垂柳；胡桃科：胡桃、核桃楸、美国山核桃、枫杨；桦木科：白桦；壳斗科：板栗、锥栗、麻栎、栓皮栎；榆科：榆树、垂枝榆、榔榆、榉树；桑科：桑树、构树、黄葛树；木兰科：鹅掌楸、北美鹅掌楸、杂交马褂木、白玉兰、黄山木兰、厚朴、天女花；蕈树科：枫香；杜仲科：杜仲；豆科：槐树、龙爪槐、刺槐、香花槐、红豆树、合欢、山合欢、皂荚、山皂荚、黄檀；悬铃木科：法国梧桐、英国梧桐、美国梧桐；蔷薇科：木瓜、杏、梅、桃、碧桃、紫叶李、山樱桃、东京樱花、日本晚樱、苹果、湖北海棠；苦木科：臭椿；楝科：苦楝、香椿；大戟科：乌桕；漆树科：黄连木、火炬树、盐肤木、漆树；卫矛科：丝棉木；无患子科：三角枫、五角枫、茶条槭、栾树、全缘栾树、无患子；七叶树科：七叶树；鼠李科：枳椇、冻绿；椴树科：南京椴；梧桐科：梧桐；柿树科：柿树、君迁子；木樨科：流苏树、白蜡树、丁香、暴马丁香、雪柳；玄参科：泡桐、毛泡桐；胡颓子科：沙枣；蓝果树科：喜树、珙桐；五加科：刺楸；山茱萸科：灯台树、毛梾；紫葳科：梓树、楸树、蓝花楸。

2. 灌木

灌木通常是指低矮的、近似丛生、主干不明显在地面处分歧成多数树干、树冠不定型、矮小的木本植物，如蜡梅、含笑、冬青、卫矛、六月雪、茶梅等。

（1）常绿针叶灌木

常绿灌木是指四季保持常绿的丛生木本植物。在华南常见，耐寒力较弱，北方多温室栽培，种类众多。常绿针叶灌木是指常绿灌木中叶为针形、鳞片形的灌木。

苏铁科：苏铁；柏科：鹿角桧、铺地柏、沙地柏。

（2）常绿阔叶灌木

常绿阔叶灌木是指常绿灌木中叶形较大，非针形或鳞片形的灌木。

小檗科：南天竹、十大功劳、阔叶十大功劳；木兰科：含笑；蜡梅科：山蜡梅；海桐科：海桐；金缕梅科：檵木、红花檵木；蔷薇科：火棘、石楠、红叶石楠；卫矛科：冬青卫矛、北海道黄杨；黄杨科：黄杨、锦熟黄杨、雀舌黄杨；冬青科：龟甲冬青；藤黄科：金丝桃；胡颓子科：胡颓子；桃金娘科：红千层；五加科：八角金盘；瑞香科：瑞香；山茱萸科：洒金桃叶珊瑚、桃叶珊瑚；杜鹃花科：杜鹃、马醉木；木犀科：小蜡、水蜡、小叶女贞；山茶科：木荷、厚皮香、山茶花、茶梅、油茶、浙江红花油茶；夹竹桃科：夹竹桃；茜草科：栀子、六月雪；忍冬科：珊瑚树；天门冬科：凤尾丝兰、丝兰。

（3）落叶阔叶灌木

落叶灌木是指灌木中冬季落叶以度过寒冷季节的种类。其分布广，种类多，用途广泛，许多种类都是优秀的观花、观果、观叶、观干树种，被大量用于地栽、盆栽观赏。落叶阔叶灌木是指叶形较大，如卵形、披针形等非针形叶或鳞片形叶的冬季叶全部落光的灌木。

桑科：无花果；毛茛科：牡丹；小檗科：小檗、紫叶小檗；木兰科：紫玉兰、二乔玉兰；蜡梅科：蜡梅；虎耳草科：山梅花、溲疏；蔷薇科：白鹃梅、笑靥花、珍珠花、麻叶绣线菊、菱叶绣菊、粉花绣线菊、珍珠梅、黄刺玫、棣棠、鸡麻、榆叶梅、郁李、山楂、贴梗海棠、垂丝海棠、西海棠、沙梨；豆科：紫荆、毛刺槐、紫穗槐、锦鸡儿、胡枝子；芸香科：花椒、枸橘；漆树科：黄栌；无患子科：鸡爪槭、红枫、羽毛枫、红羽毛枫、锦葵科：木槿、木芙蓉；柽柳科：柽柳；瑞香科：结香；胡颓子科：秋胡颓子；千屈菜科：紫薇、大花紫薇；山茱萸科：红瑞木、四照花；木犀科：迎春、连翘、金钟花；玄参科：醉鱼草；唇形科：紫珠；忍冬科：锦带花、海仙花、琼花、蝴蝶树、天目琼花、香荚蒾、金银木、接骨木。

3. 藤本植物

有缠绕茎和攀缘茎的植物统称为藤本植物，它的茎细长、缠绕或攀缘它物上升。茎木质化的称为木质藤本，如紫藤、凌霄、北五味子、葛藤、木迪、猕猴桃、葡萄、炮仗花等；茎质的称为草质藤本，如啤酒花、何首乌、羽叶茑萝、牵牛花、锦屏藤等。该类植物常用于垂直绿化，主要分布在桑科、葡萄科、猕猴桃科、五加科、葫芦科、豆科、夹竹桃科等科中。

桑科：薜荔；紫茉莉科：叶子花；毛茛科：铁线莲；大血藤科：大血藤；木通科：木通、三叶木通、鹰爪枫；五味子科：五味子、华中五味子、南五味子；蔷薇科：野蔷薇、七姊妹、金樱子、小果蔷薇、木香；豆科：紫藤、常春油麻藤、葛藤；葡萄科：葡萄、蛇葡萄、地锦、五叶地锦、乌蔹莓；猕猴桃科：中华猕猴桃；西番莲科：西番莲；五加科：常春藤、中华常春藤；卫矛科：扶芳藤、胶东卫矛、南蛇藤；夹竹桃科：络石；木犀科：野迎春；忍冬科：金银花、盘叶忍冬、贯月忍冬；紫葳科：凌霄、美国凌霄、粉花凌霄、炮仗花。

4. 竹类植物

竹类植物为禾本科竹亚科禾草类植物的通称，虽然其为禾本植物，但竹类植物大多高大坚硬，在林业及园林上常归为木本，为多年生常绿树种。其主要产地为热带、亚热带，少数产于温带，我国主要分布于秦岭、淮河流域以南地区。

簕竹属：粉单竹、孝顺竹、花孝顺竹、凤尾竹、佛肚竹、黄金间碧玉竹；方竹属：方竹；箬竹属：阔叶箬竹；矢竹属：茶竿竹、矢竹；苦竹属：苦竹、大明竹；刚竹属：毛竹、桂竹、斑竹、刚竹、罗汉竹、紫竹、淡竹、早园竹、黄槽竹、乌哺鸡竹、篌竹、金镶玉竹、早竹、龟甲竹、金竹；慈竹属：慈竹。

5. 棕榈类植物

树形较特殊的一类木本园林植物，常用于营造热带风情植物景观。常绿，树干直，多无分枝，叶大型，掌状裂或羽状分裂，聚生茎端。其主要分布于热带及亚热带地区，性不耐寒，适应性强，观赏价值高，在我国主要产于南方。

棕榈属：棕榈；棕竹属：棕竹；箬棕属：小箬棕；蒲葵属：蒲葵；王棕属：大王椰子；桃榔属：桃榔；假槟榔属：假槟榔；鱼尾葵属：鱼尾葵、短穗鱼尾葵；刺葵属：银海枣、海枣、加拿利海枣；油棕属：油棕；酒瓶椰属：酒瓶椰子；丝葵属：丝葵、华盛顿棕；槟榔属：槟榔；椰子属：椰子；散尾葵属：散尾葵；国王椰属：国王椰子；果冻椰子属：布迪椰子；霸王棕属：霸王棕；香棕属：香棕；贝叶棕属：贝叶棕；袖珍椰子属：袖珍椰子；狐尾椰子属：狐尾椰子；丝葵属：老人葵。

（二）草本园林植物

草本植物指有草质茎的植物，茎的地上部分在生长期终了时就枯死。其维管束不具有形成层，不能增粗生长，因而不能像树木一样逐年变粗。

1. 露地草本园林植物

露地草本园林植物是指在自然条件下能顺利完成全部生长过程，不需要保护物栽培的草本园林植物，如万寿菊、美人蕉等。

（1）露地一年生草本园林植物

典型的一年生草本园林植物是指在一个生长季内完成全部生活史的草本园林植物，播种、开花、死亡在当年内进行。而多年生作一年生栽培的草本园林植物在当地露地环境中栽培时，对气候不适应、怕冷、生长不良或两年后生长差，具有容易结实、当年播种就可以开花的特点，如藿香蓟、一串红等。

蓼科：红蓼、荞麦；藜科：地肤、藜；苋科：千日红、鸡冠花、三色苋、红叶苋、五色草；紫茉莉科：紫茉莉、马齿苋科：大花马齿苋、半枝莲；石竹科：霞草；毛茛科：还亮草；锦葵科：黄蜀葵；花荵科：福禄考；紫草科：勿忘草；旋花科：牵牛花、槭叶茑萝、羽叶茑萝；大戟科：银边翠；凤仙花科：凤仙花；唇形科：一串红、一串白；玄参科：猴面花、夏堇；菊科：心叶藿香蓟、翠菊、百日菊、波斯菊、黄秋英、万寿菊、孔雀草、麦秆菊。

（2）露地二年生草本园林植物

典型的二年生草本园林植物是指在两个生长季完成生活史的草本园林植物。第一年营养生长，第二年开花、结实，在炎夏到来时死亡。此类草本园林植物要求严格的春化作用，如须苞石竹、金盏菊等。

藜科：红叶甜菜；毛茛科：飞燕草；石竹科：矮雪轮、高雪轮、石竹、须苞石竹；十字花科：香雪球、羽衣甘蓝、紫罗兰、桂竹香；景天科：瓦松；锦葵科：锦葵；堇菜科：三色堇；柳叶菜科：月见草、美丽月见草、待霄草；马鞭草科：美女樱、细叶美女樱；茄科：矮牵牛；玄参科：金鱼草、毛地黄、毛蕊花；桔梗科：风铃草；菊科：雏菊、蛇目菊、金盏菊、水飞蓟、矢车菊。

（3）露地多年生草本园林植物

此类植物寿命超过两年，其地下部分经过休眠，能重新生长、开花和结果，包括宿根和球根植物。

① 露地宿根草本园林植物　此类植物是指地下部分的形态正常，不发生变态现象，以根或地下茎的形式越冬，地上部分表现出一年生或多年生性状的露地草本园林植物，冬季地上部分枯死，根系在土壤中宿存而不膨大，来年重新萌发生长的多年生草本园林植物。

百合科：火炬花、土麦冬、阔叶麦冬、万年青、萱草、黄花菜、沿阶草、吉祥草、玉簪、紫萼；鸭跖草科：紫露草；鸢尾科：射干、德国鸢尾、鸢尾、蝴蝶花、小花鸢尾、黄菖蒲、花菖蒲、溪荪、燕子花；蓼科：火炭母、虎杖；石竹科：石碱花、剪秋罗、常夏石竹、瞿麦、香石竹；毛茛科：乌头、楼斗菜、唐松草、白头翁、芍药、铁线莲；罂粟科：荷包牡丹；十字花科：一月兰；景天科：费菜、垂盆草、佛甲草、景天、凹叶景天；虎耳草科：落新妇、虎耳草；蔷薇科：蛇莓；豆科：多叶羽扇豆、白三叶、紫花苜蓿；酢浆草科：红花酢浆草；亚麻科：蓝亚麻；堇菜科：紫花地丁；锦葵科：蜀葵；柳叶菜科：山桃草；报春花科：金叶过路黄；花葱科：宿根福禄考、丛生福禄考；唇形科：美国薄荷、随意草；桔梗科：桔梗；菊科：紫苑、荷兰菊、金光菊、黑心金光菊、大花金鸡菊、紫松果菊、宿根天人菊、一枝黄花、蓝目菊、菊花、白晶菊、滨菊。

② 露地球根草本园林植物　此类植物是指植株地下部分的根或茎发生变态，肥大呈球状或块状的多年生草本植物。它们以地下球根的形式度过其休眠期，至环境适宜时，再度生长并开花。

a. 按球根类型分类，可分为鳞茎类、球茎类、块茎类、根茎类、块根类。

• 鳞茎类：地下茎呈鳞片状，外被纸质外皮的叫作有皮鳞茎，如郁金香、水仙、朱顶红等。在鳞片的外面没有外皮包被的叫作无皮鳞茎，如百合等。

百合科：百合、湖北百合、卷丹、麝香百合、浙贝母、大花葱、风信子、葡萄风信子、郁金香；石蒜科：葱兰、韭兰、石蒜、忽地笑、水仙、晚香玉、雪滴花。

• 球茎类：地下茎呈球形或扁球形，外被革质外皮等。

鸢尾科：番红花、唐菖蒲、西班牙鸢尾。

• 块茎类：地下茎呈不规则的块状或条状。

天南星科：马蹄莲；毛茛科：毛茛、秋牡丹、银莲花；兰科：白及。

• 根茎类：地下茎肥大呈根状，上面有明显的节，新芽着生在分枝顶端。

百合科：铃兰；美人蕉科：大花美人蕉。

• 块根类：块根为根的变态，地下主根由侧根或不定根膨大而成，肥大呈块状，根系从块根的末端生出。块根无节、无芽眼，只在根颈部有发芽点。

菊科：大丽花、蛇鞭菊；毛茛科：花毛茛。

b. 按适宜的栽植时间分类，可分为春植球根草本园林植物、秋植球根草本园林植物。

• 春植球根草本园林植物：春天栽植，夏秋开花，冬天休眠。花芽分化一般在夏季生长期进行，如大丽花、唐菖蒲、美人蕉、晚香玉等。

• 秋植球根草本园林植物：秋天栽植，在原产地秋冬生长，春天开花，炎夏休眠；花芽分化一般在夏季休眠期进行，如水仙、郁金香、风信子、花毛茛等。少数种类花芽分化在生长期进行，如百合类。

（4）草坪及地被植物

① 草坪植物　是指由人工建植或是天然形成的多年生低矮草本植物经养护管理而形成的相对均匀、平整的草地植被。按草坪草生长的适宜气候条件和地域分布范围可将草坪草分为冷季型草坪草和暖季型草坪草。

• 冷季型草坪草：也称为冬型草，主要是早熟禾亚科。适宜的生长温度在 15～25℃ 之间，气温高于 30℃ 则生长缓慢，在炎热的夏季，冷季型草坪草进入了生长不适阶段，有些甚至休眠。此类主要分布于华北、东北和西北等长江以北的我国北方地区。

黑麦草属：多花黑麦草；剪股颖属：匍匐剪股颖、绒毛剪股颖；羊茅属：羊茅、蓝羊茅、高羊茅；画眉草属：画眉草；早熟禾：草地早熟禾、细叶早熟禾。

• 暖季型草坪草：也称为夏型草，主要是禾本科、画眉亚科的一些植物，最适合生长的温度为 20～30℃，在 −5～42℃ 范围内能安全存活，这类草在夏季或温暖地区生长旺盛，主要分布在长江流域及以南较低海拔地区。

结缕草属：结缕草、马尼拉草；蜈蚣草属：假俭草；野牛草属：野牛草；燕麦属：野燕麦；地毯草属：地毯草；狗牙根属：狗牙根。

②　地被植物　其是指那些株丛密集、低矮，经简单管理即可用于代替草坪覆盖在地表、防止水土流失，能吸附尘土、净化空气、降低噪声、消除污染并具有一定观赏和经济价值的植物。常见的一二年生草本园林植物、宿根草本园林植物、球根草本园林植物多可做地被植物，如虎耳草、白三叶、二月兰、红花酢浆草、金叶过路黄等。

2. 水生植物

水生植物大多为草本植物，作为园林植物配置设计的水生植物大部分是草本植物，因此本书将其归为草木植物中。水生植物是指植物体全部或部分在水中生活的植物，还包括适应于沼泽或低湿环境中生长的一切可观赏的植物。

蘋科：田字草；香蒲科：香蒲、水烛；泽泻科：慈姑、泽苔草、泽泻；水蕹科：水蕹；花蔺科：花蔺、黄花蔺、水罂粟；水鳖科：水鳖、水车前、苦草；禾本科：芦竹、花叶芦竹、芦苇、荻、蒲苇、茭白、薏苡；莎草科：水葱、花叶水葱、藨草、荸荠、旱伞草、纸莎草、灯心草；天南星科：菖蒲、石菖蒲、金线石菖蒲、大藻；雨久花科：凤眼莲、雨久花、梭鱼草；竹芋科：再力花；三白草科：三白草；蓼科：水蓼；睡莲科：荷花、睡莲、莼菜、萍蓬草、王莲、芡实；金鱼藻科：金鱼藻；千屈菜科：千屈菜、节节菜；菱科：菱；龙胆科：荇菜；水马齿科：水马齿；小二仙草科：狐尾藻。

3. 温室草本园林植物

温室草本园林植物是指在自然条件下不能顺利完成全部生长过程，需要保护物栽培的草本园林植物。以在上海地区是否能露地越冬为例，可将温室草本园林植物分为以下几大类。

（1）温室一二年生草本园林植物

凤仙花科：非洲凤仙；报春花科：报春花、四季报春、多花报春、欧洲报春；唇形科：彩叶草；茄科：蛾蝶花；玄参科：蒲包花；菊科：瓜叶菊。

（2）温室宿根草本园林植物

鸭跖草科：吊竹梅、白花紫露草；石蒜科：大花君子兰、垂笑君子兰；旅人蕉科：鹤望兰；龙舌兰科：虎尾兰；胡椒科：豆瓣绿；凤仙花科：新几内亚凤仙；秋海棠科：四季秋海棠、银星秋海棠、蟆叶秋海棠、铁甲秋海棠。

（3）温室球根草本园林植物

天南星科：马蹄莲；百合科：虎眼万年青；石蒜科：朱顶红、文殊兰、红花文殊兰、蜘蛛兰、网球花；报春花科：仙客来；鸢尾科：香雪兰。

（4）兰科草本园林植物

兰花广义上是兰科草本园林植物的总称。兰科是仅次于菊科的一个大科，是子叶植物中的第一大科。兰科植物分布极广，但85％集中分布在热带和亚热带。兰科植物从植物形态上可以分为三类。

①　地生兰：生长在地上，花序通常直立或斜上生长。亚热带和温带地区原产的兰花多为此类。中国兰和热带兰花中的兜兰属草本园林植物属于此类。

②　附生兰：生长在树干或石缝中，花序弯曲或下垂。热带原产的一些兰花属于此类。

③　腐生兰：无绿叶，终年寄生在腐烂的植物体上生活，如中药天麻。

兰属：春兰、蕙兰、建兰、墨兰、寒兰、虎头兰；石斛属：石斛、密花石斛；蝴蝶兰属：蝴蝶兰；万带兰属：万带兰；兜兰属：杏黄兜兰；虾脊兰属：虾脊兰。

（5）蕨类植物

蕨类植物也称羊齿植物，为高等植物中比较低级而又不开花的一个类群，多为草本，是最早有维管组织分化的陆生植物，由于输导组织的成分主要是管胞和筛胞，受精作用仍离不开水，因而在陆地上的发展和分布仍受到一定的限制。与其他高等植物相比，其最重要的特征是：生活史中以孢子体占优势，孢子体和配子体均能独立生活。孢子体为多年生植物，是观赏部分，有根、茎、叶之分。根为须根状，茎多为根状茎，在土壤中横走，上升或直立，叶的形态特征因种而异，千变万化。蕨类植物是优良的室内观叶植物之一。

石松科：石松；卷柏科：卷柏；阴地蕨科：阴地蕨；观音座莲科：福建观音座莲；紫萁科：紫萁；里白科：光里白、芒萁；凤尾蕨科：凤尾蕨、井栏边草；铁线蕨科：铁线蕨；铁角蕨科：巢蕨；肾蕨科：肾蕨；水龙骨科：盾蕨。

（6）多浆植物及仙人掌

多浆植物（又叫多肉植物）是指植物的茎、叶具有发达的贮水组织，呈现肥厚多浆的变态状植物，多数原产于热带、亚热带干旱地区或森林中。多浆植物主要包括仙人掌科、番杏科、景天科、大戟科、菊科、百合科、龙舌兰科等植物。仙人掌类原产于南、北美热带大陆及附近一些岛屿，部分生长在森林中，而多浆植物多数原产于南非，仅少数分布在其他州的热带和亚热带地区。

仙人掌科：昙花、量天尺、令箭荷花、仙人掌、木麒麟；番杏科：佛手掌；龙舌兰科：龙舌兰；景天科：八宝景天、长寿花。

（7）竹芋科植物

竹芋属：竹芋；肖竹芋属：肖竹芋、圆叶竹芋、孔雀竹芋、彩虹肖竹芋。

（8）凤梨科植物

凤梨科植物为陆生或附生，无茎或短茎草本。叶通常基生，密集成莲座状叶丛，狭长带状，茎直，全缘或有刺状锯齿，基部常扩展，并具鲜明的颜色，是一种观赏性很强的观花、观叶植物，尤其可栽培于室内，常见的栽培种类有水塔花属的部分植物。水塔花属原产于墨西哥至巴西南部和阿根廷北部丛林中，约50种，多为地生性，叶为镰刀状，上半部向下倾斜，以5～8片排列成管形的莲座状叶丛，常见品种有光萼荷等。

姬凤梨属：姬凤梨；凤梨属：凤梨；彩叶凤梨属：五彩凤梨、同心彩叶凤梨；铁兰属：铁兰；丽穗凤梨属：彩苞凤梨；果子蔓属：果子蔓；巢凤梨属：巢凤梨；光萼荷属：光萼荷；水塔花属：水塔花；羞凤梨属：美艳羞凤梨；雀舌兰属：短叶雀舌兰。

（9）姜科植物

多年生草本，通常具芳香、匍匐或块状的根状茎，或有时根的末端膨大呈块状。叶基生或茎生，通常二列，叶片大、披针形或椭圆形，花单生、两性、具苞片，浆果。约52属1200种，分布于热带、亚热带地区，以亚洲热带地区的种类最为繁多，常生于林下阴湿处；中国约有21属近200种，分布于东南部至西南部各省区，以广东、广西和云南的种类最多。

山姜属：艳山姜、花叶艳山姜、山姜、益智；姜花属：姜花、红姜花；郁金属：郁金；姜属：球姜；火炬姜属：火炬姜；舞花姜属：舞花姜；闭鞘姜属：闭鞘姜；山柰属：海南三七；象牙属：象牙参、早花象牙参。

（10）天南星科植物

单子叶植物，陆生或水生草本，或木质藤本，常具块茎或根状茎，肉穗花序，果为浆果。植物体多含水质、乳质或针状结晶体，汁液对人的皮肤或舌或咽喉有刺痒或灼热的感觉。115属，2000余种，广布于全世界，但92%以上生于热带，我国有35属，206种（其中有4属，20种系引种栽培的），南北均有分布，有些供药用，有些种类的块茎含丰富的淀粉供食用，有些供观赏用。

花烛属：花烛；麒麟叶属：麒麟叶、绿萝；黛粉芋属：花叶万年青；海芋属：海芋；龟背竹属：龟背竹；广东万年青属：广东万年青；大野芋属：象耳芋；海芋属：海芋；魔芋属：魔芋；半夏属：半夏、滴水珠；天南星属：一把伞南星、灯台莲；苞叶芋属：白鹤芋；合果芋属：合果芋。

实训模块二　园林植物标本制作

一、实训目的

学习采集和制作植物标本的基本方法。掌握植物标本的概念、分类及腊叶标本的制作过程。掌握腊叶标本压制、保存方法。同时培养学生团队协作的精神，独立分析问题、解决问题的能力及其创新能力。

二、实训材料

校园及其附近游园绿地中各种类型的园林植物。

三、实训内容

校园及其附近游园绿地中园林植物标本的采集、制作及鉴定。

四、实训步骤

（1）教师下达任务，并介绍如何采集、制作及鉴定园林植物标本。

（2）学生分组识别，并记录，完成实训报告。

（3）选取 30 种左右园林植物进行腊叶标本的制作，对学生进行相应技能考核测试。

五、实训作业

1. 简述腊叶标本的制作注意事项。

2. 按照园林植物分类不同标准，列举至少 20 种当地常见园林植物，记录其科、属、种名，并说明其主要观赏特性及园林应用形式。

【练习与思考】

1. 植物分类的单位有哪些？哪个是基本单位？

2. 植物的学名由哪几个部分组成？书写中应注意什么？

3. 低等植物和高等植物的主要区别有哪些？

4. 被子植物和裸子植物的主要区别有哪些？

5. 园林植物分类在植物景观规划设计中有何理论与实践意义？

6. 园林植物识别为什么需要熟悉植物形态学的知识？植物系统分类学知识在观赏树木识别与应用中有什么实际意义？

项目单元二【知识拓展】见二维码。

一、植物标本的采集和制作；

二、植物标本的鉴定

常见园林乔木

知识目标： 认知具有代表性园林常绿阔叶乔木、常绿针叶乔木、落叶阔叶乔木、落叶针叶乔木等的学名、科属、植物特性与分布，以及作为行道树、庭荫树、园景树造景的应用与文化。

技能水平： 能够正确识别常见的常绿阔叶乔木 10 种、常绿针叶乔木 10 种、落叶阔叶乔木 40 种、落叶针叶乔木 5 种，并掌握其专业术语及植物文化内涵。了解行道树、庭荫树、园景树常用树种的生态习性及园林应用范围，了解行道树的选择标准、配置类型及形式。

导言

所谓乔木，通常是指树体高大，有一个明显的直立主干且高达 6m 以上的木本植物。乔木具有体型高大、主干明显、寿命长等特点，是公园绿地中数量最多、作用最大的一类植物。它是公园植物的主体，对绿地环境和空间构图影响很大。园林中常见的乔木有雪松、银杏、黄葛树、香樟、桂花、蓝花楹、复羽叶栾树、梧桐、白桦、女贞、槐树、广玉兰、紫玉兰、二乔玉兰、含笑等。园林乔木分类方式多种多样，主要分类类型有以下几种。

① 依据乔木生长速度可以分为速生树、中生树与慢生树等三类。园林中常见的速生树有杜英、毛红椿、光皮桦、白杨、拐枣、速生榆、紫叶李、白蜡、法国梧桐、杉木、泡桐等。慢生树种常见的有桂花、红豆杉、白皮松、苏铁、水曲柳等。

② 按照冬季或旱季落叶与否可以分为落叶乔木和常绿乔木两类。冬季或旱季不落叶者称常绿乔木，落叶者称为落叶乔木。常绿乔木每年都有新叶长出，也有部分脱落，陆续更新，终年保持常绿，如香樟、女贞、白皮松、华山松、天竺桂、小叶榕、大叶黄杨等。落叶乔木是植物减少蒸腾、度过寒冷或干旱季节的一种适应性特征，常见落叶乔木如柳树、杨树、速生柳、山楂、梨、李、柿、悬铃木、银杏等。

③ 按照叶片大小和形态特点通常分为针叶树与阔叶树两大类，根据落叶与否还可以细分为落叶阔叶树、常绿阔叶树、落叶针叶树及常绿针叶树四类。落叶阔叶树种如桃、梅、李、杏、柳、杨、悬铃木、鹅掌楸、油桐、大叶榆等；常绿阔叶树种如香樟、小叶榕、广玉兰、柑橘、柚、大叶女贞、杜英等；落叶针叶树种如水杉、池杉、落羽杉、金钱松、落叶松、红杉等；常绿针叶树如马尾松、黄山松、油松、杉木、柳杉、雪松等。

由于乔木一般树体雄伟高大，树形美观，多数具有宽阔的树干、繁茂的枝叶，所以，在园林中一般多用于庭荫树、行道树、独赏树等。为了便于学生能更好地掌握乔木类植物在园林造景中的应用，本项目单元将按照针叶乔木和阔叶乔木进行讲述。

任务一　针叶乔木的认知及应用

【任务提出】　在园林植物造景中，针叶乔木因种类繁多，可观花、观叶、观果、观干等，其地理分布、生态习性、形态特征及园林用途都有很大差异。本任务就是到本地游园、公园、广场绿地等中去认识这些园林植物，并了解其分布与习性、观赏特征、园林应用及植物文化等。

【任务分析】　首先要了解针叶乔木的生物学特性和观赏特性，掌握其形态识别要点。识别时，先明确其分类地位，然后是生态环境、习性的观察，叶、花、果实、种子的观察。应该注意的是，当遇到不认识的植物时，需要对其各器官识别要点详细观察，用形态术语准确描述，并记录下来，然后利用工具书进行鉴定。而在识记某一种植物时，只需要记住其一个、两个典型的特征。

【任务实施】　教师准备当地常见的具有园林针叶乔木识别要点的植物图片及新鲜植物材料。首先引导学生认真观察分析，然后简要介绍园林针叶乔木的特点及主要特征，接着到实际绿地中结合具体的植物介绍观察的方法、步骤及内容，最后让学生分组到实际绿地中调查、识别（表 3-1-1）。由于很多树木只能观察到茎、叶，不能观察到花或果实，所以任务的实施还需要结合多媒体课件进行。

表 3-1-1　常见园林针叶乔木调查

类别	种	属	科	生活型	识别要点	园林用途
观叶类＋观果类＋赏株形类	罗汉松					
	红豆杉					
观叶类＋观干类＋赏株形类	白皮松					
	龙柏					
观叶类＋赏株形类	池杉					
	柳杉					
	水杉					
	红豆杉					
	杉木					
	圆柏					
	侧柏					
	马尾松					
	黑松					
	日本五针松					
	雪松					

注：表格中植物图片及相应资料请扫描对应二维码查看。

任务二 阔叶乔木的认知及应用

【任务提出】 园林阔叶乔木有观花的，如玉兰、碧桃等；有观叶的，如红枫等；有观果的，如石榴等；也有观干的。其地理分布、生态习性、形态特征及园林用途都有很大差异。本任务就是到本地游园、公园、广场绿地等中去认识这些园林植物，并了解其分布与习性、观赏特征、园林应用及植物文化。

【任务分析】 首先要了解阔叶乔木的生物学特性和观赏特性，掌握其形态识别要点。识别时，先明确其分类地位，然后是生态环境、习性的观察，叶、花、果实、种子的观察。应该注意的是，当遇到不认识的植物时，需要对其各器官典型特征详细观察，用形态术语准确描述，并记录下来，然后利用工具书进行鉴定。而在识记某一种植物时，只需要记住其一个、两个典型的特征。

【任务实施】 教师准备当地常见的具有园林阔叶乔木典型特征的植物图片及新鲜植物材料。首先引导学生认真观察分析，然后简要介绍园林阔叶乔木的特点及主要特征，接着到实际绿地中结合具体的植物介绍观察的方法、步骤及内容，最后让学生分组到实际绿地中调查、识别（表 3-2-1）。由于很多树木只能观察到茎、叶，不能观察到花或果实，所以任务的实施还需要结合多媒体课件进行。

表 3-2-1 常见园林阔叶乔木调查

类别	种	属	科	生活型	识别要点	园林用途
观叶类	香樟					
	女贞					
	银杏					
	鸡爪槭					
	红枫					
	羽毛枫					
	重阳木					
	杜英					
	黄栌					
	榉树					
	梧桐					
	小叶朴					
	垂丝海棠					
	合欢					
	臭椿					
	旱柳					
	垂柳					
	兰考泡桐					

类别	种	属	科	生活型	识别要点	园林用途
观叶类	毛白杨					
	榆树					
	香椿					
	苏铁					
观干类	三角枫					
	重阳木					
	榉树					
	梧桐					
	木瓜					
	卫矛					
	紫薇					
	龙爪槐					
观花类	东京樱花					
	五角枫					
	垂丝海棠					
	桃					
	紫叶桃					
	碧桃					
	日本晚樱					
	榆叶梅					
	合欢					
	紫薇					
	刺槐					
	国槐					
	龙爪槐					
	兰考泡桐					
	毛白杨					
赏根类	榕树					
赏株形类	香樟					
	桂花					
	女贞					
	枫杨					
	银杏					
	鸡爪槭					
	红枫					
	羽毛枫					
	重阳木					

类别	种	属	科	生活型	识别要点	园林用途
赏株形类	杜英					
	榉树					
	梧桐					
	小叶朴					
观叶类＋观果类＋观花类＋赏株形类	枇杷					
	复羽叶栾树					
	杜仲					
	杜梨					
观叶类＋观花类＋赏株形类	广玉兰					
	玉兰					
	二乔玉兰					
	紫玉兰					
	桂花					
	鹅掌楸					
观叶类＋观果类	紫叶李					
	桑					
	乌桕					
	紫叶桃					
观叶类＋观干类＋赏株形类	棕榈					
	五角枫					
	三角枫					
观花类＋观果类	枫杨					
	李					
	木瓜					
	梨					
	苹果					
	山楂					
	柿					
	杏					
	石榴					
	二球悬铃木					
	卫矛					
	构树					
	苦楝					
观叶类＋赏株形类	银杏					

注：表格中植物图片及相应资料请扫描二维码查看。

任务三　行道树、庭荫树、园景树的选择与应用

【任务提出】　乔木是植物景观营造的骨干材料，具有明显的高大主干，而且枝叶繁茂，生长年限长，景观效果突出，在植物造景中占有重要的地位。所以在很大程度上来说，熟练掌握乔木在园林中的造景方法是决定植物景观营造成败的关键。由于乔木一般树体雄伟高大，树形美观，多数具有宽阔的树干、繁茂的枝叶，所以，在园林中一般多用于庭荫树、行道树、独赏树等。学生需要熟练掌握乔木在园林配置中的选择方法及配置原则，才能更好地学以致用。

【任务分析】　要完成行道树、庭荫树、园景树的选择、配置与应用，需要了解行道树、庭荫树、园景树常用树种的生态习性及园林应用范围，了解行道树的选择标准、配置类型及形式。

【任务实施】　教师准备当地常见的行道树、庭荫树、园景树的植物图片及新鲜植物材料，首先引导学生认真观察分析，然后简要介绍其特点及主要特征，接着到实际绿地中结合具体的植物介绍观察的方法、步骤及内容，最后让学生分组到实际绿地中调查、识别并进行相应的总结分析。

一、行道树的选择与应用

行道树是指以美化、遮阴和防护为目的，在人行道、分车道、公园或广场游步道、滨河路及城乡公路两侧成行栽植的树木。行道树的选择与应用对完善道路服务体系、提高道路服务质量、改善生态环境有着十分重要的作用。

1. 行道树的选择要求

城市道路绿地的环境条件比其他园林绿地的环境条件差，这是由于地面行人的踩踏、摇碰和损坏，地下管道的影响，空中电线电缆的障碍，烟尘和有害气体的危害所致，因此行道树树种必须对不良条件有较强的抗性，要选择那些耐瘠薄、抗污染、耐损伤、抗病虫害、根系较深、不怕强光暴晒、对各种灾害性气候有较强抗御能力的树种。同时还要考虑生态功能、遮阴功能和景观功能的要求。

行道树的应用要根据道路的建设标准和周边环境，以方便行人和车辆行驶为第一准则，选择乡土树种和已引栽成功的外来树种。城区道路多用主干通直、枝下高较高、树冠广茂、绿荫如盖、发芽早、落叶迟的树种，而郊区及一般等级公路则多选用生长快、抗污染、耐瘠薄、易管理养护的树种。近年来，随着城市建设的发展，人们绿色环保意识增强，常绿阔叶树种和彩叶、香花树种有较大的发展，特别是城市主干道、高速干道、机场路、通港路、站前路和商业闹市区的步行街等，对行道树的规格、品种和品位要求更高。

2. 行道树的配置

行道树在配置上一般采用规则式，其中又可分为对称式及非对称式。多数情况下道路两侧的立地条件相同，宜采用对称式；当两侧的条件不相同时，可采用非对称式，这种情况下一侧可采用林荫路的形式。行道树通常都是采用同一树种、同一规格、同一株行距，做行列式栽植。

3. 常用的行道树

适宜作行道树的树种有银杏、悬铃木、合欢、梓树、梧桐、刺槐、槐树、银白杨、新疆

杨、加拿大杨、青杨、钻天杨、毛白杨、小叶杨、柳树、欧洲榆、圆冠榆、榆树、垂枝榆、栾树、复叶槭、白蜡、美国白蜡、新疆小叶白蜡、毛泡桐、紫椴、心叶椴、榕树、樟树、臭椿等。

我国常用行道树种的生态习性及园林应用见表3-3-1。

我国行道树栽植目前存在的问题是：株距偏小，树种不够丰富，存在盲目模仿的现象。

表 3-3-1　我国常用行道树种的生态习性及园林应用

名称	生态习性	园林应用
垂柳	杨柳科,柳属,落叶乔木,高可达18m;喜光,喜温暖湿润气候及潮湿深厚的酸性及中性土壤;较耐寒,特耐水湿,也能生长于土层深厚的高燥地区;萌芽力强,根系发达	垂柳树冠呈倒卵形,枝条细长,柔软,常植于河、湖、池边点缀园景,柳条拂水,倒映叠叠,别具情趣,也可作行道树和护堤树;垂柳对有毒气体耐性较强,并能吸收二氧化硫,故也适用于工厂区绿化
合欢	豆科,合欢属,落叶乔木,高可达16m;喜光,适应性强,对土壤要求不严,能耐干旱瘠薄,但不耐水湿;有一定的耐寒能力;具根瘤菌,有改良土壤的作用;浅根性,萌芽力不强,不耐修剪	合欢树冠扁圆形,呈伞状,比较开阔,叶纤细如羽,花朵鲜红,是优美的庭荫树和行道树;合欢对有毒气体耐性强,可作化工企业的绿化树种
栾树	无患子科,栾树属,落叶乔木,高可达15m;喜光,耐半阴,耐寒,耐干旱、瘠薄,也能耐盐渍及短期涝害,不择土壤;深根性,萌蘖性强	栾树树冠整齐,近圆球形,枝叶秀美,春季嫩叶红色,秋季叶片鲜黄,宜作庭荫树、风景树及行道树;栾树有较强的耐烟尘能力
国槐	豆科,槐属,落叶乔木,高可达20m;喜光,略耐阴,性耐寒,不耐阴湿;抗干旱、瘠薄,喜肥沃深厚、排水良好的沙质壤土,耐轻盐碱土;深根性,根系发达,萌芽力强	槐树树冠广阔,圆球形,枝叶茂密,寿命长而又耐城市环境,因而是良好的庭荫树和行道树;耐烟毒能力强,耐灰尘,对二氧化硫、氯化氢有较强的耐性,又是厂矿区的良好绿化树种;花富蜜汁,是夏季的重要蜜源树种
二球悬铃木	悬铃木科,悬铃木属,落叶乔木,高可达35m;喜光,喜湿润温暖气候,较耐寒;适生于微酸性或中性、排水良好的土壤,微碱性土壤虽能生长,但易发生黄化;根系分布较浅,台风时易受害而倒斜	枝条开展,树冠广阔,呈长椭圆形,树姿雄伟,枝叶茂密,最宜作行道树及庭荫树,有"行道树之王"的美称;耐空气污染能力较强,叶片具吸收有毒气体和滞积灰尘的作用
白蜡	木樨科,梣属,高可达15m;喜光,稍耐阴;喜温暖湿润气候,颇耐寒;喜湿耐涝,也耐旱;对土壤要求不严,碱性、中性、酸性土壤中均能生长,萌芽力强,耐修剪;生长较快,寿命较长,可达200年以上	白蜡树卵圆形,枝叶繁茂,根系发达,速生耐湿,耐轻度盐碱,是防风固沙、护堤护路的优良树种;白蜡树干通直,树形美观,抗烟尘,对二氧化硫、氯气、氟化氢有较强耐性,是工厂、城镇绿化美化的好树种
三角枫	无患子科,槭属,落叶乔木,高可达10m;弱阳性树种,稍耐阴;喜温暖湿润环境及中性至酸性土壤,耐寒,较耐水湿,萌芽力强,耐修剪;根系发达,根蘖性强	三角枫也叫三角槭,树冠卵形,枝叶浓密,夏季浓荫覆地,入秋叶色变成暗红,秀色宜人;适宜孤植、丛植,作庭荫树,也可作行道树及护岸树;在湖岸、溪边、谷地、草坪旁植,或点缀于亭廊、山石间都很合适
女贞	木樨科,女贞属,常绿乔木;喜光,稍耐阴,喜温暖湿润气候,稍耐寒,适应性强;不耐干旱和瘠薄,适生于肥沃深厚、湿润的微酸性至微碱性土壤;根系发达;萌蘖、萌芽力均强,耐修剪;耐氯气、二氧化硫和氟化氢	女贞树冠卵形,枝叶清秀,终年常绿,夏日满树白花,又适应城市气候环境,是长江流域常见的绿化树种;常栽于庭园观赏,广泛栽植于街道、宅院,或作园路树,或修剪作绿篱用;对多种有毒气体耐性较强,可作为工矿区的抗污染树种
七叶树	七叶树科,七叶树属,高可达25m;性喜光,耐半阴,喜温暖、湿润气候,较耐寒,畏干热;宜深厚、湿润、肥沃而排水良好的土壤;深根性,寿命长,萌芽力不强	七叶树树冠庞大、圆形,树干通直,树姿壮丽,枝叶扶疏,叶大而形美,开花时硕大的花序立于叶簇中,似一个个华丽的大烛台,蔚为壮观,为世界五大著名观赏树种之一;适宜作庭荫树及行道树,可配植于公园、大型庭院、机关及学校

名称	生态习性	园林应用
香樟	樟科,樟属,常绿乔木,高可达50m;喜温暖湿润的气候,不耐严寒,喜阳,稍耐阴;对土壤的要求不高,但在碱性土种植时易发生黄化;喜深厚、肥沃、湿润的黏质酸性土壤;为深根性树种,主根发达,能耐风,寿命长,可达千年以上;有一定的抗涝能力,在地下水位较高时仍能生长,但扎根浅,且提前衰老,萌芽力强,耐修剪	香樟树冠呈广卵形,枝叶茂密、冠大荫浓,树姿雄伟,四季葱茏,是城市绿化的优良树种,广泛用作庭荫树、行道树、防护林及风景林;配植于池畔、水边、山坡、平地均可;若孤植于空旷地,让树冠充分发展,浓荫覆地,效果更佳;在草地中丛植、群植或作背景树都很合适;樟树的吸毒、耐毒性能较强,故也可选作厂矿区绿化树种
银杏	银杏科,银杏属,落叶乔木,高可达40m;喜阳光,忌庇荫,喜温暖湿润环境,能耐寒,深根性,忌水涝;在酸性、中性、碱性土壤中都能生长,适生于肥沃疏松、排水良好的沙质土壤,不耐瘠薄与干旱,萌蘖力强,病虫害少,寿命长,对大气污染有一定的耐性	银杏树冠广卵形,树干端直,树姿雄伟,叶形奇特,黄绿色的春叶与金黄色的秋叶都十分美丽,为著名的观赏树种;宜作行道树,或配置于庭园、大型建筑物周围和庭园入口等处,孤植、对植、丛植均可
雪松	松科,雪松属,常绿乔木,高可达50m;喜光,稍耐阴;喜温暖湿润气候,耐寒、耐旱性强;适生于高燥、肥沃和土层深厚的中性、微酸性土壤,对微碱性土壤也可适应;忌积水,在低洼地生长不良	雪松主干挺直,树冠圆锥状塔形,高大雄伟,树形优美,是世界上著名的观赏树之一,可作行道树,可在庭园中对植,也适宜孤植或群植于草坪上
广玉兰	木兰科,北美木兰属,常绿乔木,高可达30m;喜光,幼时稍耐阴;喜温暖湿润气候,有一定的耐寒能力;适生于高燥、肥沃、湿润与排水良好的微酸性或中性土壤,在碱性土壤种植时易发生黄化,忌积水和排水不良;根系深广,耐风力强,特别是播种苗树干挺拔,树势雄伟,适应性更强;对烟尘及二氧化硫气体有较强的耐性,病虫害少	广玉兰树冠卵状圆锥形,叶厚而有光泽,花大而香,树姿雄伟壮观,为珍贵的树种之一;其聚合果成熟后,蓇葖开裂露出鲜红色的种子也很美观;最宜单植在开旷的草坪上或配置成观花的树丛;由于其树冠庞大,花开于枝顶,故在配置上不宜植于狭小的庭院内,否则不能充分发挥其观赏效果;可孤植、对植或丛植、群植配置,也可作行道树
乐昌含笑	木兰科,含笑属,为常绿乔木,高可达15～30m;喜温暖湿润的气候,喜光,但苗期喜偏阴;适生于土壤深厚、疏松、肥沃、排水良好的酸性至微碱性土壤;能耐地下水位较高的环境,在过于干燥的土壤中生长不良	乐昌含笑树干挺拔,树荫浓郁,花香醉人,可孤植或丛植于园林中,也可作行道树
鹅掌楸(马褂木)	木兰科,鹅掌楸属,落叶乔木,高可达40m以上;中性偏阴树种,喜温和、相对潮湿环境,耐寒性强,在-20℃条件下完全不受冻害;在排水良好的酸性或微酸性的土壤上生长良好	鹅掌楸叶片马褂状,两边各具一裂片;树姿高大,整齐,枝叶繁茂,绿荫如盖,初夏开花满树,花大且香,可作行道树或庭荫树;对有害气体的耐性强,是工矿区绿化的良好树种;也是目前最盛行的高档景观树种
水杉	杉科,水杉属,落叶乔木,高可达35m;喜光,不耐阴;喜温暖、湿润气候,较耐寒;适生于疏松、肥沃的酸性土壤,在微碱性土壤中也能正常生长;适应性强,但不耐干旱与瘠薄,忌水涝,病虫害较少	水杉树干通直,基部常膨大,树冠圆锥形,树姿优美,叶色秀丽,是著名的庭园观赏树;可丛植、群植配置,也可列植作行道树或河旁、路旁及建筑物旁的绿化材料
喜树	蓝果树科,喜树属,落叶乔木,高可达30m;喜光,稍耐阴;喜温暖湿润环境,不耐严寒;喜疏松、肥沃、湿润的土壤,较耐水湿,不耐干旱和瘠薄,在酸性、中性和弱碱性土壤里都能生长,萌蘖力强	喜树树干高耸端直,树皮光滑,树冠宽展,倒卵形,叶荫浓郁,是良好的"四旁"绿化树种,宜作庭荫树和行道树
羊蹄甲	豆科,羊蹄甲属,半常绿乔木,高约8m;喜阳光和温暖、潮湿环境,不耐寒;我国华南各地可露地栽培,其他地区均作盆栽,冬季移入室内;宜湿润、肥沃、排水良好的酸性土壤,栽植地应选阳光充足的地方	羊蹄甲叶片顶端2裂,呈羊蹄状,顶生或腋生伞房花序,花瓣紫红色,有一白色条纹;花芳香,晚秋至初冬开放。可植于庭院或作园林风景树,也可作行道树,为华南常见的花木之一
华盛顿棕榈	棕榈科,丝葵属,常绿乔木,株高可达20m;喜温暖、湿润、向阳的环境,较耐寒,在-5℃的短暂低温下,不会造成冻害;较耐旱和耐瘠薄土壤,不宜在高温、高湿处栽植	华盛顿棕榈树干粗壮通直,近基部略膨大,是美丽的风景树,干枯的叶子下垂覆盖于茎干,叶裂片间具有白色纤维丝似老翁的白发,又名"老人葵";华南、华东地区宜栽植于庭园观赏,也可作为行道树

二、庭荫树的选择与应用

庭荫树是指栽植于庭院、绿地或公园，以遮阴和观赏为目的的树木，所以庭荫树又称绿荫树。

1. 庭荫树的选择要求

庭荫树最常种植的地点是庭院和各类休闲绿地，多植于路旁、池边、廊、亭前后或与山石建筑相配。庭荫树从字面上看似乎以遮阴为主，但在选择树种时却是以观赏效果为主，结合遮阴的功能来考虑。许多观花、观果、观叶的乔木均可作为庭荫树，但要避免选用易污染衣物的种类。

① 以选用冠大荫浓的落叶乔木为主，常绿树种为辅。

② 选用树干直、无针刺，且分枝高的树种，为游人提供利用绿荫的可能性。

③ 在考虑树木提供绿荫的同时，也应考虑作为庭荫树的观赏价值，或花香，或叶秀，或果美等。

④ 在考虑到观赏价值和适用功能的同时，尽可能结合生产，提高庭院绿化的效能。

⑤ 树种的落花、落果、落叶无恶臭，不污染衣物，还应易于打扫，且树种抗病虫害，以免喷洒药剂污染庭院环境。

⑥ 在选择庭荫树时还应与地方文化、环境协调一致。

2. 庭荫树的配置

庭荫树在园林中占的比重很大，在配置上应细加考究，充分发挥各种庭荫树的观赏特性。其主要配置方法有：①在庭院或在局部小景区景点中，三五株成丛散植，形成自然群落的景观效果；②在规整的有轴线布局的景区栽植，这时庭荫树的作用与行道树接近；③作为建筑小品的配景栽植，既丰富了立面景观效果，又能缓解建筑小品的硬线条和其他自然景观软线条之间的矛盾。

庭荫树在应用时应注意：①在庭院中最好不要用过多的常绿树种，终年阴暗的环境易使人产生压抑感和消极情绪；②距建筑物窗前不宜过近，以免室内阴暗。

3. 常用的庭荫树

常用的庭荫树有油松、白皮松、合欢、槐树、悬铃木、白蜡、梧桐、泡桐、槭树类、杨树类、柳树类以及各种观花、观果的乔木，种类繁多，不胜枚举。常用庭荫树的生态习性及园林应用见表 3-3-2。

表 3-3-2　常用庭荫树的生态习性及园林应用

名称	生态习性	园林应用
油松	松科，松属，常绿针叶乔木，高达 25m，胸径约 1m；喜光树种，深根性，喜光，抗瘠薄，抗风，在 -25℃ 时仍可正常生长；怕水涝、盐碱，在重钙质的土壤中生长不良	油松树冠在壮年期呈塔形或广卵形，在老年期呈盘状伞形。树干挺拔苍劲，四季常青，不畏风雪严寒，可作庭荫树
白皮松	松科，松属，常绿针叶乔木，高可达 30m；喜光，耐旱，耐干燥瘠薄，耐寒力强；在深厚肥沃、向阳温暖、排水良好的土壤中生长最为茂盛	白皮松树姿优美，树皮奇特，干皮斑驳美观，针叶短粗亮丽，孤植、列植均具高度观赏价值
合欢	豆科，合欢属，落叶乔木，高可达 16m；喜光，适应性强，对土壤要求不严，能耐干旱瘠薄，但不耐水湿；有一定的耐寒能力	合欢树冠比较开阔，叶纤细如羽，花朵粉红色，是优美的庭荫树，植于房前屋后及草坪、林缘，也可作行道树及工矿企业的绿化树种
二球悬铃木	悬铃木科，悬铃木属，落叶乔木，高可达 35m；喜光，喜湿润、温暖气候，较耐寒；适生于微酸性或中性、排水良好的土壤，微碱性土壤虽能生长，但易发生黄化	二球悬铃木枝条开展，树冠广阔，呈长椭圆形，树姿雄伟，枝叶茂密，最宜作庭荫树及行道树

名称	生态习性	园林应用
国槐	豆科,槐属,落叶乔木,高可达 20m;喜光,略耐阴,性耐寒,不耐阴湿;抗干旱、瘠薄,喜肥沃、深厚、排水良好的沙质壤土,耐轻盐碱土	槐树树冠广阔,圆球形,枝叶茂密,寿命长而又耐城市环境,是良好的庭荫树和行道树
白蜡	木樨科,梣属,落叶乔木,高可达 15m;喜光,稍耐阴;喜温暖湿润气候,颇耐寒;喜湿耐涝,也耐旱;对土壤要求不严,碱性、中性、酸性土壤上均能生长	白蜡树冠卵圆形,枝叶繁茂,树干通直,树形美观,是工厂、城镇绿化美化的庭荫树
三角枫	无患子科,槭属,落叶乔木,高可达 10m;弱阳性树种,稍耐阴;喜温暖、湿润环境及中性至酸性土壤,耐寒,较耐水湿	三角枫树冠卵圆形,枝叶浓密,夏季浓荫覆地,入秋叶色变成暗红,秀色宜人;适宜孤植、丛植,作庭荫树,也可作行道树及护岸树;在湖岸、溪边、谷地、草坪配植,或点缀于亭廊、山石间都很合适
榆树	榆科,榆属,落叶乔木,高可达 25m;喜光,耐寒,抗旱,不耐水湿;能适应干凉气候;喜肥沃、湿润而排水良好的土壤,在干旱、瘠薄和轻盐碱土中也能生长,生长较快,寿命可长达百年以上	榆树树干通直,树形高大,树冠圆球形,绿荫较浓,适应性强,生长快;是城乡绿化的重要树种,可作行道树、庭荫树、防护林及"四旁"绿化
榕树	桑科,榕属,常绿乔木,高 20~25m;喜温暖湿润环境,抗涝力强;常生长于浙江南部、福建、广东、广西、台湾、云南、贵州等地的水边或山林中;为世界上树冠最大的树种之一	榕树叶茂如盖,四季常青,枝干壮实,不畏寒暑,傲然挺立,象征开拓进取、奋发向上,可作庭荫树、行道树
香樟	樟科,樟属,常绿乔木,高可达 50m;喜温暖湿润的气候,不耐严寒;喜阳,稍耐阴,对土壤的要求不高,喜深厚、肥沃、湿润的黏质酸性土壤;有一定的耐涝能力,在地下水位较高时还能生长;寿命长,可达千年以上	香樟树冠呈广卵形,枝叶茂密,冠大荫浓,树姿雄伟,四季葱茏,广泛用作庭荫树、行道树、防护林及风景林。配置于池畔、水边、山坡、平地均可
银杏	银杏科,银杏属,落叶乔木,高可达 40m;喜阳光,喜温暖、湿润环境,能耐寒;深根性,忌水涝;在酸性、中性、碱性土壤中都能生长,适生于肥沃疏松、排水良好的沙质土壤,不耐瘠薄与干旱	银杏树冠呈广卵形,树干端直,树姿雄伟,叶形奇特,黄绿色的春叶与金黄色的秋叶都十分美丽,为著名的观赏树种;宜作行道树,或配置于庭园、大型建筑物周围和庭园入口等处作庭荫树,孤植、对植、丛植均可
柿树	柿树,柿属,落叶乔木,高达 20m;强阳性树种,耐寒;喜湿润,也耐干旱,能在空气干燥而土壤较为潮湿的环境下生长;忌积水;耐瘠薄,适应性强,不喜沙质土壤	柿树树冠阔卵形或半球形,树形优美,枝繁叶大,冠覆如盖,绿荫如伞,可作庭荫树;入秋时节叶红,果实似火,在公园、居民住宅区、林带中具有较大的绿化潜力

三、园景树的选择与应用

园景树又称风景树,是指具有较高观赏价值、在园林绿地中能独自构成美好景观的树木。

1. 园景树的选择要求

园景树种的选择是否恰当,最能反映绿地建设的水平;应用是否得体,最能鉴别景观布局的品位。

① 树形高大,姿态优美 如世界著名的五大园景树种——雪松、金钱松、日本金松、南洋杉和水杉,均为高可达 20~30m 以上的参天大树,主干挺拔,主枝舒展,树冠端庄,景观气派雄伟。而耐水湿的水松,为湖滨湿地的优良园景树种;白皮松为我国特有珍贵三针松,苍枝驳干,自古以来即为宫廷、名园所青睐,声名显赫。阔叶树种中的香樟、广玉兰、桂花、银杏、无患子、丝棉木、栾树、枫杨、榕树、木棉等均具有优美的观形效果。竹,其

虚怀若谷、洁身自好的品格，历来备受诗人推崇，松、竹、梅配置，被合誉为"岁寒三友"，园景效果独树一帜。而秀叶俊丽的棕榈科树种，又尽显一派南国的风光。它们或植株高大雄伟，孤植如猿臂撑天，给人以力的启迪；或茎干修直挺秀，群植似峰峦叠嶂，给人以美的震撼。

② 叶色丰富，具季相变化　其中，以红叶李季相景观最为壮丽，入秋红叶树种著名的有三角枫、元宝枫、羽毛枫、枫香、黄栌、重阳木、乌桕等；而入秋叶转金黄的园景树应用最为广泛的是银杏；夏花类的紫薇、石榴、锦带、木芙蓉、凌霄、合欢、杜鹃等，热烈奔放，如火如荼；秋桂送香，冬梅傲雪，皆为世人所赞赏。

③ 果色艳丽，形态奇特　观果树种的应用则给园林绿化景观又添一道亮丽的风景，冬青、石楠、枸骨、火棘、天竺等，红果缀枝，艳若珠玑；柿子、石榴、柑橘、枇杷等，金玉满堂，富贵吉祥。

2. 园景树的配置

园景树的自然式配置，通常选树形或树体部分美观、奇特的树种，以不规则的株行距配置成各种栽植形式，包括孤植、丛植、群植、带植、林植等。自然式配置不按中轴对称排列，构成的平面形状不成规则的几何图形，要求搭配自然。

3. 常用的园景树

常用的园景树有南洋杉、枫香、红叶李、鸡爪槭、白玉兰、梅花、碧桃、紫薇、桂花、楝树等。我国常见园景树的生态习性及园林应用见表 3-3-3。

表 3-3-3　我国常见园景树的生态习性及园林应用

树种名称	生态习性	园林应用
南洋杉	南洋杉科，南洋杉属，常绿乔木，高 60～70m，胸径达 1m 以上，幼树呈整齐的尖塔形，老树呈平顶状；性喜暖热、湿润气候，不耐干燥及寒冷，适生于肥沃土壤，较耐风；生长迅速，再生能力强，砍伐后易生萌蘖	南洋杉树形高大，姿态优美，与雪松、日本金松、金钱松、水杉合称为世界五大公园树；南洋杉最宜独植为园景树或作纪念树，也可作行道树应用
枫香树	蕈树科，枫香树属，落叶乔木，高达 30m；阳性树种，喜温暖湿润气候和深厚、湿润的酸性或中性土壤，较耐干旱和瘠薄，不耐长期水湿；主要分布于长江流域及以南各地，朝鲜、日本也有分布	枫香树干挺拔，冠幅宽大，入秋树色红艳，为著名的秋色叶树种，也可作庭荫树、行道树等，孤植、数株群植于草坪上、坡地、池畔，或与常绿树种和秋叶树种，如银杏、无患子、水杉等配植，形成色彩亮丽、层次丰富的秋景
红叶李	蔷薇科，李属，落叶乔木，高 4～8m；喜阳，在庇荫时叶色不鲜艳；喜温暖湿润环境，不耐严寒；对土壤要求不严，黏质土壤中也能生长，较耐湿；生长势强，萌芽力也强	红叶李叶色鲜艳，以春秋两季更艳；宜于建筑物前及园路旁或草坪角隅处栽植，需慎选背景的色泽，以便充分衬托出它的色彩美
鸡爪槭	无患子科，槭树属，落叶乔木，高可达 10m；弱阳性，耐半阴，受太阳西晒时生长不良；喜温暖湿润环境，也耐寒；较耐旱，不耐水涝，适生于肥沃深厚、排水良好的微酸性或中性土壤	鸡爪槭树冠扁圆形或伞形，叶形美观，入秋后转为鲜红色，色艳如花，灿烂如霞，为优良的观叶树种；植于草坪、土丘、溪边、池畔和路隅、墙边、亭廊、山石间点缀，均十分得体；若以常绿树或白粉墙作背景衬托，更加美丽多姿；制成盆景或盆栽用于室内美化也极雅致
白玉兰	木兰科，木兰属，落叶乔木，高可达 25m；喜光，稍耐阴，具较强的抗寒性；适生于土层深厚的微酸性或中性土壤，不耐盐碱，土壤贫瘠时生长不良，畏涝忌湿；对二氧化硫、氯和氟化氢等有毒气体有较强的抗性；寿命长，可达千年以上	白玉兰先花后叶，花洁白、美丽且清香，早春开花时犹如雪涛云海，蔚为壮观；树冠卵形。古时常在住宅的厅前院后配置，名为"玉兰堂"；也可在庭园路边、草坪角隅、亭台前后或漏窗内外、洞门两旁等处种植，孤植、对植、丛植或群植均可

树种名称	生态习性	园林应用
梅花	蔷薇科,杏属,落叶乔木,高达 10m;喜阳光充足、通风良好的环境。过阴时树势衰弱,开花稀少甚至不开花;喜温暖气候,且耐寒;喜较高的空气湿度,有一定的抗旱性;对土壤的要求不严,但喜湿润而富含腐殖质的沙质壤土,土质黏重、排水不良时易烂根死亡	"万花敢向雪中出,一树独先天下春",梅花历来被视为不畏强暴、敢于抗争和坚贞高洁的象征,古人常把松、梅、竹称为"岁寒三友";绿地中可用孤植、丛植、林植等配置在屋前、石间、路旁和塘畔
碧桃	蔷薇科,李属,落叶乔木,高 6m 左右;碧桃喜光,耐寒、耐旱,不耐渍水,喜排水良好的肥沃沙质壤土	碧桃在园林中常与垂柳相间,植于湖边、溪畔、河旁,花时桃红柳绿,春意盎然;花后叶色暗绿,容易凋落,故庭院中最好与其他树种相配置
紫薇	千屈菜科,紫薇属,落叶灌木或乔木,高可达 7m;喜光,稍耐阴;喜温暖湿润环境,有一定的抗寒力和抗旱力,喜碱性肥沃的土壤,不耐涝,萌蘖力强	紫薇在炎夏群芳收敛之际繁花竞放,达百日之久,故称"百日红",是形、干、花皆美而具很高观赏价值的树种;可栽植于建筑物前、庭院内、道路、草坪边缘等处
桂花	木樨科,木樨属,常绿阔叶乔木,一般高 3~5 米,最高可达 15m 以上;喜温暖,也具有一定的耐寒能力;对土壤的要求不严,除涝地外都能栽植,以肥沃、湿润和排水良好的中性或微酸性土壤为宜,喜肥,但忌施人粪尿;萌芽力强,耐修剪;对有毒气体有一定的吸收能力	桂花于庭前对植两株,即"两桂当庭",是传统的配植手法;园林中常将桂花植于道路两侧,假山、草坪、院落等处;如大面积栽植,可形成"桂花山""桂花岭",秋末浓香四溢,香飘十里,也是极好的景观;与秋色叶树种同植,有色有香,是点缀秋景的极好树种
山茶	山茶科,山茶属,常绿灌木或乔木,高可达 15m;喜温暖、湿润环境,耐寒力较差;喜半阴,也耐阴,忌阳光直射;喜肥沃、疏松、排水良好的微酸土壤,偏碱性土壤不宜生长;忌积水,排水不良时会引起根系腐烂致死;对硫化物和氯气有一定的抗性	山茶各品种自秋至春花开数月,由于山茶与迎春、梅花、水仙一起绽蕾吐艳于严寒之时,人们把它们并称为"雪中四友";山茶叶色翠绿,花大色美,品种繁多,宜丛植于疏林之内或林缘,也可布置于建筑物南面温暖处
楝树	楝科,楝属,落叶乔木,高 15~20m;阳性树,不耐阴;喜温暖、湿润环境,不很耐寒;对土壤的要求不严,在酸性、中性、碱性及盐渍化的土壤均可栽植,稍耐干旱和瘠薄,也能生于水边,但以深厚、肥沃、湿润处生长最好,萌芽力强,抗风,生长快	楝树树冠宽广而平展,枝叶扶疏,开花时繁花星布,一片紫色;秋季落叶后果实挂在树上很长时间,可以观果;适宜作庭荫树,也可配置于池边、路旁和草地边缘,华北地区可以作行道树
紫竹	禾本科,刚竹属,地下茎单轴散生,秆高 3~8m;耐寒性强,能耐-20℃低温;也能耐阴,稍耐水湿,适应性较强。对土壤的要求不高,但以疏松肥沃的微酸性土壤为好	紫竹宜与观赏竹种配植或植于山石之间、园路两侧、池畔水边、书斋和厅堂四周;也可盆栽,供观赏
蒲葵	棕榈科,蒲葵属,常绿乔木,株高约 20m;喜温暖多湿,能耐 0℃低温;喜阳且较耐阴;要求湿润、肥沃、有机质丰富的黏重土壤	蒲葵茎粗,叶大,树冠如伞,四季常青,适于热带、亚热带地区绿化;寒地多盆栽观赏
短穗鱼尾葵	棕榈科,鱼尾葵属,常绿丛生小乔木,高 5~8m;喜温暖通风的环境,喜光,耐半阴,喜生长于排水良好而疏松、肥沃的土壤	鱼尾葵叶形奇特,且极富南国热带风情,宜盆栽布置于空间较大的厅堂等处,南方可露地栽培
加拿利海枣	棕榈科,海枣属,常绿乔木,高可达 10~15m,粗 20~30cm;喜光,耐半阴;耐酷热,也能耐寒,耐盐碱,耐贫瘠,在肥沃的土壤中生长迅速;极为抗风	加拿利海枣株形挺拔,富有热带风韵,可盆栽作室内布置,也可室外露地栽植,无论行列种植或丛植,都有很好的观赏效果
棕榈	棕榈科,棕榈属,常绿乔木,高达 15m;耐庇荫,幼树的耐阴能力尤强;喜温暖,不耐严寒;对土壤的要求不高,但喜肥沃湿润、排水良好的土壤;耐旱,耐湿,稍耐盐碱,但在干燥沙土及低洼水湿处生长较差,对烟尘、二氧化硫、氟化氢等有毒气体的抗性较强	棕榈树干挺拔,叶形如扇,姿态优雅;宜对植、列植于庭前路边和建筑物旁,或高低错落地群植于池边与庭园,翠影婆娑,颇具热带风光韵味,也可作行道树

实训模块三　本地常见园林乔木的调查识别

一、实训目的

（1）通过对各科代表植物的观察，掌握其识别要点，总结重要科、属。

（2）熟悉常见乔木植物的观赏特性、习性及应用，巩固课堂所学知识。

（3）学会利用植物检索表、植物志等工具鉴定植物。

（4）要求正确识别及应用常见乔木 80 种。

二、实训材料

校园中及附近游园、公园绿地中的乔木类园林树木。

三、实训内容

校园及其附近游园、公园绿地中园林植物标本的采集、制作及鉴定。

四、实训步骤

（1）由教师指导识别植物或学生通过工具书来鉴定植物。

（2）学生分组，通过观察分析并对照相关专业书籍，记录树木的主要识别特征，并写出树木的中文名、学名及科属名。

（3）从植物形态美的角度去观察树木，记录其观赏部位、最佳观赏期及园林应用的模式。

（4）在室外，观察树木的整体和细部形貌、生境和生长发育表现以及应用形式等，并将室内树木局部的形态观察与室外树木整体的观察相结合，进一步掌握树木的识别特征、观赏特性、习性及应用。

五、实训作业

将在校园、公园绿地等中调查的植物种类列表整理出来，并注明它们各属于哪一科属、主要观赏特征及园林用途。

【练习与思考】

1. 阔叶类园林树木的主要形态特征是什么？

2. 举出当地常见的阔叶类常绿乔木 5 种、落叶乔木 10 种，简述其识别要点、观赏特征与园林用途。

3. 举出当地常见的针叶类常绿乔木 5 种、落叶乔木 10 种，简述其识别要点、观赏特征与园林用途。

4. 你所在的城市常用的行道树有哪些？行道树的选择和应用应该注意些什么？

5. 分别举出当地常见的行道树、庭荫树、园景树至少 10 种，简述其识别要点、观赏特征。

项目单元三【知识拓展】见二维码。

世界"最"奇异树木

常见园林灌木与藤本植物

知识目标： 灌木与藤本植物是园林绿化的骨干材料，本项目单元将介绍具有代表性的常绿灌木、落叶灌木的学名、科属、植物特性与分布、应用与文化。

技能水平： 能够正确识别常见的常绿灌木 20 种、落叶灌木 20 种、常见的藤本植物 10 种，并掌握其专业术语及植物文化内涵，熟悉藤本植物在园林绿化工程中的应用形式。

导言

灌木是指树体矮小、主干低矮或无明显主干、分枝点低的树木，通常在 5m 以下。灌木依据高度不同可分为高灌木（2～5m）、中灌木（1～2m）和矮灌木（0.3～1m）三种类型。在园林绿化中，灌木作为低矮的园林植物，起着乔木与地面、建筑物与地面之间的连贯和过渡作用，也可起到模纹花坛、绿篱、组织和分割空间的作用。很多灌木在防尘、防风沙、护坡和防止水土流失方面有显著的作用。这样的灌木一般比较耐瘠薄、抗性强、根系广、侧根多，可以固土固石，常见的有胡枝子、夹竹桃、紫穗槐、沙棘、绣线菊、锦带花等。

藤本植物是指茎部细长，不能直立，只能依附在其他物体（如树、墙等）或匍匐于地面上生长的一类植物。藤本植物一直是造园中常用的植物材料，如今现代化的城市中高楼林立，用于园林绿化的面积也愈来愈小，充分利用藤本植物进行垂直绿化和屋顶绿化是拓展绿化空间，增加城市绿量，提高整体绿化水平，改善生态环境的重要途径。藤本植物还是地被绿化的好材料，许多种类都可用作地被植物，覆盖裸露的地面，如常春藤、蔓长春花、地锦、络石等。

任务一　灌木的认知及应用

【任务提出】 灌木有常绿与落叶之分，种类繁多，树姿、叶色、花形、花色丰富，园林绿地中常以绿篱、绿墙、丛植、片植的形式出现。本任务是到园林景观中认识常见的常绿灌木和落叶灌木。

【任务分析】 园林中常见灌木种类繁多，如夹竹桃、木芙蓉、石榴、丁香、紫薇、紫荆、山茶、黄花槐、珊瑚树、石楠等。识别时，先明确其分类地位，再掌握其识别要点，了解其分布与习性、植物类型、园林用途等。

【任务实施】 准备常见常绿灌木和落叶灌木图片及新鲜植物材料，教师首先引导学生认真观察分析，简要总结灌木的特点，接着到实际绿地中结合具体的植物介绍观察的方法、步骤及内容，最后让学生分组到当地植物园、公园等实地中调查、识别（表 4-1-1、表 4-1-2）。

表 4-1-1　常见园林常绿灌木调查

类别	种	属	科	生活型	识别要点	园林用途
观叶类	金边冬青卫矛（金边黄杨）					
	花叶青木					
	八角金盘					
	日本珊瑚树					
	龟甲冬青					
	山茶					
	凤尾丝兰					
	小叶女贞					
观花类	凤尾丝兰					
	小叶女贞					
	夹竹桃					
	扶桑（朱槿）					
	含笑					
观叶类＋赏株形类＋观果类＋观花类	海桐					
	石楠					
观叶类＋赏株形类＋观果类＋	枸骨					
	小叶黄杨					
	金边冬青卫矛（金边黄杨）					
	雀舌黄杨					
观叶类＋赏株形类	千头柏					
	铺地柏					
	红叶石楠					
观叶类＋观果类＋观干类	阔叶十大功劳					
	十大功劳					
	火棘					
	南天竹					
观叶类＋观花类＋观根类	山茶					
观叶类＋赏株形类＋观花类	红花檵木					
观叶类＋观花类	凤尾丝兰					

注：表中植物图片及资料请扫描二维码查看。

表 4-1-2　常见园林落叶灌木调查

类别	种	属	科	生活型	识别要点	园林用途
观叶类	贴梗海棠（皱皮木瓜）					
观干类	迎春花					
观花类	绣球荚蒾					
	琼花					
	珍珠梅					
	重瓣棣棠花					
	金丝桃					
	绣线菊					
	杜鹃					
	蜡梅					
	木芙蓉					
	月季					
	牡丹					
	小蜡					
	扶桑（朱槿）					
赏根类	蜡梅					
赏株形类	贴梗海棠（皱皮木瓜）					
	结香					
观叶类＋观果类	紫叶小檗					
观果类＋观干类	花椒					
观干类＋观花类	贴梗海棠（皱皮木瓜）					
	野蔷薇					
	紫荆					
	锦带花					
	连翘					
观叶类＋观花类	金叶女贞					
观花类＋赏株形类	夹竹桃					
	结香					

注：表中植物图片及资料请扫描二维码查看。

任务二　藤本植物的认知及应用

【任务提出】　藤本植物是指能缠绕或攀附其他物而向上生长的木本植物，也叫攀缘植物，由于不能直立，需攀缘于山石、墙面、篱栅、棚架上，也有常绿与落叶之分。根据生长特点可以进一步划分为：缠绕类，如紫藤；吸附类，如爬山虎；卷须类，如葡萄；钩刺与蔓条类，如蔷薇。本任务是到园林景观中认识常见的藤本植物。

【任务分析】　园林中常见藤本植物种类繁多，识别时，先明确其分类地位，再掌握其识别要点，了解其分布与习性、植物类型、园林用途等。

【任务实施】　准备常见藤本植物图片及新鲜植物材料，教师首先引导学生认真观察分析，简要总结灌木植物的特点，接着到实际绿地中结合具体的植物介绍观察的方法、步骤及内容，最后让学生分组到当地植物园、公园等中调查、识别（表 4-2-1）。

表 4-2-1　常见园林藤本植物调查

观赏类别		种	属	科	生活型	识别要点	园林用途
观叶类	缠绕类藤本	木香花					
	吸附类藤本	爬山虎					
	卷须类藤本	五叶地锦					
观果类	缠绕类藤本	忍冬					
	缠绕类藤本	木香花					
	缠绕类藤本	忍冬					
	吸附类藤本	厚萼凌霄					
	缠绕类藤本	茑萝松					
	钩刺与蔓条类藤本	藤本月季					
观叶类＋观果类	吸附类藤本	常春藤					
	钩刺与蔓条类藤本	扶芳藤					
	缠绕类藤本	紫藤					
观叶类＋观干类	缠绕类藤本	紫藤					
	卷须类藤本	葡萄					
观叶类＋赏株形类＋观花类	钩刺与蔓条类藤本	花叶络石					
		紫藤					

注：表中植物图片及相应资料可扫描二维码查看。

实训模块四　常见园林灌木、藤本植物的调查识别

一、实训目的

（1）能够识别常见的灌木植物，并能熟悉其习性及应用。

（2）识别常见藤本植物并进行形态描述。

（3）学会利用植物检索表、植物志等工具书进行鉴别，补充编制植物检索表上没有的灌木、藤本植物。

（4）熟悉常见的灌木植物20种，并掌握其专业术语及植物的文化内涵。

（5）熟悉常见藤本植物的分类地位、观赏特性及应用形式。

二、实训材料

校园中及附近游园、公园景观中的灌木、藤本植物。

三、实训内容

（1）通过观察，区分灌木植物的不同类型，了解其在园林绿化工程中的应用。

（2）通过资料查阅，熟悉常见灌木植物的分类地位、观赏特性及应用形式。

（3）通过观察，识别常见的藤本植物种类：

① 按茎的质地分为草质藤本和木质藤本。

② 按攀附方式，分为缠绕类藤本、吸附类藤本、卷须类藤本、钩刺与蔓条类藤本。

（4）通过资料查阅常见藤本植物的分类地位、观赏特性及应用形式。

四、实训步骤

（1）由教师指导识别植物或学生通过工具书来鉴定植物。

（2）学生分组，通过观察分析并对照相关专业书籍，记录植物的主要识别特征，并写出植物的中文名、学名及科属名。

（3）从植物形态美的角度去观察灌木、藤本植物，记录其观赏部位、最佳观赏期及园林应用的特点。

（4）在室外，观察植物的整体和细部形貌、生境和生长发育表现以及应用形式等，并将室内植物局部的形态观察与室外植物整体的观察相结合，进一步掌握灌木、藤本植物的识别特征、观赏特性、生态习性及应用。

五、实训作业

1. 列举当地常见的阔叶类常绿灌木5种、落叶灌木10种，简述其识别要点、观赏特征与园林用途。

2. 分别列举当地常见的缠绕类藤本、吸附类藤本、卷须类藤本、钩刺与蔓条类藤本各4种以上，简述其科属、识别特征、观赏特性及园林应用特点。

【练习与思考】

1. 你所在的城市常用的灌木、藤本植物有哪些？灌木、藤本植物的选择和应用应该注意些什么？

2. 简述垂直绿化树种选择的注意事项。

3. 列举几种常见的灌木与其他园林植物或要素搭配，试述其选择的原则。

4. 列举几种常见的藤本植物与其他园林植物或要素搭配，试述其应用的特点。

项目单元四【知识拓展】见二维码。

花灌木的修剪原则

藤本植物的栽植技术

項目单元五

常见园林花卉

知识目标： 花卉是园林绿化的骨干材料，学习具有代表性的一年生花卉、二年生花卉、球根花卉、宿根花卉的学名、科属、植物特性与分布、应用与文化。

技能水平： 能够正确识别常见的花卉 30 种，并掌握其专业术语及植物文化内涵，熟悉花卉在园林绿化工程中的应用形式。

导言

园林植物的应用是一门综合艺术，它是通过技术手段和艺术手段，合理运用乔木、灌木、藤本植物及草本花卉植物等题材，充分发挥植物的形体、线条、色彩等自然美来创作植物景观。利用露地草本植物进行植物造景，花卉作为其中的骨干材料，着重表现其群体的色彩美、图案装饰美，具体应用形式有花坛、花境、花台、花丛、花群、花箱、模纹花带、花柱、花钵、花球及其他装饰应用等。

任务一　园林中常见一二年生花卉的识别、认知及应用

【任务提出】 在花坛布置、室内装饰、水景绿化及道路、广场、庭园等各类园林绿地的绿化中，都会应用大量的草本植物，如矮牵牛、一串红、鸡冠花、百日草、菊花、芍药、睡莲、麦冬等。本任务就是认识广场、公园、花卉市场等场所中常见的园林一二年生花卉植物种类，并了解其分布与习性、植物特征、自然分布、生态习性与园林用途。

【任务分析】 园林花卉植物相对于乔木、灌木等木本植物而言，茎的木质化程度较低，而且植物相对比较矮小，多数种类花朵鲜艳、密集、突出，色彩丰富。一二年生类花卉识别时，先明确其分类地位，在此基础上掌握其生态习性，了解其分布习性、栽培管理、观赏特征及园林用途等。

【任务实施】 准备当地常见的一二年生花卉植物图片及新鲜植物材料，教师首先引导学生认真观察分析，然后简要总结一二年生花卉的特点，接着到实际绿地中结合具体的植物介绍观察的方法、步骤及内容，最后让学生分组到当地广场、公园等实际园林绿地中调查、识别（表 5-1-1）。

表 5-1-1　园林中常见一二年生花卉的识别认知及调查

种	属	科	植物类型	识别要点	园林用途
波斯菊					
月见草					
黑心金光菊					
天人菊					
旱金莲					
堆心菊					
雏菊					
金盏菊					
万寿菊					
虞美人					
醉蝶花					
一年蓬					
翠菊					
白晶菊					
百日草					
向日葵					
鸡冠花					
环翅马齿苋					
孔雀草					
三色堇					
矮牵牛					
凤仙花					
报春花					

注：表格中植物原图及相应资料请扫描对应二维码查看。

任务二　园林中常见宿根花卉的认知及应用

【任务提出】　宿根园林植物种类繁多，一般寿命较长，生长健壮，适应性强，病虫害较少，栽培养护比较简单，一次种植可以连续多次开花，成本低而环境效益大，是花境造景中的主体材料，也可作为花坛材料或盆栽用于室内装饰。本任务就是认识广场、公园、花卉市场等中常见的园林宿根花卉植物种类，并了解其分布、植物特征、自然分布、生态习性与园林用途。

【任务分析】　园林花卉植物相对于乔木、灌木等木本植物而言，茎的木质化程度较低，而且植物相对比较矮小，多数种类花朵鲜艳、密集、突出，色彩丰富。宿根花卉识别时，先明确其分类地位，在此基础上掌握其生态习性，了解其分布习性、栽培管理、观赏特征及园林用途等。

【任务实施】 准备当地常见宿根花卉植物图片及新鲜植物材料，教师首先引导学生认真观察分析，然后简要总结宿根花卉的特点，接着到实际绿地中结合具体的植物介绍观察的方法、步骤及内容，最后让学生分组到当地广场、公园等实际园林绿地中调查、识别（表 5-2-1）。

表 5-2-1 园林中宿根花卉的识别、认知及调查

种	属	科	植物类型	识别要点	园林用途
美丽月见草					
瓜叶菊					
芭蕉					
荷包牡丹					
金鸡菊					
松果菊					
金光菊					
勋章菊					
亚菊					
银叶菊					
角堇					
蓝花鼠尾草					
金鱼草					
萱草					
鸢尾					
美女樱					
天竺葵					
白车轴草					
红花酢浆草					
彩叶草					
宿根福禄考					
大吴风草					
蜀葵					
蛇鞭菊					
美人蕉					
石竹					
四季海棠					
火炬花					
芍药					
玉簪					
八宝					
柳叶马鞭草					

注：表格中植物原图及相应资料请扫描对应二维码查看。

宿根花卉（perennials）是指地下器官形态未变态成球形或块状的多年生草本花卉。在实际生产中把一些基部半木质化的亚灌木也归为此类花卉，如菊花、芍药等。

具有多年存活的地下部，多数种类具有不同粗壮程度的主根、侧根和须根。主根和侧根可以存活多年，由根颈部的芽每年萌发形成新的地上部开花、结实，如芍药、玉簪、飞燕草等。也有一些种类的地下部可以继续横向延伸形成根状茎，根状茎上着生须根和芽，每年由新芽形成地上部开花、结实，如荷包牡丹、鸢尾等。

宿根花卉一般采用分株繁殖的方式，有利于保持品种特性，一次种植多年观赏简化了种植工序，是宿根花卉在园林花坛、花境、花丛、花带、地被中被广为应用的主要原因。由于生长年限较长，植株在原地不断扩大占地面积，因此在栽培管理中需要预留出适宜的空间。

任务三　园林中常见球根花卉的认知及应用

【任务提出】　球根花卉种类繁多，品种极为丰富，花大色艳，色彩丰富，适应性强，栽培容易，管理简便，且以球根作种源流通便利，花期容易调节，目前被广泛应用于花坛、花境、花带、岩石园中，或作地被、基础种植等园林布置，也是商品切花和盆花的优良材料。本任务就是认识广场、公园、花卉市场等中常见的园林球根花卉植物种类，并了解其分布与习性、植物特征、自然分布、生态习性与园林用途。

【任务分析】　园林花卉植物相对于乔木、灌木等木本植物而言，茎的木质化程度较低，而且植物相对比较矮小，多数种类花朵鲜艳、密集、突出，色彩丰富。球根花卉识别时，先明确其分类地位，在此基础上掌握其生态习性，了解其分布习性、栽培管理、观赏特征及园林用途等。

【任务实施】　准备当地常见球根花卉植物图片及新鲜植物材料，教师首先引导学生认真观察分析，然后简要总结球根花卉的特点，接着到实际绿地中结合具体的植物介绍观察的方法、步骤及内容，最后让学生分组到当地广场、公园等实际园林绿地中调查、识别（表5-3-1）。

表 5-3-1　园林中常见球根花卉的识别、认知及调查

种	属	科	植物类型	识别要点	园林用途
葱兰					
大丽花					
石蒜					
唐菖蒲					
小苍兰					
水仙					
郁金香					
风信子					
百合					
大岩桐					
朱顶红					

种	属	科	植物类型	识别要点	园林用途
文殊兰					
马蹄莲					
仙客来					
花叶芋					
铃兰					
美人蕉					

注：表格中植物原图及相应资料请扫描对应二维码查看。

　　球根园林植物是植株地下部分变态膨大成球状物或块状物，能贮藏大量养分的多年生草本花卉。球根园林植物种类很多，大多属于单子叶植物，广泛分布于世界各地。

　　按照地下茎或根部的形态，球根园林植物可以分为五大类，即鳞茎类、球茎类、块茎类、根茎类、块根类。鳞茎类又可以分为有皮鳞茎和无皮鳞茎两类，有皮鳞茎类如水仙花、郁金香、朱顶红、风信子、文殊兰等，无皮鳞茎类如百合等；球茎类如唐菖蒲、小苍兰等；块茎类如花叶芋、马蹄莲、仙客来、大岩桐、球根海棠等；根茎类如美人蕉、荷花、睡莲、玉簪等；块根类如大丽花、芍药等。根据其习性特点又可分为春植球根和秋植球根。春植球根类有唐菖蒲、大丽花、大花美人蕉、石蒜等；秋植球根类有百合水仙、风信子、球根鸢尾、郁金香、葡萄风信子、铃兰等。仙客来、马蹄莲、朱顶红、小苍兰等则属于温室球根类园林植物。

　　球根园林植物从播种到开花，常需数年，待球根达到一定大小时，开始分化花芽、开花结实。部分球根花卉，播种后当年或次年即可开花，如大丽花、仙客来等。不能产生种子的球根花卉，用分球法繁殖。球根园林植物一般叶片稀少，根系多为肉质，对土壤要求较严格，栽培应用中要求细致管理。

实训模块五　常见园林花卉的调查识别

一、实训目的

　　正确识别本地常见园林花卉，进一步了解其习性，掌握其主要生态习性、观赏特征及园林应用形式；同时培养学生的团队协作精神，独立分析问题、解决问题及创新的能力。

二、实训材料

　　校园、公园、花卉市场、植物园中的常见园林花卉。

三、实训内容

　　通过观察，识别常见的观赏草花种类：一二年生花卉、宿根花卉、球根花卉。实地指认观察常见草本园林花卉，如菊花、鸢尾、荷花、春兰、玉簪类等，可以与园林树木结合进行本地园林植物的识别综合实训。

四、实训步骤

（1）教师下达任务，并简单介绍调查的方法与要求。

（2）学生分组调查花卉市场、植物园及园林绿地中园林花卉的种类及类型。

（3）记录园林花卉的形态习性及园林应用形式等内容。

五、实训作业

将所调查的园林花卉种类列表整理出来，并注明它们的科属、生态习性、主要观赏特征及园林用途。

【练习与思考】

1. 列举当地常见的一二年生花卉10种，简述其生态习性、观赏特征及园林用途。

2. 列举当地春、夏、秋季节开花的宿根花卉各5种，简述其生态习性、观赏特征及园林用途。

3. 列举当地常见的球根花卉5种，简述其生态习性、观赏特征及园林用途。

4. 列举当地常见的兰科园林植物5种，简述其生态习性、观赏特征及园林用途。

5. 采集校园内或附近绿地中的3～5种植物（以花卉类植物为主）的全株，用分类学术语对所采植物的营养器官的形态特征进行准确的描述。

项目单元五【知识拓展】见二维码。

中国十大名花

项目单元六

常见园林水生、竹类植物及观赏草、草坪草

知识目标： 学习具有代表性的园林水生植物、竹类植物、观赏草、草坪草的学名、科属、植物特性与分布、应用与文化。

技能水平： 能够正确识别常见的园林水生植物、竹类植物、观赏草、草坪草，并掌握其专业术语及植物文化内涵，熟悉它们在园林绿化工程中的应用形式。

导言

水生植物不仅有较高的观赏价值，其中不少种类还兼有食用、药用之功能，如荷花、睡莲、王莲、鸢尾、千屈菜、萍蓬草等，都是人们耳熟能详且非常喜爱的草本园林植物，并广泛应用于水景；莼菜、香蒲、慈姑、茭白、水芹、荸荠等，除了可绿化水体环境外，还是十分美味的食用蔬菜，且具有药效和保健作用；而柽柳、杞柳、鹿角苔、皇冠草、红心芋等观赏水草则成为美化现代家居环境的新宠儿。水生植物集观赏价值、经济价值、环境效益于一体，在现代城市绿化环境建设中发挥着积极作用。

竹是我国乃至世界园林常用的植物材料，它可以带给人们色彩、形态和清香等美的感受，拥有丰富的寓意和人文哲理。我国自古擅长营造园林竹景，竹景规划关键在于发挥其自然属性与人文特性，常常有刚劲挺拔、直入云霄、高洁淡雅、曲径通幽、叶影迷离、望之无尽、风吹不折、低吟颂赞君子等寓意。

钟灵毓秀的苏州古典园林也是我国竹景营造技法娴熟的例证，其中，以"林木绝胜"著称于世的拙政园可谓匠心独运，竹与水、石、墙、建筑的组合造景发挥得淋漓尽致。该园高度呈现出古人愿与一汪碧水相依，与亭台楼榭为伴，与松竹梅菊同乐等对自然的热爱和追求。

与其他植物相比，观赏草、草坪草由于密集覆盖地表，不仅有美化环境的作用，而且对于环境有着更为重要的生态意义，如保持水土；占领隙地，消灭杂草；减缓太阳辐射；调整温度，改善小气候；净化大气；减少污染和噪声；用作运动场及休憩场所；预防自然灾害等。

任务一　常见水生植物的认知与调查

【任务提出】 水生植物是园林绿化中水系绿化的骨干绿化材料，本任务是认识具有代表性水生植物的学名、科属、植物特性与分布、应用与文化。

【任务分析】 能够正确识别常见的水生植物15种，并掌握其专业术语及植物文化内涵，熟悉水生植物在园林绿化工程中的应用形式。

【任务实施】 准备当地常见水生植物图片及新鲜植物材料，教师首先引导学生认真观察分析，然后简要总结园林水生植物的特点，接着到实际绿地中结合具体的植物介绍观察的方法、步骤及内容，最后让学生分组到当地湿地公园、沿湖绿地等实际园林绿地中调查、识别（表6-1-1）。

表 6-1-1　园林中常见水生植物的识别、认知及调查

种	属	科	植物类型	识别要点	园林用途
莲（荷花）					
睡莲					
千屈菜					
芦苇					
香蒲					
梭鱼草					
雨久花					
水葱					
华夏慈姑					
野生风车草					
凤眼蓝					
再力花					
萍蓬草					
花叶芦竹					

注：表格中植物原图及相应资料请扫描对应二维码查看。

一、水生植物概念

　　水生植物：是生态学范畴上的类型，是不同分类群植物长期适应水环境形成的趋同性生态适应。对于水生植物的定义，至今仍有争议，在《植物群落学讲义》、美国《FWS湿地和深水生境分类》(1979)、《工程湿地联合描述手册》(1987)、《EPA湿地鉴别和描述手册》(1988)、美国《FICWD：鉴别和描述管理湿地联合手册》(1989) 等中都有较经典的描述。一般而言，有狭义与广义之分。狭义是指植物的生活史必须在有水的环境下完成，即该植物一生都必须生活在水中；而广义的水生植物则还包含沿岸带或沼泽植被的一部分，即湿生植物、沼生植物，是一类水生植物与陆生植物之间的过渡类型，这种类型的水生植物的根部生长在饱含水分的土壤中，茎叶不会浸泡在水中。

　　园林水生植物：指水生植物中具有观赏价值的植物，在生理上依附于水环境，或至少部分生殖周期发生在水中或水表面，并经过栽培和养护的植物，包括水生植物、湿生植物和沼生植物。本书所讲水生植物是指园林水生植物。这类植物生长于水体中、沼泽地、湿地上，观赏价值较高。它们常年生活在水中或在其生命周期内某段时间生活在水中。它们的细胞间隙较大，通气组织比较发达，种子能在水中或沼泽地萌发，在枯水时期它们比任何一种陆生植物更易死亡。

二、水生植物类型

根据水生植物的生活方式，一般将其分为五类：沉水植物、挺水植物、漂浮植物、浮叶植物和水缘植物。

① 挺水植物　指根生长于泥土中，茎叶挺出水面之上，包括沼生 1～1.5m 水深的植物。栽培中一般是 80cm 以下，如荷花、水葱、香蒲等。

② 浮水植物　指根生长于泥土中，叶片漂浮于水面上，包括水深 1.5～3m 的植物，常见种类有王莲、睡莲、萍蓬草等。

③ 漂浮植物　指茎叶或叶状体漂浮于水面，根系悬垂于水中漂浮不定的植物，如凤眼莲、大藻等。

④ 沉水植物　指根扎于水下泥土之中，全株沉没于水面之下的植物，如金鱼藻、狐尾藻、黑藻等。

⑤ 水缘植物　生长在水池边，从水深 20cm 处到水池边的泥里都可以生长的植物。水缘植物品种非常多，主要起观赏作用，常见种类有千屈菜、菖蒲等。

任务二　竹类植物的认知与调查

【任务提出】　竹子是园林绿化中常用的绿化材料，本任务是认识具有代表性竹子的学名、科属、植物特性与分布、应用与文化。

【任务分析】　能够正确识别常见的竹子 10 种，并掌握其专业术语及植物文化内涵，熟悉竹子在园林绿化工程中的应用形式。

【任务实施】　准备当地常见竹类植物图片及新鲜植物材料，教师首先引导学生认真观察分析，然后简要总结园林竹类植物的特点，接着到实际绿地中结合具体的植物介绍观察的方法、步骤及内容，最后让学生分组到当地公园、广场绿地等实际园林绿地中调查、识别（表 6-2-1）。

表 6-2-1　园林中常见竹类植物的认知与调查

种	属	科	植物类型	识别要点	园林用途
斑竹					
方竹					
孝顺竹					
凤尾竹					
龟甲竹					
刚竹					
淡竹					
黄槽竹					
黄金间碧玉竹					
金镶玉竹					
毛竹					

种	属	科	植物类型	识别要点	园林用途
紫竹					
箬竹					
阔叶箬竹					
菲白竹					
佛肚竹					

注：表格中植物原图及相应资料请扫描对应二维码查看。

我国竹资源丰富，种类繁多，据记载有 50 余属 700 余种，占世界竹类种植资源的 80% 左右，竹子在我国还具有独特的文化内涵，常被赋予常青、刚毅、挺拔、坚贞、清幽的性格，用于园林和庭院栽培以陶冶情操，鼓舞精神。

任务三 观赏草、草坪草的认知与调查

【任务提出】 观赏草、草坪草是园林绿化中近年来常用的绿化材料，本任务是认识具有代表性观赏草和草坪草的学名、科属、植物特性与分布、应用与文化。

【任务分析】 能够正确识别常见的观赏草、草坪草，并掌握其专业术语及植物文化内涵，熟悉观赏草在园林绿化工程中的应用形式。

【任务实施】 准备当地观赏草、草坪草植物图片及新鲜植物材料，教师首先引导学生认真观察分析，然后简要总结观赏草、草坪草的特点，接着到实际绿地中结合具体的植物介绍观察的方法、步骤及内容，最后让学生分组到当地公园、广场等实际园林绿地中调查、识别（表 6-3-1、表 6-3-2）。

表 6-3-1 园林中常见观赏草的识别、认知及调查

种	属	科	植物类型	识别要点	园林用途
狼尾草					
细叶芒					
斑叶芒					
细茎针茅					
丝带草					

注：表格中植物原图及相应资料请扫描对应二维码查看。

表 6-3-2 园林中常见草坪草的识别、认知及调查

种	属	科	植物类型	识别要点	园林用途
匍匐剪股颖					
草地早熟禾					
高羊茅					

种	属	科	植物类型	识别要点	园林用途
多花黑麦草					
结缕草					
狗牙根					
细叶结缕草					
假俭草					
沟叶结缕草					

注：表格中植物原图及相应资料请扫描对应二维码查看。

一、常见观赏草

观赏草大多对环境要求粗放，管护成本低，抗性强，繁殖力强，适应面广，又因其生态适应性强、抗寒性强、抗旱性好、抗病虫能力强、不用修剪等生物学特点而广泛应用于园林景观设计中。

二、常见草坪草

常见冷地型草坪草的识别：冷地型草坪草主要分布在寒温带、温带及暖温带地区。其耐寒冷，喜湿润冷凉气候，抗热性差；春秋雨季生长旺盛，夏季生长缓慢，成半休眠状态。这类草种茎叶幼嫩时抗热、抗寒能力均比较强。因此，通过修剪、浇水，可提高其适应环境的能力。

实训模块六　本地区常见园林水生、竹类植物及观赏草、草坪草的调查识别

一、实训目的

正确识别本地常见水生、竹类植物及观赏草、草坪草，进一步了解其习性，掌握其主要识别要点、观赏特征及园林应用形式；同时培养学生的团队协作精神，独立分析问题、解决问题及创新的能力。

二、实训材料

校园、公园、植物园中的常见水生、竹类植物及观赏草、草坪草。

三、实训内容

实地观察常见水生、竹类植物及观赏草、草坪草，如花叶芦竹、丝带草、孝顺竹、凤尾竹等，可以与园林树木结合进行本地园林植物的识别综合实训。

（1）熟悉常见的水生植物15种，并掌握其专业术语及植物文化内涵。

（2）正确识别常见10种竹子的学名、科属、植物特性与分布、应用与文化。

（3）通过观察，识别常见的观赏草、草坪草种类。

四、实训步骤

（1）教师下达任务，并简单介绍调查的方法与要求。

（2）学生分组调查校园、植物园及当地园林绿地中水生、竹类植物及观赏草、草坪草的种类及类型。

（3）记录水生植物、竹类植物、观赏草、草坪草的形态习性及园林应用形式等内容。

（4）教师归纳总结，选取典型植物种类，对学生进行技能考核测试。

五、实训作业

将所调查的水生植物、竹类植物、观赏草、草坪草，列表整理出来，并注明它们的科属、识别要点、生态习性、主要观赏特征及园林用途。

【练习与思考】

1. 列举当地常见的水生植物 5 种，简述其生态习性、观赏特征及园林用途。

2. 列举当地常见的竹类植物 5 种，简述其生态习性、观赏特征及园林用途。

3. 采集校园内或附近绿地中的 3～5 种观赏草和草坪草的全株，用分类学术语对所采植物的营养器官的形态特征进行准确的描述。

项目单元六【知识拓展】见二维码。

水生植物的栽植方法；

观赏草的养护

下 篇

园林植物配置设计概述

知识目标： 能够深刻理解园林植物配置设计的原则、配置设计的内容和程序，以及其图纸表现，并能在配置设计实践中运用到实际案例中。

技能水平： 通过掌握园林植物的图面表达技巧，以及不同园林植物的平面、立面表达方式，可以在植物配置的方法及步骤展示中恰当地表达设计意图与设计成果。

导言

园林植物配置设计既是一门艺术又是一门实践性极强的技术。相对于其他行业设计而言，园林植物配置设计，无论是从艺术的角度还是从技术的角度来看，都是一个发展上相对滞后的领域：从艺术角度来说，它缺乏完整系统的设计理论指导；从技术角度来说，它缺乏明确的设计标准和结果评判标准。再加上植物景观配置特有的生态问题和时空变化等特性，它们无疑都增加了植物景观配置设计工作的难度，也会增加植物景观配置设计工作的随意性和不确定性。

因此，遵循一定的配置设计原则，掌握植物配置具体的内容，包括功能上的设计内容、竖向设计内容、季相设计内容、林缘线与林冠线设计内容，按照一定的设计方法与步骤，对把控植物配置设计的最终成果有重要的意义与作用。

此外，掌握园林植物的图面表达方法及表达技巧，可以非常直观地呈现最终的设计成果。最终将设计理论与设计实践相结合，达到实际运用的目的。

任务一　园林植物配置设计的原则

【任务提出】 不同的景观必然具有不同的功能特征，其所适应的园林植物配置方案也各不相同，因此，在进行园林植物的配置设计时，应遵循一定的原则，制定具体的组合配置方案。

【任务分析】 园林植物种类繁多，形态也各具特色，设计者在进行植物配置设计时，应实地考察具体景观所体现的功能、风格等特性，并结合基本配置设计原则，作为园林植物配置方案的主要制定依据。

【任务实施】 在确定植物配置设计的原则时，要考虑配置符合实际需求，并且达到一定的美学要求。因此，在园林植物配置设计过程中，需要遵循3个原则，即目的性原则、美学原则、科学生态原则，以便确保植物配置的合理性、科学性以及规范性。

一、目的性原则

1. 植物配置要具有实用性

不同的景观环境所营造的环境氛围必然是不同的，而在进行园林植物配置设计时，首先要考虑植物的实用价值。设计者在设计园林植物配置方案前，要对该景观植物配置的目的和园林植物配置想要创造出的环境氛围进行详细了解。植物种类繁多，包括树木、鲜花、青草等，每种植物都具有不同的实用特性，都能对整体景观产生一定的影响，因此，植物配置要结合其实用性进行选择。比如，在游乐场的环境中，此处多为儿童游戏区域，应选择颜色较为鲜艳的植物进行装饰，以营造一种欢快、明朗的环境气氛，进而提升儿童的娱乐情绪。

2. 植物配置要具有功能性

不用的植物还能够展现出不同的功能特征，比如，有的植物可以释放氧气，有的植物可以吸收有害气体，还有的植物能够发挥水土资源保护的作用，并且植物配置方式的差别也会对环境产生重要的影响。在不同景观区域进行园林植物配置时，应重视景观所需要的实际功能。比如，在某些城市的滨水区域，此处的植物应起到水系调节作用，植物的配置就应控制好数量与密度之间的关系，以实现调节城市水系作用。而对于道路两旁的树木设置来说，要综合考虑不影响驾驶员的视线和有效避免眩光这两个主要因素，从而保证行车安全。

二、美学原则

植物景观配置设计如同进行绘画、诗歌、音乐、建筑创作一样，要遵循艺术美学的基本原则，将自然界最美的植物集中在人类频繁活动的空间供人们欣赏，满足人们的艺术审美需求，给予人们审美愉悦、审美享受和审美评价。因此，美学中的"主、配、背"景手法，统一、调和、均衡、韵律四大原则，仍适用于植物景观设计。

1. 统一与变化

统一是最基本的美学原则，以"完形"理论为基础；变化相对于单调而言，要求多样丰富。设计师要将景观作为有机整体加以统一考虑，但同时要求丰富多样。居住小区不同组团单元出入口的绿化设计可以采用同样规格、不同种类的灌木作为标志，既统一又和谐。带状绿地常选择形式统一、体量大小变化多样的植物（图7-1-1）。

图 7-1-1 形式统一、体量大小变化多样

2. 对比与调和

对比强调差异性，调和强调近似性。对比在植物设计中表现为色彩对比（红花与绿叶）、树形对比（锥形与球形，垂枝形与直立形）、体量对比（各种规格球形植物放在同一个空间）、虚实对比（冬季常绿树与落叶树树冠，图7-1-2）。调和在植物设计中表现为质地调和（小叶女贞与金叶女贞）、色彩调和（红色系列桃花）、形式调和（半球形与球形）。

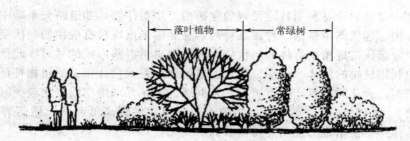

图 7-1-2　落叶树与常绿树的虚实对比

3. 均衡与稳定

均衡可以给人们带来协调和平衡的感受。稳定是构图在立面上的均衡，可使人产生舒适的感受。在景观设计中，人们利用植物的体量、数量、色彩、质地和线条等方面来展现"量"的效果，求得平面和立面上的均衡和稳定。在中心轴线两边规则式或自然式列植，构成轴线对称均衡（图 7-1-3）。以某中心点对植的乔木或灌木是对称均衡，常用在建筑入口，主要通过视觉轴线或支撑点两侧的权重相等或相似来构成均衡效果（图 7-1-4）。对称均衡布置常给人庄重和严谨感，因此在规则式绿地、纪念性园林中采用较多，行道树、路灯、建筑的平面布局也多用对称均衡布置。但是，对称均衡布置的植物景观变化小，缺乏生动感。不相等、不相似的权重在视觉轴线两侧构成非对称均衡的布置，常给人轻松、活泼、自由和变化之感，广泛应用于自然绿地游憩空间中（图 7-1-5）。通过距离与体量大小的关系也能求得均衡的效果（图 7-1-6）。一般来说，色彩浓重、体量高大、数量多、质地粗厚、枝叶茂密的植物，给人厚重感，如雪松、八角金盘、月桂、常绿乔木林等。相反，色彩素淡、体量小巧、质地细柔、枝叶疏朗的植物，给人轻盈感，如绣线菊、黄栌、香合欢等。

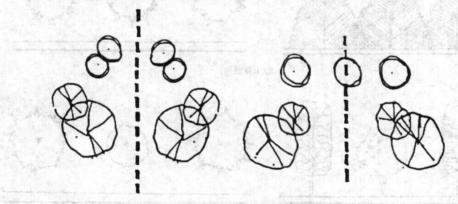

图 7-1-3　轴线对称均衡

4. 韵律与节奏

有规律的重复称为节奏；在节奏基础上深化而形成的既富有情调又有规律、可以被把握的属性称为韵律。韵律又分为重复韵律［图 7-1-7（a）］、渐变韵律、交替韵律［图 7-1-7（b）］和起伏韵律。重复韵律可用西湖白堤上的"间棵桃树间棵柳"与行道树的绝妙应用来说明。渐变韵律在形式上更加复杂，是以不同元素的重复为基础，重复出现形状不同、大小呈渐变趋势的图案，西方古典园林中的模纹花

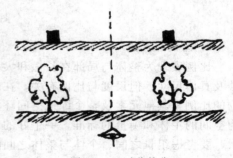

图 7-1-4　对称均衡

坛就属于此类。交替韵律是利用特定元素的穿插而产生韵律感，如道路分车带中的图案常采用这种变化方法。起伏韵律是指一种或几种因素在竖向上出现较有规律的起伏变化，如由于地形起伏、台阶起伏造成植物群体的起伏感，或模拟自然群落形成的林冠线起伏变化。在植物景观设计中利用植物的单体、外形、色彩、质地等与景观设计相关的植物特征，进行有节奏和韵律的搭配，会让欣赏者产生审美感和认同感。尤其当绿地空间变化较少时，如带状绿地、道路绿地、滨河绿地等，要充分利用节奏与韵律，做到高低起伏、错落有致，形成节奏，并产生韵律感，使呆板的空间变得活泼而有变化。

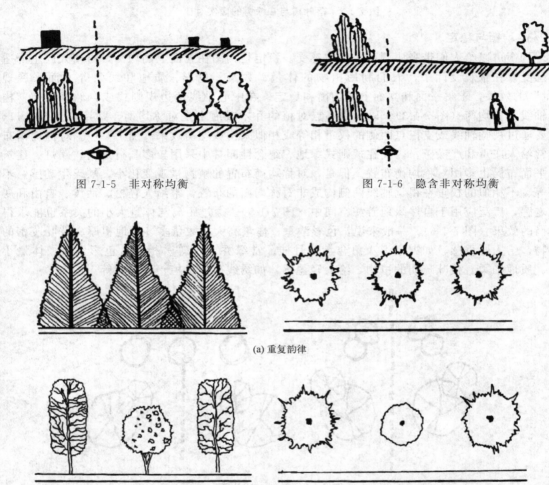

图 7-1-5　非对称均衡　　　　　　　　　　　图 7-1-6　隐含非对称均衡

(a) 重复韵律

(b) 交替韵律

图 7-1-7　韵律形式

5. 比例与尺度

比例表现为整体与局部在长短和大小方面的相对关系，如黄金比例（即 1∶1.618），不涉及具体尺寸。但尺度与比例有关，在现实生活中，人对景物大小的判断以人体为参照。植物的比例与其他元素及整个绿地空间环境的比例密切相关。设计中所建立的比例概念以人作为空间的主体和衡量的标准，一个好的设计作品应该服务于使用者。因此，在建立比例关系时，要考虑组景之间、个体与整体之间的比例都能让观赏者感到舒适，而不是压抑、恐惧或心理不适。运用比例和尺度原理可以创造出高大雄伟或小巧亲切的绿地空间。一般来说，小尺度的绿地空间舒适宜人，具有亲切感（图 7-1-8），大尺度的绿地空间雄伟壮阔，具有震撼力（图 7-1-9）。私家园林中选用矮小植物能体现小中见大；儿童活动场所设计中应该以儿童尺度为主体，由于儿童视线低，植物体量不宜高大。

色彩对尺度也有影响。暗淡色彩产生的消退感会使景物显得更远，明亮颜色会使景物显得更近，对比色会让人的视线很难聚焦。质感会影响观赏者的距离，从而影响比例。总体来说，光滑质感比粗糙质感显得更远。

图 7-1-8　小尺度绿地空间

图 7-1-9　大尺度绿地空间

三、科学生态原则

生态原则，是指不同种类植物生长需要不同的实际地理条件。我国南北方的气候特征不同，在进行园林植物配置设计时，要考虑植物的适应性和可持续发展能力。在相同的季节里，南方温度较高，而北方的温度则相对较低，能够在南方生长的植物并不一定能适应北方的气候，典型的例子就是"橘生淮南则为橘，生于淮北则为枳"。植物配置要顺应自然。但也有特例，如西安属暖温带，西安北靠秦岭，因此形成了良好的小气候环境，有近 60 种常绿阔叶植物也能生长良好，因此，在西安可以恰当地应用这些植物来营造北亚热带植物景观。一些中亚热带城市如温州、柳州、重庆及云南的澄江，露地生长的棕榈科植物有八九种之多，多数榕属树种也生长良好，一些原产于热带、南亚热带的开花藤本植物，诸如三角花、炮仗花、大花老鸦嘴、西番莲一般都能生长良好，安全过冬，这类植物在这些地区为营建热带或南亚热带植物景观奠定了物质基础。

由于园林植物配置设计中所涉及的植物种类、范围以及数量较广，我们更要重视植物的种植与日后的养护问题，积极做好病虫害防治工作，将病虫害问题扼杀在摇篮里，防止不同种类植物之间相互影响，最终在保证植物健康成长的基础上，降低园林景观的管理费用。

总之，在进行园林植物配置设计时，不应盲目追求名贵植物而引进无法适应本地区气候条件的植物，要因地制宜，以植物的适应性和可持续发展能力为主导因素。

任务二 园林植物配置设计的内容与程序

【任务提出】 植物配置设计中具体要设计哪些内容？其基本的设计程序包括哪些步骤？明确以上问题，可以大大减少植物景观配置设计工作的随意性和不确定性，增加设计结果的可判定性。同时还可一定程度地增加设计工作的系统性、有序性，提高工作效率，提高系统质量保障能力。

【任务分析】 植物配置设计的内容与最终结果主要是解决以下几个问题：（1）从哪些方面考虑植物配置的好与坏？（2）植物景观的功能主要体现在哪些方面？（3）植物配置设计中如何选择植物？（4）植物如何搭配并布置到地面上？（5）最终呈现的文本包括哪些方面？

（1）～（2）涉及的是植物配置设计内容的问题；（3）～（4）涉及植物配置设计操作的基本流程，也就是如何有序、规范地解决上述问题。从结果来说，（5）是最终呈现的文本，从整体上说明完整的设计应包括哪些内容。

【任务实施】 掌握了植物配置设计的4大基本内容：功能设计、竖向设计、季相设计、林缘线与林冠线设计，尝试赏析经典园林植物配置设计案例中以上几个方面的优秀之处，并在一个仿真案例中，结合植物配置设计的流程，进行配置设计的实践操作。

一、园林植物配置设计的内容

1. 功能设计

景观中的各种功能可以通过种植形式、空间布局、植物材料的平均规格及其在单位空间范围内的密度来实现。设计师在对游人行为和活动进行分析评价时，应列出植物用于不同功能的要求，并做出相应的功能设计。以下列举几种不同功能的植物设计。

（1）引导和指示功能

沿着游路或道路种植膝下高度的灌木或地被植物，可以引导游人的行进方向（图7-2-1、图7-2-2），应选择无刺、无毛、无毒，或有芳香味或令人愉快味道的植物类型。为了方便管理，还要具有适合密植、耐修剪、生长缓慢、不易感染病虫害的特点。江浙地区多用瓜子黄杨、雀舌黄杨、红花檵木、金边大叶黄杨、茶梅、海桐、厚皮香、小叶女贞、金叶女贞、毛鹃、龟甲冬青、小叶蚊母、桧柏、地中海荚蒾等。

（2）连接功能

植物可以充当连接要素，将不关联的空间相互联系起来构成一个空间序列（图7-2-3）。植物就像通行于组织空间的元素一样，引导游人进出和穿越不同空间。

（3）防止穿越或穿行功能

这一功能主要通过植物的高度和密度设计，防止游人在特定空间有任何穿越或穿行的行为，但视线通达（图7-2-4）。因此，可以选用略带一些刺、毛、异味、枝叶坚硬或稀疏的植物，通过这些植物的表征提示或警示游人不能强行穿行或越过。选择带刺的植物，如阔叶十大功劳、火棘、枸骨、紫叶小檗、椤木石楠、枳壳；有特殊异味的植物，如夹竹桃等；枝叶稀疏或坚硬的植物，如竹子、贴梗海棠、石榴等。

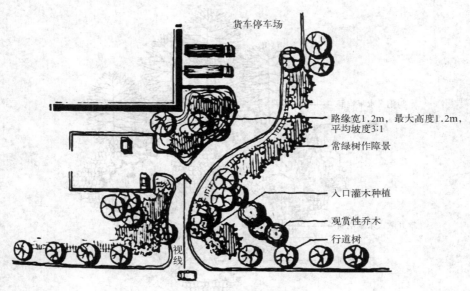

货车停车场

路缘宽1.2m，最大高度1.2m，平均坡度3:1

常绿树作障景

入口灌木种植

观赏性乔木

行道树

视线

图 7-2-1　引导穿行

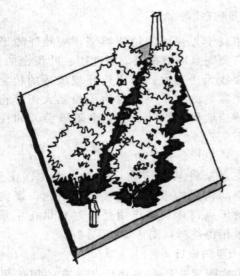

图 7-2-2　引导至节点

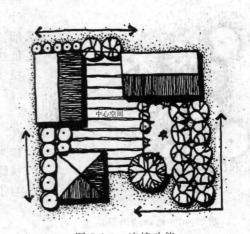

中心空间

图 7-2-3　连接功能

（4）分割和限定空间

分割若是为了划分范围，宜选用地被植物或膝下高度的植物，可以获得最佳的空间效果，即空间分割，视线通达，视线以上的环境景观相互交融。分割若是为了限定空间，则应选用腰高或以上的植物。这个高度一般直接用于限定边界，或阻挡视线，或防止人群穿越，可以充当绿篱墙（图 7-2-5）。

（5）障景功能

植物可以起到直立屏障的效果，控制人们的视线，将美景收于眼底而将俗物屏障于视线以外。障景的大小依景观要求而定，可

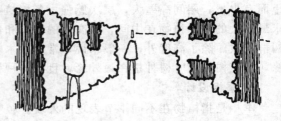

图 7-2-4　防止游人在禁止穿越处穿行

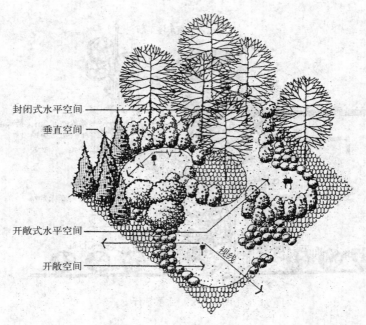

封闭式水平空间
垂直空间

开敞式水平空间
开敞空间

视线

图 7-2-5　分割和限定空间

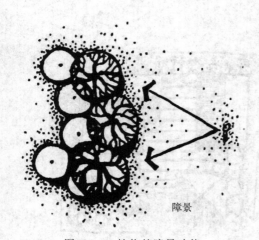

障景

图 7-2-6　植物的障景功能

选择略高于人视线的植物类型，按照屏障形式设计。若要完全屏障视线，则选用枝叶茂密的植物，能使视线无法通过；选用枝叶较疏透的植物，则能达到漏景的效果。有时为了控制人流穿行，将植物按挡墙形式设计，能完全阻隔游人和视线穿过（图 7-2-6）。

（6）主景、背景功能

主景是将某种植物（乔木、灌木、花丛等）作为空间构图的中心，直接体现主题，聚集观赏视线的焦点；背景的作用是陪衬和烘托主景，并与主景相得益彰（图 7-2-7、图 7-2-8）。

2. 竖向设计

植物配置造景有多种形式，有的用单层植物结构，如乔木、灌木或草坪；有的用多层植物或复层结构，即两层或两层以上的植物构成景观。单层植物容易理解，此处不再赘述。进行复层植物景观设计时，分单面观赏和多面观赏两种情况。单面观赏时，一般是高大植物在最后面，中高植物在第二三层，低矮植物在最前面。从高度来说是向观赏面逐渐递减，递减的层间高差可大可小。层间高差小，树群显得厚重而有力量；层间高差大，层次感强，各层植物形态容易显露。多面观赏的树群层次设计要求最高大的乔木植物在中间，次高大的植物和低矮植物依次向外缘排列，形成类似于塔状的树群层次。除了高度外，一般来说，常绿乔木树种植在中间，落叶树或灌木种植在常绿树外缘，开花树和色叶树种植在最外缘，且树群种植地的高程要略高于周围（图 7-2-9）。

3. 季相设计

季相是指植物在不同季节表现的外貌。植物在一年四季的生长过程中，叶、花、果的形状和色彩随季节而变化。开花时、结果时或叶色转变时，具有较高的观赏价值。园林植物配

图 7-2-7 阔叶植物为主景,针叶植物为背景　　　图 7-2-8 针叶植物为主景,阔叶植物为背景

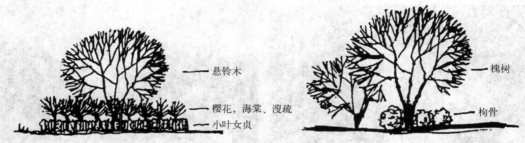

—— 悬铃木

—— 樱花,海棠、溲疏

—— 小叶女贞

—— 槐树

—— 枸骨

图 7-2-9 植物层次设计

置设计时要充分利用植物季相特色。在不同的气候带,植物季相表现的时间不同。北京的春色季相比杭州来得迟,而秋色季相比杭州出现得早。即使在同一地区,气候的正常与否,也常影响季相出现的时间和色彩。低温和干旱会推迟草木萌芽和开花;红叶一般需日夜温差大时才能变红,如果霜期出现过早,则叶未变红而先落,不能产生美丽的秋色。土壤、养护管理等因素也影响季相的变化,因此季相变化可以人工控制。为了展览的需要,甚至可以对盆栽植物采用特殊处理来催延花期或使不同花期的植物同时开花。

园林植物配置就是利用有较高观赏价值和鲜明特色的植物形成不同的季相,给人以时令的启示,增强季节感,表现出园林景观中植物特有的艺术效果。如春季山花烂漫,夏季荷花映日,秋季硕果满园,冬季蜡梅飘香等。要求园林具有四季景色是就一个地区或一个公园总的景观来说;在局部景区往往突出一季或两季特色,以采用单一种类或几种植物成片群植的方式为多。如杭州苏堤的桃、柳是春景,曲院风荷是夏景,满觉陇桂花是秋景,孤山踏雪赏梅是冬景(图 7-2-10)。为了避免季相不明显时期的偏枯现象,可以用不同花期的树木混合配置、增加常绿树和草本花卉等方法来延长观赏期。如无锡梅园在梅花丛中混栽桂花,春季观梅,秋季赏桂,冬天还可看到桂叶常青。杭州花港观鱼中的牡丹园以牡丹为主,配置红枫、黄杨、紫薇、松树等,牡丹花谢后仍保持良好的景观效果。

4. 林缘线与林冠线设计

(1) 林缘线的设计

林缘线是指树丛、树群边缘的平面曲线在地平面上的投影轮廓。它是植物配置设计的意图反映在平面构图上的形式,是植物空间划分的重要手段。空间的大小、景深、透景线的开辟、气氛营造,大多通过林缘线设计来处理。树丛、树群的突出部分犹如半岛,凹入部分犹如海湾。曲折的海岸线构成幽深的海湾,称为海湾效应。海湾布置是自然式园林中树丛、树群与草坪连接的一种常见形式。曲折的林缘线可以组织透景线,增加草坪的景深,如杭州西湖"柳浪闻莺"大草坪的闻莺馆前,从 4 株枫杨树丛中透视到由 7 株樟树和美人蕉组成的树丛以及后面的垂柳,通过距离的远近和色彩的深浅加强了草坪的景深效果。

大空间中创造小空间也必须借助林缘线来处理。林缘线还可以把面积相等、地形相仿的草坪与周围环境和功能结合起来，通过不同树种配置和林缘线处理，形成完全不同形式的空间氛围。图 7-2-11 和图 7-2-12 为开敞和半开敞空间，虽然林缘线不长，但感觉很开阔；图 7-2-13 中地形向南缓缓倾斜，东西长、南北短，通过林缘线设计，把它处理成南北长、东西窄的空间，加强了地形的倾斜感；图 7-2-14 地块的中心部分地势较高，林缘线沿路围合，形成完全封闭的中央空地，空间感觉小，犹如一块林中空地。

现代城市用地紧张，高层建筑越来越多，常需处在高处观赏，因此绿地植物的林缘线处理更能体现植物配置设计水平。不同外形的植物组合时会产生外形轮廓的变化，相嵌或重叠、凸出或凹陷、延伸凸出或点状凸出、深凹陷或浅凹陷、曲线连接或直线相接，都属于林缘线设计的范畴和内容。

(a) 西湖春景——苏堤春晓

(b) 西湖夏景——曲院风荷

(c) 西湖秋景

(d) 西湖冬景

图 7-2-10　西湖四季景色

图 7-2-11　开敞空间

图 7-2-12　半开敞空间

图 7-2-13　组合空间

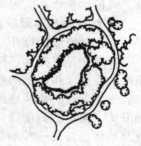

图 7-2-14　围合空间

（2）林冠线的设计

树丛、树群的树冠立面轮廓在天际上的投影线称为林冠线。平面构图上的林缘线处理不能完全体现空间感，不同高度的植物组合成的林冠线却对游人的空间感影响很大。

树丛、树群的远观效果往往会产生山岳的效应。针叶树的林冠线奔腾屈曲，犹如山岩的轮廓；阔叶林的林冠线则犹如土山与地形的起伏。同等高度的植物配置会形成等高、平直、单调的林冠线，但能体现雄伟、简洁或某种特殊的表现力，如烈士陵园的雕塑背景林多采用这种林冠线设计。草坪上的雪松群组成的林冠线挺拔向上，很有气魄；垂柳林枝条低拂，给人飘逸、柔和、朴素的感觉；成片木绣球的林冠线花团锦簇，显得热闹、壮观。不同高度植物配置会产生起伏的林冠线（图7-2-15）。在地形变化不大的空间里，应采用这种不同高度的植物配置，从而形成有起伏变化的林冠线构图。在林冠线起伏不大的树群中，突出一株特别高的孤植树，可以打破平直的线条，犹如"鹤立鸡群"，有时也能产生很好的艺术效果（图7-2-16）。同等高度的树群依高低起伏的地形来种植，也能凸显林冠线变化的效果（图7-2-17）。

图7-2-15　不同高度植物组合形成有起伏变化的林冠线

图7-2-16　突出平直林冠线上的孤植树　　　图7-2-17　依地形高差形成的林冠线

林冠线应与山体或建筑物相配合。林冠线的观赏必须有前提，即当观赏视距达到由树群形成的植物带高度3倍以上时，才具备观赏林冠线的条件，这时林冠线的设计才有必要。林冠线起伏变化平缓，会给人柔和、平静的感受；林冠线起伏变化大，会给人强烈的跳动感。

二、园林植物配置设计的程序

植物景观配置设计有基本的设计流程，基本设计流程可以减少植物景观配置设计工作的随意性和不确定性，增加设计结果的可判定性，使设计工作具有系统性。植物景观配置的设计过程可划分为以下几个阶段。

1. 任务书阶段

在接到工程项目之后，设计人员首先应和设计委托方进行沟通，了解委托方的具体要求，包括委托方意愿、设计的造价、设计的期限等内容。

2. 研究分析阶段

（1）基地情况调查

基地基本情况主要包括地形、地势、原有设施以及周边的环境状况等。通过实地勘测或查询当地资料，做出实地的平面图、地形图、剖面图等。

绘制详细的平面图时，大面积基地比例尺以 1∶10000～1∶5 000 （等高线 5～20m）为宜；小面积基地以 1∶1 000～1∶500 （等高线 1～5m）为宜；细部的花草等配置以 1∶200～1∶100 （等高线 1～0.5m）为宜。

调查范围包括自然环境和人文环境。

① 自然环境　包括地形、地势、方位、风向、温度、土壤、降水、物候、湿度、风力、日照、面积等。

② 人文环境　包括都市、村庄、交通、治安、邮电、法规、教育、娱乐、风俗习惯等。

（2）基地分类分析

对项目进行基地现场踏勘及资料分析后，应及时对各类信息进行整理归纳，以避免遗忘一些重要细节。

（3）设计构想阶段

设计构想是用图示的方式把思考的活动与活动之间的相互关系、空间与空间活动的功能关系等有机地安排到相应的区域位置。设计者可以先构思出自己的设想图，然后根据基地关系图解进行调整，最后形成概念图。

设计构思多半是由项目的现状所激发产生。要注意这种最初的构思、感觉及对项目地点的反应，因为会有许多潜在的因素影响设计构思。在现场应注意光照、已有景观对设计者的影响及其他感官上的影响。明确植物材料在空间组织、造景、改善基地条件等方面应起的作用，做出种植方案构思图。构思的过程就是一个创造的过程，每一步都是在完成上一步的基础上进行的。应随时用图形和文字形式来记录设计思想，并使之具体化。

在这一阶段，要提出一套可以达到工程目标的初步设计思想，并根据这套思想来安排基本的规划要素。

步骤1：确定对植物材料的功能需求。以项目目标为基础，确立规划环境的形状。必须考虑墙、顶棚、地板、天棚、栏杆、障碍物、矮墙和地面覆盖物这些植物材料的基本"构筑"方式。

步骤2：确立初步的理念。根据种植规划设计的要素，如形式、色彩、结构等来确定整个空间内的景物设计。这些景物或受这些要素支持或受宏观环境控制所形成的小环境，应该反映设计者的设计理念。

步骤3：依据规划要求来选择适用的物种。

步骤4：得出初步的植物规划。在这份初步规划中，总结出调查结果、评论以及设计思想。与客户一起检阅这份计划，获得意见与建议并做出必要的修改。

（4）设计执行阶段

① 设计草案。设计草案是将各种设计要素加以落实，并表现在正确位置上的初步的绘图方法。

② 细部设计与设计图绘制。完整的细部设计图应包括地形图、分区图、平面配置图、断面图、立面图、施工图、剖面图、鸟瞰图等。

③ 工程预算书的编制及施工规范的编写。

三、设计文本说明书内容

作为规划设计师，在承接设计任务后，除了要做出专业的设计图纸外，还要对项目方案做出详细的文本说明书，内容主要包括以下几个方面。

① 主要依据 批准的任务书，所在地的气象条件、地理条件、风景资源、人文资源、周边环境。

② 规模和范围 建设规模、面积及游人容量，分期建设情况，设计项目组成，对生态环境的影响，游览服务设施的技术分析。

③ 艺术构思 主题立意，景区、景点布局的艺术效果分析和游览休息线路的布置。

④ 地形规划概况 整体地形设计，特殊地段的设计分析。

⑤ 种植规划概况 立地条件分析，植被类型分析，植物造景分析。

⑥ 功能与效益 该项目所起的功能作用，以及对该地区生活影响的预测和各种效益的估价。

⑦ 技术、经济指标 用地平衡表、土石方概数、能源消耗概数、管线电气的敷设。

⑧ 需要在审批时决定的问题 与城市规划的协调、拆迁、交通情况、施工条件、施工季节，工程概算书。

任务三 园林植物配置设计的图纸表现

【任务提出】 植物配置设计师在与同行、业主、甲方进行方案沟通汇报时，需要以一定的图纸形式表达出来，才能将自己的想法非常直观地展现，不同的园林植物应怎样表现？其配置形式怎样用图面方式表达？设计成果都包括哪些图纸？以上是需要了解掌握的方面。

【任务分析】 与汇报方沟通时通常会涉及以下几种图纸：现状分析图、构思意向图、总平面图、设计分析图、效果图、施工图等。这些图纸都有哪些规范？每种图纸都需要包含哪些内容？这些都是需要学习的。

【任务实施】 本任务要先了解园林植物配置设计的图纸组成，以及乔木、灌木、草坪及地被的表达技巧，从而能读懂图纸，学会运用表达技巧展示自己的设计成果。

一、园林植物配置设计图纸的组成

园林植物配置设计图纸作为基本的表达工具，用以保证植物景观设计的实施，同时也是委托方设计师和施工方之间重要的沟通工具。工程的施工方根据设计图纸，按照设计师的说明进行植物材料的布置。因此，设计方案所需的所有信息都应当在图纸中表现出来，包括正式的种植说明书、施工要求和种植细目。对施工方来说，任何口头解释都不能作为施工依据。施工方把图纸作为价格设定、劳力测算、工具需求和获取植物材料的依据。园林植物配置设计图纸的组成包括表现图、施工图、施工种植图。

园林植物配置设计表现图不仅要追求尺寸与位置的精确，而且还要艺术地表现设计者的意图，追求图面的视觉效果和美感。平面效果图、透视效果图、鸟瞰图等都可以归入此范畴。种植设计表现图应包括以下几个部分：

① 比例尺，包括文字和图案两种形式。

② 指北针。

③ 原有植物材料。

④ 需要调整和移植的植物。

⑤ 现有的和规划的乔木、灌木、藤本植物和地被。

⑥ 适用的地形图。

⑦ 必要的详图（通常需要单独的图纸）。

⑧ 小地图。

⑨ 标题栏　工程名称、工程地址、设计师（名字、固定地址、注册章）、日期、页码。

⑩ 植物名录表　项目代码（或者是使用的图例）、植物数量（位置、总数）、植物名称（中文名、拉丁名）、植物规格及种植条件（规格：容器、高度、胸径；种植条件：容器大小、土团及捆绑办法、裸根）、灌木和地被占用的面积、备注（比如"多分枝"或"攀爬植物"）、植物类别（如乔木、灌木、地被等）、价格估算（也可以留空，由工程承包方或者是投标方提供费用数据）。

⑪ 草皮面积（在平面图和统计表中都要有所反映；如果草皮是现有的，就需要在图纸上面表达出来以示区分）。

二、不同植物的表现技法

1. 乔木表现技法

（1）平面

乔木的平面表示可以种植点为圆心，以树冠平均半径画圆，结合符号、数字、文字来表现不同植物。表现方法非常多，风格各异，根据不同的技法可分为轮廓型、枝干型、枝叶型3种。

① 轮廓型　确定种植点，画出树木的平面投影轮廓，可以是圆，也可以带有尖凸和凹陷［图7-3-1(a)］。一般图例外轮廓线为平滑圆形、弧形裂线或凹缺，表示阔叶乔木；图例外轮廓线为锯齿线或斜刺毛线，表示针叶乔木。

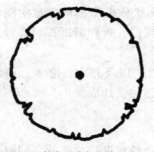
(a) 轮廓型乔木平面

(b) 枝干型乔木平面

(c) 枝叶型乔木平面

图 7-3-1　乔木平面表现技法

② 枝干型　在树木的平面投影轮廓中，用粗细不同的线条画出树干和分枝的水平投影，多用于表示落叶阔叶乔木类型。如果用紧密斜线排列在轮廓中，则表示常绿针叶乔木类型［图7-3-1(b)］。

③ 枝叶型　以枝干型为基础，添加叶丛的投影，用线条或圆点表现出枝叶的质感［图7-3-1(c)］。

（2）立面

① 轮廓法　只勾出树形外部轮廓线［图7-3-2(a)］。

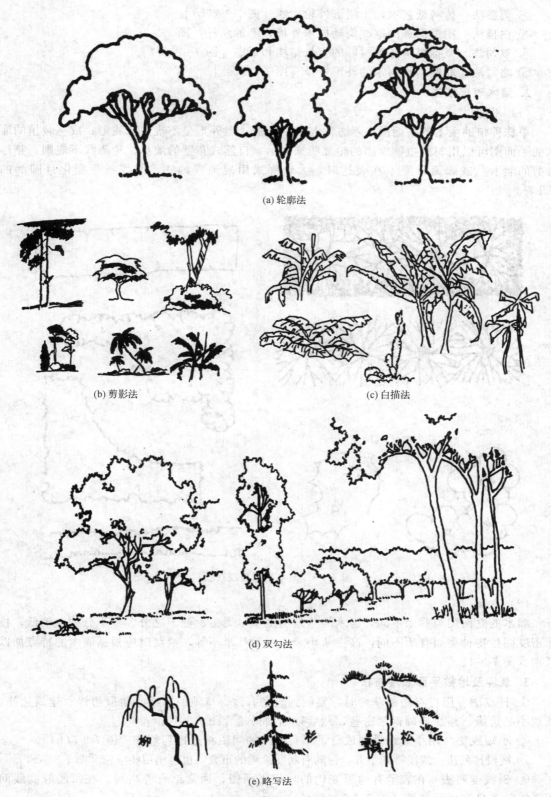

(a) 轮廓法

(b) 剪影法

(c) 白描法

(d) 双勾法

(e) 略写法

图 7-3-2　乔木立面表现技法

② 剪影法　仿剪纸艺术勾出树形外轮廓线［图 7-3-2(b)］。

③ 白描法　用最简练的笔线勾勒树木外形，不加烘托［图 7-3-2(c)］。

④ 双勾法　概括提炼各种树叶的生长结构和形态［图 7-3-2(d)］。

⑤ 略写法　简略勾画树木的外形特征［图 7-3-2(e)］。

2. 灌木表现技法

（1）平面

单株种植的灌木的平面图表示方法与乔木相似，但外形呈不规则曲线形；成丛栽植的灌木的平面图可以用勾画植物组团的轮廓线来表示。自然式布置的灌丛，轮廓线不规则；整形修剪的灌木丛或绿篱形灌木在表达时，大轮廓采用规则式画法，但线条是变化且圆润的（图 7-3-3）。

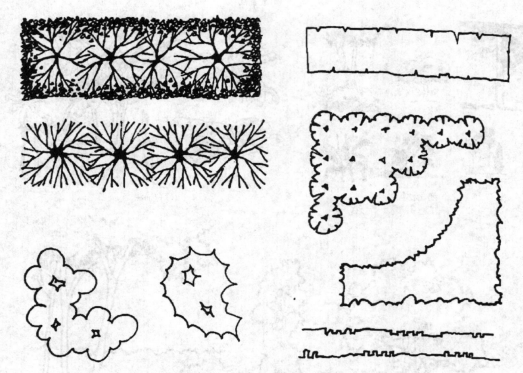

图 7-3-3　灌木平面表现技法

（2）立面

灌木的立面图与乔木不同，灌木的茎是丛生型，无主、侧干之分，茎干分枝点较低，枝叶密度因植物种类而有所不同，高度从小于 1 米到几米不等，绘制时应根据灌木的特点加以区别（图 7-3-4）。

3. 草坪及地被平面表现技法

① 打点法　用打点法画草坪时，要做到疏密有致。草地的边缘、树冠边缘、建筑边缘、景观小品边缘、路缘要画得紧密些，然后逐渐画稀疏［图 7-3-5(a)］。

② 小短线法　用小短线排列成行，每行之间的间距相近排列整齐［图 7-3-5(b)］。

③ 线段排列法　线段排列整齐，行间有断断续续的重叠，也可稍留些空白［图 7-3-5(c)］。

④ 斜线排列法　在表示有地形变化的草坪平面图，通常结合等高线，在每段等高线间用斜线整齐排列标示草坪［图 7-3-5(d)］。

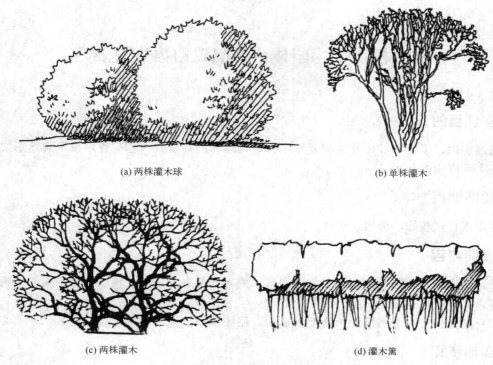

(a) 两株灌木球

(b) 单株灌木

(c) 两株灌木

(d) 灌木篱

图 7-3-4　灌木立面表现技法

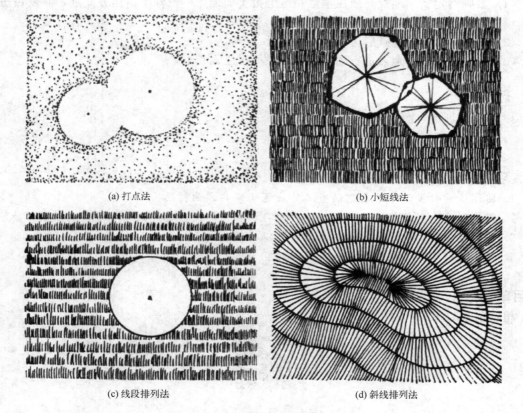

(a) 打点法

(b) 小短线法

(c) 线段排列法

(d) 斜线排列法

图 7-3-5　草坪及地被平面表现技法

实训模块七　园林植物配置的内容与表达

一、实训目的

通过实训，了解园林植物的配置原则，掌握园林植物配置内容、程序以及表达形式，并达到能实际应用的能力。

二、实训地点

指定或自选校园、公园、居住区等。

三、实训内容

（1）拍摄指定范围内（如校园、公园等）的不同节点、场所的植物配置形式，分析其配置内容，并分析其优缺点。

（2）选择任意一个范围的植物配置场景，用图示方法表示（平面、立面）。

四、实训步骤

（1）教师指定实训地点，或由学生小组上报实训地点，教师下达任务要求，并复习植物配置设计的内容、流程、表达方式。

（2）学生到达实训地点后进行调研及记录、分析。

（3）分别选取任一地点进行图示表示（平面、立面）。

五、实训作业

1. 汇报实训地点的植物配置形式。

2. 用图示方法表示某场景的植物配置。

【练习与思考】

1. 园林植物配置设计的前期调查工作应调研哪些方面？

2. 列举可以体现植物统一与变化、对比与调和、均衡与稳定韵律与节奏的植物节点。

3. 园林植物配置设计方案的构思方法可以从哪些方面入手？

4. 怎样通过植物与地形结合体现不同的空间感？

项目单元七【知识拓展】见二维码。

植物苗木的相关术语

各类园林植物配置设计

知识目标： 了解园林植物配置设计的经典案例；理解园林植物配置的平面布局类型以及基本形式；掌握园林乔木、灌木、藤本、草坪与地被植物、竹类、水生植物的配置形式以及设计要点。

技能水平： 能运用园林植物配置设计相关理论赏析各类绿地中的植物配置设计；能根据场地因地制宜地运用园林乔木、灌木、藤本、草坪与地被植物、竹类、水生植物的配置设计相关理论营造美丽的植物风景，并运用相应的图纸表现。

导言

丹·克雷（Dan Kiley）曾说："恰当的植物种植设计能产生美感。例如，怎样选择植物材料的比例、尺度、质地、色彩，以及如何对它们进行合理的搭配都是设计人员应该精心考虑的。"因此，理解和掌握园林植物配置设计相关理论对以后立志从事于景观设计、植物景观设计岗位来说显得非常重要。

在项目单元二（园林植物的分类）中，已详细阐述过园林植物的分类，本单元以此为基础，主要从概念、景观作用、配置形式、在景观中的应用方式、经典案例来阐述乔木、灌木、藤本、竹类、草坪与地被植物、水生植物的配置形式以及设计要点。

任务一 园林植物配置的平面布局类型以及基本形式

【任务提出】 自古以来，世界各地园林各具特色，形成园林三大体系，其中欧洲园林、中国园林流传至今，并成为规则式园林、自然式园林的代表。园林植物是园林组成要素中最重要的一个，会直接影响园林景观的空间感、色彩、风格等，反之园林景观的平面构图也会影响植物配置的平面布局以及基本形式。观察图 8-1-1 中不同风格的园林植物配置，它们在平面布局、配置形式、景观效果等方面都有明显的区别。那么，园林植物配置的平面布局类型、基本形式有哪些？

【任务分析】 古典欧式、古典中式、古典日式园林中，园林植物配置的平面布局类型单一，要么是规则几何式，要么是无明显规律的自然式。但在现代欧式、中式、日式园林中，园林植物配置的平面布局类型不再单一，常用混合式，或偏向于规则式或偏向于自然式。所以，认识和感受园林植物配置的平面布局类型以及基本形式时，需先分析园林风格，再分析平面布局和配置形式。当遇到不能确定的平面布局类型时，应通过估算比较绿地中规则式植物配置和自然

图 8-1-1 不同风格的园林植物配置

式植物配置谁的面积更大，哪个大，那么整个绿地植物配置的平面布局类型就偏向哪个。

【任务实施】 教师准备有关规则式、自然式、混合式植物配置经典案例的图文资料以及多媒体课件，并结合学生比较熟悉的学校以及周边园林植物景观阐述园林植物配置的平面布局的三大类型（规则式、自然式、混合式）以及基本形式，同时注意启发和引导学生赏析知名案例的思维。

园林植物是园林景观组成要素之一，园林景观风格以及平面构图方式会直接影响园林植物配置的平面布局类型以及基本形式。在中国近现代园林植物景观发展史中，汪菊渊、孙筱祥、苏雪痕等先生都曾对园林植物配置的平面布局类型以及基本形式进行过阐述。常从园林植物平面种植连线是否形成明显的规则几何形和立面是否修剪成几何形来区分园林植物配置的平面布局类型以及基本形式，一般分为规则式、自然式、混合式。

一、规则式

规则式配置又称整形式、几何式、图案式，是指园林植物在平面布局上按一定的几何形式或图案栽植，形成规则几何形投影，有时在立面上也常被修剪或整形成规则几何形。可形成整齐、雄伟、庄严的整体美、图案美、人工美，以西方意大利文艺复兴式园林和法国古典主义式勒·诺特尔式园林为代表，在现在园林中常和自然式配置混用，形成以规则式配置为主的植物景观。规则式配置的基本形式有绝对对称栽植、行植、环植、规则式带植、篱植。

1. 绝对对称栽植

绝对对称栽植常指两株或两个单元植物按中轴线左右绝对对称地栽植（图 8-1-2）。此种形式所选植物的大小、形态、种类、质感、色彩都一致，常出现在规则式园林中的建筑、道路等的出入口处及园林小品两侧，形成庄重、严肃、整齐的景观效果，具有标志、指示、引导、烘托主景或作配景、夹景等作用。此种形式多选择姿态优美、花繁叶茂色艳、树冠整齐或便于整形的树种。

图 8-1-2 绝对对称栽植（两株或两个单元植物）

2. 行植

行植又称列植，是指形态、大小、种类、质感、色彩相同的一株或一个单元园林植物按照相等的株间距呈单行栽植，或相等行距、株间距呈多行栽植（图 8-1-3）。此种形式常出现在规则式道路两侧、广场外围或围墙边沿、滨河沿岸，形成整齐、干净、重复节奏、宏伟气势的景观效果，具有引导视线、遮阴、作背景或屏障、联系或分隔空间、夹景或障景、烘托气氛、生态等作用。园林中应用最多的是行道树、树阵（图 8-1-4）。宜选择树冠较整齐、个体差异小、耐修剪、美观的树种。

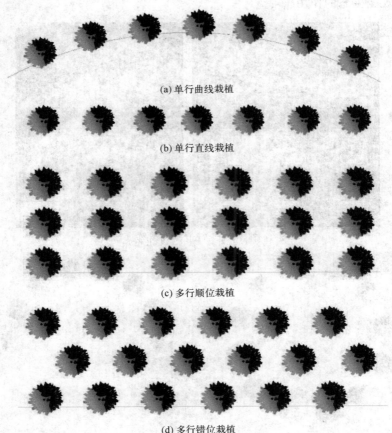

(a) 单行曲线栽植

(b) 单行直线栽植

(c) 多行顺位栽植

(d) 多行错位栽植

图 8-1-3　行植

单行栽植指同类、同规格的园林植物按相等株间距栽植成一行或一列，种植连线成直线或曲线，所以单行栽植又可分为单行直线栽植、单行曲线栽植，以平坦地区的城市道路行道树和综合公园中的一级道路上的行道树居多。

多行栽植又称树阵，源于列队士兵，指同类、同规格的园林植物按相等株间距栽植多行或多列，形成矩形、正多边线、菱形、放射形、递增或递减形等。行与行或列与列上的植物可错位或顺位，所以多行栽植又可分为顺位栽植、错位栽植。

株间距取决于树种的特点、用途、苗木规格、所需郁闭度等。一般大乔木的株间距为 5～8m，中小乔木株间距为 3～5m，大灌木株间距为 2～3m，小灌木株间距为 1～2m。

3. 环植

环植是指一株或一个单元植物等距沿圆环或者曲线栽植，可形成单环、半环、多环等形式，即圆、半圆、扇形、螺旋形等（图8-1-5）。此种形式常出现在圆形或者环状的空间，如各类圆形小广场、水池、水体以及环路等，形成空间多变、节奏与韵律感丰富的景观效果，具有指示引导、划分空间、美化环境的作用。

4. 规则式带植

规则式带植是指二三十株以上的同大小、同种或不同种园林植物沿带状绿地等间距成群栽植，属于群植的特殊形式。带植的长轴比短轴长得多，一般长轴为4以上，短轴为1，属于连续风景的构图（图8-1-6），常出现于道路景观、防护林，形成节奏与韵律感丰富的景观效果，具有美观、生态的作用。

图 8-1-4 行道树和树阵

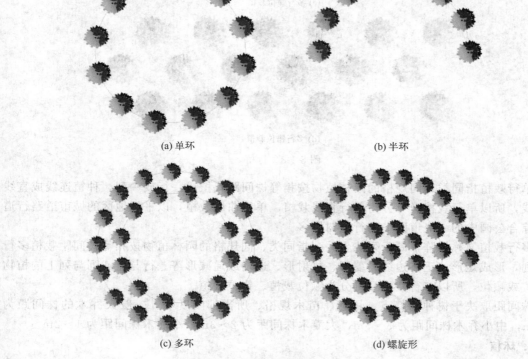

(a) 单环

(b) 半环

(c) 多环

(d) 螺旋形

图 8-1-5 环植

图 8-1-6　规则式带植

规则式带植设计要点主要体现在景观层次、植物品种、栽植密度上。景观层次按离人视线的远近依次分为背景、中景、前景，常通过植物高度、色彩、疏密、质感增强林带的层次感。从前景到背景，植物一般由低到高、色彩由浅到深、密度由疏到密、质感由细到粗。在植物品种选择上，作背景的植物应形状、颜色统一，高度超过前、中景，选常绿、分枝点低、枝叶密集、花色不明显、颜色较深或能够与前中景形成对比的植物；中景应有较好的观赏性、高度矮于背景高于前景，质感、颜色、叶的疏密与前景、背景有对比美；前景植物应选择低矮的灌木或者花卉，高度低于中景。在栽植密度方面，防护林带根据具体的防护要求而定，观赏林带的栽植密度因其位置功能不同而有差异，背景植物株行距在满足植物生长需要的前提下可以稍小些，或者呈"品"字形栽植，以形成密实完整的"绿面"，中景或前景植物的栽植密度应根据观赏需要进行配置，株行距可以大于背景植物。

5. 篱植

篱植又称绿篱或绿墙，是指由灌木或小乔木以相等的株行距密植成几何体块，构成的不透光不透风的规则式栽植（图 8-1-7）。篱植常出现在规则式园林中的各种图案、自然式园林

图 8-1-7　篱植

中的绿地和围墙镶边，形成规整的景观效果，具有联系和分隔空间、构成图案、装饰镶边、美化挡土墙和建筑墙体、防护、障景、作画境和景观小品的背景等作用。此种形式多选择常绿、叶茂密、观赏性强、好整形的园林植物。

绿篱配置设计常需从不同植物的组合、宽度、高矮、造型、颜色、种植密度、与栅栏的搭配来考虑。一般迷宫、围墙边的绿篱，以及装饰镶边的绿篱、蔓篱、编篱、刺篱、果篱，常采用相同种类的植物，其宽度、高矮、颜色相同，其他形式的绿篱则多采用多种植物组合，其宽窄不一，高矮相间，不同颜色相间，造型各异。

二、自然式

自然式园林植物配置又称风景式、不规则式，是指园林植物在平面布局上没有形成明显的轴线，平面投影呈非几何式或自由构成，没有一定的规律性，植物间无固定的种植间距，立面上植物形态、大小、质感、色彩无统一要求，追求植物种类丰富多样，模拟自然界植物生态群落，如自然式丛林、疏林草地、自然式花境等。模拟自然美，以英国自然式风景园林、中国古典园林、日本古典园林为代表。自然式园林植物配置常出现在城市综合公园、城市广场、居住小区景观中。在现在，常和规则式配置混用，形成以自然式配置为主的植物景观。自然式配置的基本形式有孤植、非绝对对称栽植、丛植、群植、林植、带植。

1. 孤植

孤植常指乔灌木的单株或二三株（株间距1～1.5m）同树种的一个单元栽植形成的景观，又称孤赏树、标本树、赏形树、独植树，主要表现园林植物的个体美（图8-1-8）。孤植常出现在构图中的视觉重心位置，如花坛草坪偏中位置，自然式园路、河岸、溪流的转弯及尽端视线焦点处引，重要建筑前的入口部分，具有标志、指示、作主景、遮阴、观赏等作用。此种形式多选择高大、冠幅大、寿命长，外形富于变化、姿态优美，开花繁茂、色彩艳丽，硕果累累，浓烈芳香、无毒，季相明显，质感强烈等的园林植物。

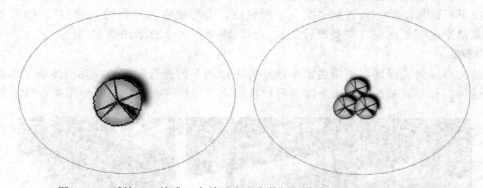

图 8-1-8　孤植（一株或一个单元出现在构图的偏中心或视觉重心位置）

2. 非绝对对称栽植

非绝对对称栽植常指两株相似、两丛相同或相似的植物，作相对对称或杠杆均衡法的配置形式（图8-1-9），常出现在自然式园林中的建筑、道路等的出入口处，园林小品两侧，形成严肃中有活泼的景观效果，具有标志、指示、引导，烘托主景或作配景等作用。此种形式多选择姿态优美、花繁叶茂色艳的树种。

3. 丛植

丛植常指2～20株同种或异种园林植物不等距离地种植在一起形成树丛景观（图8-1-10），是园林植物景观中应用最多的种植方式之一，常出现在自然式水边、草坪边缘、园林绿地出

(a) 两株　　　　　　　　　　　　(b) 两丛

图 8-1-9　非绝对对称栽植

图 8-1-10　丛植

入口、路岔、景观小品背后、自然式种植池偏中位置，形成群体美、自然多变的景观效果，具有作主景、配景、障景，分隔空间，遮阴的作用。此种形式多选择枝繁叶茂、有一定观赏性的园林植物。

4. 群植

群植又称树群，是介于树丛与树林之间的一种配置形式，一般由二三十株至数百株的乔木、灌木成群成片种植，树群可由单一树种组成或数个树种组成（图 8-1-11）。其数量比树丛多、比树林少，层次感更丰富、尺度更大，可在更大的空间中运用。群植常出现在各类公园绿地、附属绿地、区域绿地中的大草坪、水边、小山坡和小土丘上等，形成自然群体美的景观效果，具有作背景、主景、透景、框景以及观赏、生态的作用，可做成单纯、混交，带状、非带状树群。

5. 林植

林植又称风景林、树林，指成片、成块地大量栽植 100 株以上的乔木、灌木及草坪、地被，构成林地或森林景观，常分为疏林、密林（图 8-1-12）。林植常出现在各类公园、附属绿地、区域绿地、防护绿地中，形成森林美的景观效果，具有生态、经济的作用。

图 8-1-11　同树种的群植

(a) 疏林   (b) 密林

图 8-1-12　林植

三、混合式

在现代植物配置中，没有绝对的规则式或自然式种植，常采用以规则式为主或以自然式为主的混合搭配种植。因此，混合式种植是规则式与自然式相结合的形式，常指群体植物景观（群落景观）。它充分吸取规则式和自然式的优点，既有整洁清晰、色彩明快的简洁和人工美，又有丰富多彩、变化无穷的自然美，形成丰富多变的自然景观效果，以现代风格园林景观为代表，常出现在综合公园、湿地公园、景区中。如美国纽约中央公园，植物配置形式既有自然式也有规则式，中心区设置了大面积的开阔草坪，边界则是自然式的田园牧场风光，在局部和节点上则延续了欧洲古典园林的规则式设计，如规则的林荫大道。混合式植物造景根据规则式和自然式各占比例的不同，又分三种：自然式为主结合规则式（图 8-1-13）、规则式为主点缀自然式（图 8-1-14）、规则式与自然式并重（图 8-1-15）。

图 8-1-13　自然式为主结合规则式

图 8-1-14　规则式为主点缀自然式

图 8-1-15　规则式与自然式并重

任务二　园林乔木配置设计

【任务提出】 园林乔木是植物景观营造的骨干材料，具有明显高大的主干、枝叶繁茂、绿量大、生长年限长、景观效果突出等特点，在植物造景中占有最重要的地位。观察图 8-2-1 中的不同乔木景观，它们的配置设计有着明显的差别。那么，乔木的配置形式有哪些？配置设计要点有哪些？校园中有哪些乔木配置形式？

图 8-2-1　不同乔木的配置

【任务分析】 要完成园林乔木配置设计，需先储备项目单元三中阐述的常用园林乔木知识，再根据立地条件、甲方要求、乔木配置形式和设计要点、景观方案设计理念和风格等选择合适的园林乔木，完成科学与艺术的乔木配置设计，并用图纸表达。

【任务实施】 教师准备有关园林乔木配置经典案例的图文资料以及多媒体课件，并结合学生比较熟悉的学校以及周边园林植物景观阐述园林乔木配置的方式、设计要点，并以某小庭院乔木配置为实践，同时注重启发和引导学生的设计创新思维。

园林绿化，乔木当家。园林乔木的种类繁多、色彩丰富、形态各异，且随四季变化呈风韵别样的景色，不仅可以绿化城乡、美化环境、增添园林美感，而且在调节气候、净化大气、防风固沙、涵养水源、平衡生态等方面也发挥着巨大作用。所以，园林乔木是构成园林景观的重要元素，熟练掌握乔木在园林中的配置设计是决定植物景观营造成败的关键之一。同时，乔木景观也反映一个城市或地区的植物景观的整体形象和风貌。园林乔木是指以观赏为主要目的、树身高大、有一个直立主干且高达 6m 以上的木本植物，具有生态、美化、体现地域特征、形成各类园林空间的作用。

园林乔木配置的平面布局类型以及配置形式有规则式、自然式、混合式，以下将从园林乔木的常用配置形式（孤植、对植、行植、丛植、群植、林植）来阐述园林乔木的配置设计要点。

一、孤植

1. 概念

园林乔木的孤植是指在空旷地上孤立地种植一株乔木，或同树种的几株乔木紧密地种植在一起，以表现单株栽植效果的种植类型。一般均为单株种植，西方庭院中称为标本树，在中国习称孤植树。当为几株栽植时，一般是同树种的 2～3 株、株间距为 1～1.5m，远看成单株的效果。

2. 景观作用以及应用位置

孤植在景观中主要有两种作用：一是主作为独立的庇荫树，同时兼具观赏功能；二是主作为构图和观赏需要，形成主景树。在园林中，孤植树占的比例虽然很小，但常作为构图的视觉重心而成主景和焦点，显得十分突出并引人注目，常出现在这些位置：①天空、水面、草地等色彩既单纯又有丰富变化的景观作背景的前面。②在自然式园路、河岸、溪流的转弯及尽端视线焦点处，以引导行进方向。③在交叉路口及园路局部、重要建筑前的入口处，以引导人进入另一空间。

3. 设计要点

（1）树种选择

根据孤植树个体美的特点，常从园林植物的景观特征（大小、外形、质感、色彩与季相、味感与声音）、地域性、经济性、生态性进行选择（图 8-2-2）。

① 景观特征要求树高冠幅大、寿命长，外形富于变化、姿态优美，开花繁茂、色彩艳丽，硕果累累，浓烈芳香、无毒，季相明显，质感强烈。

② 多选具有地域特色的乡土树种。植物的健康发育受地域性限制很强，乡土树种在生长过程中已经适应当地的气候、土壤和生态环境，具有较好的适应性，并且代表了一定的文化和地域风情。如桂林城市景观以及城郊附近栽种很多桂花，既符合桂林市花的属性，又能产生经济价值。

③ 多利用设计场地内原有的成年大树作为孤植树。

（2）观赏条件

当采用 2～3 株同树种组成一个单元作孤植时，株行距不能大于 1～1.5m，这样从远处看才能如同一株树木一样。孤立树下一般不配置灌木。孤植树常作局部构图的主景，需有合适的观赏视距、观赏点和适宜的欣赏位置。最佳观赏视距等于树高的 4～10 倍，至少在此范围内，没有其他景观阻挡视线。

（3）构成美

孤植树作为园林构图的一部分，需统一于整个园林构图中，平面上符合黄金分割比例，立面上有节奏与韵律、比例与尺度。如在大草坪、山冈上或大水面的旁边栽种孤植树，应选体量巨大的树种，以突出它的姿态、体形、色彩。

图 8-2-2　孤植（树大、叶密、形异、色美、花艳、香味）

4. 经典案例

苏州网师园"小山丛桂轩"西侧的羽毛枫、留园"绿荫轩"旁的鸡爪槭、狮子林"问梅阁"东南水池边的大银杏、郑州市人民公园之"牡丹园"中的三角枫、上海植物园的五角枫等，都是非常优美的孤植树。

二、对植

1. 概念

园林乔木的对植是指用两株或两丛相同或相似的乔木，按照一定的轴线关系，有所呼应、对称、均衡地栽植在轴线的左右两侧，包括自然式中的非绝对对称栽植、规则式中的绝对对称栽植（图 8-2-3）。绝对对称栽植沿中轴线左右对折，能完全重合，反之非绝对对称栽植不能完成重合，但左右是均衡的。

(a)绝对对称　　　　　　　　　　　　(b)非绝对对称

图 8-2-3　对植

2. 景观作用以及应用位置

对植主要作配景、夹景，烘托主景，加强透视，增加景观的层次感。绝对对称栽植多用在宫殿、寺庙、纪念性建筑等入口的两旁，形成庄重、规整、严谨的美感；非绝对对称栽植多用在自然式园林中的出入口、桥头、假山蹬道、河流进口等处，形成活泼、自由、灵动的美感。

3. 设计要点

（1）树种选择

规则式对植常选择同规格、树冠整齐或容易整形、有明显观赏特点（观花、观叶、观形、观干）的常绿乔木；自然式对植常选择不同规格、树形优美、生长缓慢、有明显观赏特点的常绿乔木。

（2）构图

规则式对植的构图比较简单，平面以中轴线为中心，在离轴线中心相等距离的左右两点各栽同规格的乔木，立面上左右两边的乔木完全一样，三维上也完全一样。如成都青羊宫各殿出入口两侧对植的有桂花、银杏、一串红等。

自然式对植的构图有简单版（图 8-2-4）和复杂版两种形式（图 8-2-5）。简单版是运用两株同类树、大小和姿态可不同的树，分布在构图中轴线的两侧，动势向中轴线集中，与中轴线的垂直距离大树近、小树远，栽植点连成的直线不得与中轴线成直线相交，即不得与其横轴平行。复杂版是左为一株大树，右为同树种的两株小树，或左右都为同类的两个树丛或树群。当树丛为 3 株以上时，可用 2 个以上的树种。

图 8-2-4　自然式对植的简单版构图　　　　图 8-2-5　自然式对植的复杂版构图

三、行植

1. 概念

园林乔木的行植是指园林乔木按一定的间距成列（行）地种植，形成列（行），属于规则式栽植中最常用的一种，有多种形式。按间距分，可分为等距、不等距树列；按树种分，可分为单纯树种、混合树种；按错不错位可分为错位、对齐顺位栽植；按行的形式可分为直线单行、曲线单行、混合单行；按行数的多少可分为单行、多行栽植（图 8-2-6）。

图 8-2-6 单行和多行行植

2. 景观作用以及应用

行植在园林中多发挥联系、隔景、障景、夹景和障景等作用，常见的应用方式有行道树、树阵、景观节点。

3. 设计要点

（1）树种选择

行道树常选择同规格、冠幅开展、无毒无刺、抗污染的常绿、落叶大乔木，如香樟、榉树、栾树、法国梧桐、蓝花楹、羊蹄甲、朴树等；树阵常选择同规格、观赏性好、无毒无刺的常绿、落叶中、小乔木，如银杏、桂花、深山含笑、加拿利海枣、银海枣等；景观节点常选择同规格、观花、观色、无毒无刺的落叶小乔木，如桃花、樱花、红枫、紫叶李、木芙蓉、紫薇、紫荆、黄金槐等。

树阵广场常选择形美花艳色美、无毒无刺的中、小乔木；围墙边常选择常绿、枝繁叶茂的中、小乔木及高、中灌木；水边常选择形美花美色美的大、中、小乔木及高、中灌木；建筑背光面常选择常绿、无毒耐阴的中、小乔木，建筑受光面常选择喜阳、无毒、开花、彩叶的中、小乔木及高、中灌木；不论背光还是受光面，凡是有窗的地方常选择落叶植物以保证冬天的采光。

（2）构图

平面以直线或曲线为参考，把同规格的园林乔木沿行或列以同间距的方式栽植；立面上林冠线是均匀的凹凸起伏（图 8-2-7）。一般大乔木的株间距为 5～8m，中、小乔木为 3～5m。

4. 经典案例

西湖边的桃红柳绿（桃树＋柳树）的行植，杭州西湖苏堤中央大道两侧以无患子、重阳木和三角枫等分段列植，都是较好的行植应用实例。

图 8-2-7　均匀凹凸起伏的林冠线

四、丛植

1. 概念

园林乔木丛植是自然式栽植中最常见的一种形式，常指 2～20 株不同规格的同种或异种乔木做自由式近距离组合。

2. 景观作用以及应用位置

园林乔木的自然式丛植具有作配景、遮阴、生态等作用，常用在道路节点、花坛中、草坪靠后等位置。

3. 设计要点

（1）树种选择

2 株一丛的用 1 种乔木；3～6 株一丛的不超过 2 种乔木，7 株一丛的不超过 3 种乔木，8～9 株一丛的不超过 4 种乔木，10～20 株一丛的不要超过 5 种乔木。遮阴为主的树丛宜选择单纯树种，观赏为主的树丛宜选择混交树种。用的树种虽少，但需充分掌握其植株个体间的相互影响，使植株在生长空间、光照、通风、温度、湿度和根系生长发育方面都取得理想效果。

（2）观赏条件

丛植乔木作主景时，四周要空旷。用针阔叶混植的树丛，有较开阔的观赏空间和通透的视线，栽植点位高，主景树丛突出。在树丛周围的主要方向需留出足够的鉴赏距离，最小距离常为树高的 4 倍，最大距离为树高的 10 倍以内。

（3）设计美

丛植设计步骤：根据丛植的总数分组→列树规格并编号→画草图→调整→定稿。在构图上，需符合统一与变化、对比与调和、节奏与韵律、均衡与稳定的设计美学法则。主次分明、统一构图；起伏变化、错落有致；科学搭配、巧妙结合；观赏为主、兼顾功能；四面观赏、视距适宜；位置突出、地势变化；整体为一、数量适宜。下面将重点阐述 2～5 株一丛的配置设计要点。

① 两株一丛（图 8-2-8）　两株树的搭配需符合统一与变化的设计美学法则，需通过通相达到统一，通过殊相实现对比，否则差别太大会失去美感，即先求同再求异，最好采用同一树种，但姿态、动势、大小上有明显差异，才能避免刻板实现灵动。如明朝画家龚贤曾说："二株一丛，必一俯一仰，一欹一直，一向左一向右，一有根一无根，一平头一锐头，二根一高一下。"二株树的栽植距离应小于两树冠直径的 1/2，以免失去整体效果。外观十分相似但品种不同，也可以配置，如女贞和桂花，虽为同科不同属的植物，但同为常绿阔叶乔木，外观相似，配置在一起十分和谐。

同一植物种之下的不同变种和品种，若差异较小，就能配置在一起，如红梅和绿萼梅；若外形差异太大，配置在一起就不和谐，如龙爪柳和馒头柳，它们虽然同是旱柳的变种但外观差异较大。

② 三株一丛　一般分成 2 组，即 2∶1，构图为任意不等边三角形。忌三株在同一直线，

图 8-2-8　两株一丛

或形成等边、等腰三角形。

相同树种（图 8-2-9）：通相——三株同树种，同为常绿树或落叶树，同为乔木或同为灌木；殊相——大小不同。最大的和最小的为一组，不大不小的离远些单独成一组。

不同树种（图 8-2-10）：通相——三株外观类似；殊相——两树种、大小不同。最大的和最小的为一组，不大不小的离远些单独成一组。

图 8-2-9　三株一丛的相同树种

图 8-2-10　三株一丛的不同树种

③ 四株一丛　一般分成 2 组，即 1∶3，忌 2∶2，构图为任意不等边四边形或不等边三角形。忌四株成直线、正方形、矩形、菱形等，忌分成的两组各自一个树种没有联系，两组没有主次之分。

相同树种（图 8-2-11）：通相——四株同树种，同为常绿树或落叶树，同为乔木或同为灌木；殊相——大小不同。3 株成组的参考三株一丛的配置，不大不小的自成一组，视觉重心落在 3 株成组的那一组。

不同树种（图 8-2-12）：通相——四株外观类似；殊相——两树种、大小不同。

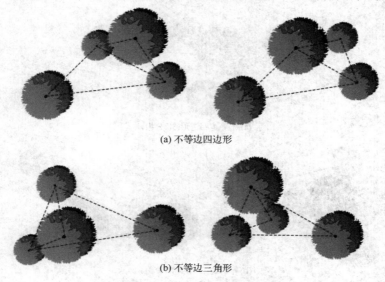

(a) 不等边四边形

(b) 不等边三角形

图 8-2-11　四株一丛的相同树种

(a) 不等边三角形   (b) 不等边四边形

图 8-2-12　四株一丛的不同树种

④ 五株一丛　一般分成 2 组，即 2∶3、4∶1，构图为任意不等边五边形、不等边四边形、不等边三角形。忌五株成直线、等腰梯形等，忌分成的两组各自一个树种没有联系，两组没有主次之分。

相同树种（图 8-2-13）：通相——五株同树种，同为常绿树或落叶树，同为乔木或同为灌木；殊相——大小不同。3 株成组的参考三株一丛的配置，不大不小的 2 株成一组，视觉重心落在 3 株成组的那一组。

不同树种（图 8-2-14）：通相——五株外观类似；殊相——两树种、大小不同。

⑤ 六株以上的树丛　虽然树木的配置，株数愈多就愈复杂，但芥子园画谱中说："五株既熟，则千株万株可以类推，交搭巧妙在此转关。"因此，细分析，1 株、2 株是基本，3 株由 2 株 1 株组成，四株又由 3 株 1 株组成，五株由 2 株 3 株组成依此类推，六株由 2 株 4 株或 3 株 3 株组成。

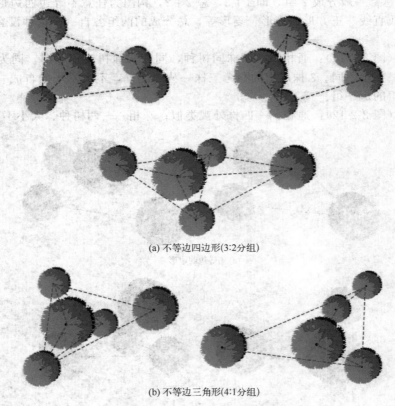

(a) 不等边四边形(3:2分组)

(b) 不等边三角形(4:1分组)

图 8-2-13　五株一丛的相同树种

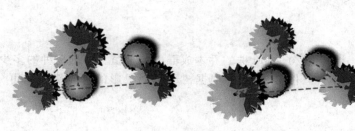

(a) 不等边四边形(3:2分组)

(b) 不等边三角形(4:1分组)

图 8-2-14　五株一丛的不同树种

六株树丛：理想分组为 2：4 或 3：3，树种≤2 种。

七株树丛（图 8-2-15）：理想分组为 3：4 或 2：5，树种≤3 种。

(a) 3:4 分组　　　　　　　　　　(b) 2:5 分组

图 8-2-15　七株一丛的相同树种

八株树丛：理想分组为 3：5 或 2：6，树种≤4 种。

九株树丛（图 8-2-16）：理想分组为 3：6 或 5：4 或 2：7，树种≤4 种。

(a) 3:6 分组　　　　　　　　　　(b) 2:7 分组

图 8-2-16　九株一丛的相同树种

十株树丛：理想分组为 3：7 或 5：5 或 4：6，树种≤5 种。

十一株树丛：理想分组为 3：8 或 4：7 或 5：6，树种≤5 种。

4. 经典案例

成都成华公园，2 株以上的自然式丛植景色无处不在（图 8-2-17）。

五、群植

1. 概念

群植又称树群，是指由 20～100 株的乔木成群成片种植。根据树种的多少可分为单纯树群（图 8-2-18）、混交树群（图 8-2-19）；根据树群平面投影的外轮廓形状可分为带状树群、非带状树群。

(a) 二株丛植

(b) 三株丛植

(c) 四株丛植

(d) 五株丛植

(e) 六株丛植

(f) 六株以上丛植

图 8-2-17　成华公园中的同种乔木丛植景观

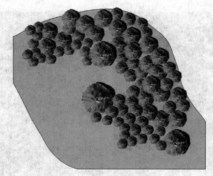

图 8-2-18　单纯树群

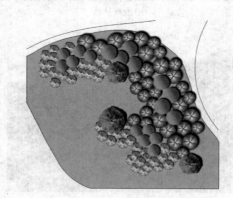

图 8-2-19　混交树群

① 单纯树群　由单一树种组成，树下可搭配耐阴地被，如玉簪、萱草、麦冬、吉祥草、常春藤、蝴蝶花等。

② 混交树群　由多种树种混合组成，常以多重结构出现，层次性明显，水平与垂直郁闭度均较高。常见的多重结构有：乔木＋亚乔木＋大灌木＋小灌木＋草本，乔木＋灌木＋草本。

③ 带状树群　当树群平面投影的长度大于 4∶1 时，称为带状树群，在园林中多用于形成长空间，可为单纯树群也可为混交树群。

2. 景观作用以及应用位置

群植主要表现群体美，具有观赏功能，可作背景、主景用。两组树群相邻时又可起到透景、框景的作用。树群的组合方式一般采用郁闭式、成层的组合，树群内部一般不允许游人进入，不利于作庇荫之用，但树群的北面，树冠开展的林缘部分，仍可做庇荫之用。树群可布置在足够开阔的场地上，如靠近林缘的大草坪、宽广的林中空地、水中的小岛上、宽广水面的水滨、小山的山坡、土丘上等，但其观赏视距至少为树高的 4 倍。

3. 设计要点

（1）树种选择

混交树群应根据不同结构层选择。乔木层宜选树冠姿态丰富、使整个树群的天际线富于变化，即层与层间的乔木需有明显的高差，常为 1～2m。亚乔木层宜选开花繁茂或具有美丽的叶色。灌木层以花木为主，草本植物应以多年生野生花卉为主。

如果施工时苗木较少，则须合理密植，应做出近期设计与远景设计两个方案，在图纸上要标明将逐年过密树移出的计划。密植的株行，可按远景设计株行距的 1/3 来让算。一般树群、树丛在条件许可时，速生乔木树种及速生灌木一般宜应用 3 年生以上的苗木来施工；中等生长速度的乔木及常绿灌，最好采取 5 年生以上苗木本；漫长的常绿针叶乔，最好采用 10 年生以上苗，这样对于生长发育管理及效果都比较有利。

（2）设计美

① 从高度上说，乔木层在中央，亚乔木层在外缘，大灌木、小灌木在更外缘，偶尔树群的某些外缘可配置一两个树丛及几株孤植树。

② 从观赏性上看，常绿树在中，可以作为背景，落叶树在外缘，叶色及花色华丽的植物在更外缘，在保证游人能就近看到美景外，还能保证冬天有绿。

③ 从林缘线上说，群植一般属自然式，要想树冠在水平面投影靠草坪的连线更自然，任何三株树不要在一直线上，应构成不等边三角形，切忌成行、成排、成带地栽植。

④ 从林冠线上说，树群外缘轮廓的垂直投影应有丰富的曲折变化。

⑤ 从竖向标高来说，树群的栽植地标应比外围的草地或道路高出一些，最好能形成向四面倾斜的土丘，以利排水，同时在构图上也显得突出。

⑥ 从栽植距离上说，树群内植物的栽植距离应各不相等，要有疏密变化。

⑦ 从生态景观上看，第一层的乔木宜选择阳性，第二层的亚乔木宜选择半阴性，分布在东、南、西三面外缘的灌木，宜选择阳性或强阳性；分布在乔木庇荫下及北面的灌木宜选择喜阴植物，喜暖的植物应该配置在南和东南方；树群下方的地面应全部用阴性的草坪草或阴性的宿根草花覆盖起来，外缘要富于变化，切忌连续不断。

4. 经典案例

杭州西湖太子湾公园中的雪松樱花草坪（图 8-2-20），不同树群在平面上形成曲折多变的林缘线，给游人丰富的空间体验；在立面上形成起伏变化的林冠线，又给游人贴近大自然的感受。

图 8-2-20　杭州西湖太子湾公园中的雪松樱花草坪

六、林植

1. 概念

林植又称风景林、树林，指 100 株以上的园林乔木成片、成块地大量栽植，常分为疏林和密林、单纯林和混交林。林植能保护和改善环境大气候，维持环境生态平衡；满足人们休息、游览与审美要求；适应对外开放和发展旅游事业的需要；生成某些林副产品。林植在园林中可充当主景或背景，起着空间联系、隔离或填充作用，常用于风景区、森林公园、疗养院、大型公园的安静区及卫生防护林等。

2. 疏林

疏林是指水平郁闭度在 0.4～0.6 之间的树林，常与草地结合，又称草地疏林。

疏林以大乔木为主，主乔木的树冠开展，树荫舒朗，具较高观赏价值，单纯林。树木不成行地错落分布，配置疏密相同。三五成群，疏密相间，有断有序，错落有致，使构图生动活泼、光影富于变化，忌成排成列。最小株距不得小于成年树的树冠大小，有时可留出小块林中空地。

疏林可分为游憩活动结合观赏和生产的庇荫草地疏林、单纯观赏和生产的草地疏林。草地疏林需选耐践踏、耐旱的阳性禾本科草，以及树冠开展伞状、冬季落叶、叶面较小、树荫舒朗、生长强健、花叶色彩美、叶外形富于变化、分枝线条流畅、树干色彩好、芳香的乔木，不能选有毒和妨碍卫生的乔木。栽植距离宜疏，在冬季树下阳光充足，平时树冠也不阻碍阳光透入到下层的疏林之下的草地。疏林草地在风和日丽、鸟语花香的春秋最吸引人，游人可野餐、欣赏音乐、午睡、阅读、讨论、朗诵、游戏、打纸牌、练武、空气浴。树下游人量不大时可设计成疏林草地；树下游人量大时应与铺装结合；林中可设自然弯曲的园路让游人散步、游赏。

3. 密林

密林是指水平郁闭度在 0.7～1.0 之间的单纯或混交树林，阳光难透入林中，土壤湿度大，地被植物含水量高，组织柔软脆弱，不耐踩踏，不便游人活动。

单纯密林，是指由单一树种组成的郁闭密林，没有垂直郁闭度景观美。株行距要有自然疏密的变化，不宜成行成排，应营造变化的林缘线；利用地形形成变化的林冠线；注重林下草本植物的观赏效果。尽量选择富于观赏性且生长强健的地方树种；林下应该配置开花华丽的阴性或半阴性且有经济效益的多年生野生草本植物，水平郁闭度最好为 0.7～0.8。

混交密林，是指由两种以上的乔灌草形成的多层次结构的植物群落，大中小乔、高中矮灌、地被、草坪各自根据自己的生态要求和彼此相互依存的条件形成不同层次、季相变化比较丰富的景观效果。为使游人能深入林地，密林内部可以有路通过，但沿路两侧垂直郁闭度不宜过大，还可以留出大小不等的空旷草坪，利用林间溪流水体，种植水生花卉，再附设简单设施，以供游人简单休息。

密林的设计要点：大面积可采用片状混交，小面积多采用点状混交，一般不采用带状混交，应注意常绿与落叶、乔木与灌木的配合比例，以及植物对生态因子的要求等。从艺术效果看，单纯密林和混交密林各有特点，前者简洁，后者华丽，可根据设计场地实际情况选择。从生物学特性来看，混交密林比单纯密林生态好，园林中的纯林不宜过多。

任务三　园林灌木配置设计

【任务提出】　园林灌木是植物景观营造的填充、装饰材料，具有明显主干，枝叶繁茂，绿量大，生长年限长，观赏效果突出，在植物造景中占有重要的地位。观察图 8-3-1 中的不同灌木景观，它们的配置设计有着明显的差别。那么，灌木的配置形式有哪些？配置设计要点有哪些？校园中有哪些灌木配置形式？

图 8-3-1　不同灌木的配置

【任务分析】 要完成园林灌木配置设计，需先储备项目单元四中阐述的常用园林灌木知识，再根据立地条件、甲方要求、灌木配置形式和设计要点、景观方案设计理念和风格，选择合适的园林灌木，完成科学与艺术的灌木配置设计，并用图纸表达。

【任务实施】 教师准备有关园林灌木配置经典案例的图文资料以及多媒体课件，并结合学生比较熟悉的学校以及周边园林植物景观，阐述园林灌木配置的方式、设计要点，并以某小庭院灌木配置为实践，同时注重启发和引导学生的设计创新思维。

如果说整个城市是一个大园林系统，那么灌木就构成了这个系统中的基本骨架。灌木广泛应用于城市中的广场、花坛及公园的坡地、林缘、花境及公路中间的分车道隔离带、居住小区的绿化带、路篱等。一般来说，植物群落是以乔木为主体的乔木＋灌木＋草本结构，但在城市中除一些大的自然风景区和一些主干道路的隔离带以外，很少有大片的乔木林存在。这是因为乔木的生长受空间的制约较大，成片的乔木在城市的外围更能发挥其良好的生态作用，而灌木则不论土地面积的大小、土壤的贫瘠与肥沃，都能顽强地生长。通过点、线、面各种形式的组合栽植，灌木将城市中一些相互隔离的绿地联系起来，形成一个较为完整的园林系统。园林灌木是形成园林植物景观各类空间的主要元素，高灌木能形成闭合空间、长廊型空间及背景，中灌木形成过渡、虚空间，小灌木形成虚空间并产生对比。所以，熟练掌握灌木在园林中的配置设计是影响植物景观营造成败的关键。

园林灌木配置的平面布局类型以及配置形式有规则式、自然式、混合式，但以规则式、混合式居多。下面将从市场中园林灌木景观的常见应用方式、配置形式（孤植、对植、丛植、行植、片植、篱植）、经典案例来阐述园林灌木配置设计。

一、园林灌木景观的应用方式

伴随现代苗圃行业的发展，灌木在景观中的形象不再只是一株小树苗的样子，还可以是规则的几何形、自由的蓬状、三维造型丰富的构筑物等。下面简要介绍一下园林灌木的平面布置方式，平面、色彩、立体构成，植物外形，灌木与其他景观组成要素的结合。

1. 园林灌木的平面布置方式

园林灌木配置按平面布置方式常分为规则式、自然式（图 8-3-2）。规则式指自然形、修剪或整形的灌木成行成列，或以正多边形、圆、半圆、扇形、螺旋形、放射形、渐变形等栽植形成规整美、人工美的景观；自然式指自然形、修剪或整形的灌木不成行成列，或以不规则几何形等栽植形成灵动活泼的自然美。

(a) 规则式　　　　　　　　　　　　　　　(b) 自然式

图 8-3-2　按平面布置方式分

2. 园林灌木的平面构成、色彩构成和立体构成

园林灌木配置可按平面构成、色彩构成和立体构成分为不同形式。

从平面构成角度，灌木栽植可形成点、线、面的景观效果（图 8-3-3），也可形成重复、渐变、特异、发射、自由、肌理、错位等构成效果（图 8-3-4）。

图 8-3-3　点、线、面的平面构成

图 8-3-4　渐变、重复、肌理构成方式在灌木配置设计中的应用

从色彩构成角度，灌木配置可分单色和多色（图 8-3-5）、暖色和冷色、亮色和暗色等方式。

从立体构成角度，灌木配置可分为立体几何形、构筑物形、动物形等（图 8-3-6）。

3. 园林灌木的植物外形

灌木配置按植物外形可分为规则几何形（如圆球形）和自由形（如成蓬），也可分为高干、丛生、匍地等，或编织类、造型类及盆景灌木等（图 8-3-7）。

(a) 单色

(b) 双色

(c) 多色

图 8-3-5　色彩构成

图 8-3-6　立体构成

4. 园林灌木与其他景观要素组合

园林灌木可与园林地形、园路、建筑和小品、水体等（图 8-3-8）景观要素搭配（详见项目单元十），作配景或衬托建筑、山石、水体、小品类等。

(a) 球形　　　　　　　　　　　　　　(b) 自由形

(c) 高干　　　　　　　　　　　　　　(d) 丛生

(e) 匍地　　　　　　　　　　　　　　(f) 编织类

(g) 造型类

(h) 盆景类

图 8-3-7　按植物外形分

(a) 与地形搭配

(b) 与景观建筑搭配

(c) 与景观小品搭配

(d) 与水体搭配

图 8-3-8　与其他景观要素的组合

二、园林灌木常用的配置形式

1. 孤植

园林灌木的孤植常指灌木的单株或 2~3 株同种的一个单元栽植形成的景观，主要表现个体美，多为主景（图 8-3-9）。孤植灌木多用于庭院、草坪、假山、桥头、建筑旁、广场、花坛中心等的开敞醒目位置，形成个体美，具有标志、强调作用，多选用经过修剪整形的灌木，少用自然形灌木。常用的修剪整形灌木有各类黄杨、小叶女贞、金叶女贞、小蜡、红花檵木、海桐、鹅掌柴、四季桂等；常用的自然形灌木有苏铁、侧柏、千层金、金合欢、贴梗海棠、蜡梅紫薇、迎春等。

图 8-3-9　灌木的孤植

2. 对植

园林灌木的对植常指将两株或两丛灌木沿中轴线形成绝对对称栽植、非绝对对称栽植（图 8-3-10）。前者形成规整、严肃的美；后者形成规整中带活泼美，具有标志、指示、引导，烘托主景或作配景的作用，常用在公园、建筑物、假山、道路、广场的出入口等位置。灌木对植常选用各类黄杨、金叶女贞、红花檵木、海桐等。

图 8-3-10　灌木的绝对对称栽植

3. 丛植

园林灌木的丛植常指 2～20 株同种或异种灌木不等距离地种植在一起形成灌木丛景观（图 8-3-11），常在群植前面空旷的草坪上做点缀。3 株以上灌木的平面规则式构图可以形成各类正多边形、圆弧等几何形，3 株以上灌木的平面自然式构图方式与 3 株以上乔木配置设计相同，可形成个性美、自然多变的景观效果，具有作配景、障景、分隔空间的作用。灌木丛植多选择观花、观叶、观干类的园林植物，如蜡梅、贴梗海棠、高干月季、高干木槿等。

(a) 2株丛植

(b) 3株丛植

(c) 5株丛植

图 8-3-11　灌木的丛植

4. 行植

园林灌木的行植又称列植，指形态、大小、种类、质感、色彩相同的一株或一个单元的灌木按照相等的株间距呈单行栽植，或相等行距、株间距呈多行栽植（8-3-12）。常出现在规则式道路两侧、广场外围或围墙边沿，形成整齐、干净、重复节奏、宏伟气势的景观效果，具有引导视线、遮阴、作背景或屏障、联系或分隔空间、夹景或障景、烘托气氛、生态等作用。灌木行植常选用各类灌木球、高干月季、小叶女贞、小蜡、山茶、紫薇、七里香、红花檵木、海桐、蚊母树、榆叶梅、紫叶矮樱、龙柏球、千头柏等一些自然有形或耐修剪的植物。

5. 片植

园林灌木的片植类似乔木配置中的群植，指由二三十株以上的灌木成群成片密植，可由单种灌木组成或数种灌木组成（图 8-3-13）。常选用低于 150cm 的灌木，即不超过人的站立

图 8-3-12　灌木的行植

图 8-3-13　灌木的片植

视线，大面积密集栽植的方式，主要用于较大型的公用绿地及林下、坡面的美化。其具有覆盖地表的生态功能，形成各类植物景观空间的美学功能。片植灌木常选植株低矮、密集丛生、耐修剪、观赏期长、容易繁殖、生长迅速、适应力强、便于养护、种植后不需经常更换、保持常年不衰的植物。高度 50cm 以下的片植灌木，虽没有围合的空间感、没有方向感、没有阻碍人们的视线，但有引导、扩大人们的视觉空间感作用，起着连接和铺垫的作用。

6. 篱植

园林灌木的篱植是由灌木以近距离的株行距密植，栽成单行、双行或多行，形成结构紧密的规则种植形式。常从绿篱的高度、疏密、材料、是否整形、是否落叶分类，详见表 8-3-1、图 8-3-14、图 8-3-15。

表 8-3-1　绿篱的分类

分类角度	分类	主要作用	应用	常用园林植物
按绿篱高度分	高绿篱 $H \geqslant 1.6m$	阻挡、围合、障景、背景	封闭空间、围墙边	法国冬青、万年青等
	中绿篱 $0.5m \leqslant H < 1.6m$	阻挡、分隔空间、防护	半封闭半开敞空间、观赏而不进入的绿地	黄杨、红花檵木、红叶石楠、洒金珊瑚、海桐等
	矮绿篱 $H < 0.5m$	限定空间、形成图案、装饰镶边	开敞空间、花坛边缘	杜鹃、铺地柏、六月雪等

分类角度	分类	主要作用	应用	常用园林植物
按绿篱疏密分	密篱	阻挡、围合、障景、背景、作中景	花坛、多重种植、花境的背景	黄杨、小叶女贞、小蜡、金叶女贞等
	中等密篱	过渡、分隔空间	花坛、多重种植	红叶石楠、红花檵木
	疏篱	前景、分隔空间	花坛、多重种植	八角金盘、洒金珊瑚、千层金、法国冬青等
按绿篱材料分	花篱	美观,作中景、主景	花坛、多重种植的中间层	紫薇、四季桂、栀子花、九里香、迎春、假连翘、凌霄、绣球花等
	果篱	美观,作中景	花坛、多重种植	枸骨、火棘、小檗、紫珠等
	刺篱	阻挡	围墙边、不能亲水的水岸	枸骨、十大功劳、火棘、月季、齿叶桂等
	蔓篱	防范和划分空间	围墙、花架、廊架、亭子	金银花、凌霄、蔷薇等
	编篱	隔离和划分空间	围墙、栅栏、立体植物雕塑	杞柳、雪柳、紫薇、四季桂等
按绿篱是否整形分	整形绿篱	强调、装饰	规则式园林	黄杨、小叶女贞、金叶女贞、红花檵木、红叶石楠、洒金珊瑚、海桐、鹅掌柴、四季桂等
	不整形绿篱	背景、镶边	花境和多重栽植的背景、围墙边、花坛边缘	法国冬青、蓝天竹、千层金、栀子、月季、八角金盘等
按绿篱是否落叶分	落叶绿篱	中景、前景	花坛、多重种植	小檗、沙棘、胡颓子、紫穗槐、丝锦木
	常绿绿篱	背景、装饰镶边、防风、分隔空间	花坛、多重种植	冬青、蚊母树、茶梅、杜鹃、黄杨、海桐等

(a) 高绿篱

(b) 中绿篱

(c) 矮绿篱

图 8-3-14　按绿篱高度分

(a) 整型   (b) 不整型

图 8-3-15   按绿篱是否整型分

任务四   园林藤本植物配置设计

【任务提出】   园林藤本是植物景观营造的点状效果材料，具有攀附的效果，枝叶繁茂、花量大、生长年限长、景观效果突出。观察图 8-4-1 中不同的藤本景观，它们的配置设计有着明显的差别。那么，藤本的配置形式有哪些？配置设计要点有哪些？校园中有哪些藤本配置形式？

图 8-4-1   不同的藤本景观

【任务分析】   要完成园林藤本配置设计，需先储备项目单元四中阐述的常用园林藤本知识，再根据立地条件、甲方要求、藤本配置形式和设计要点、景观方案设计理念和风格选择合适的园林藤本，完成科学与艺术的藤本配置设计，并用图纸表达。

【任务实施】   教师准备有关园林藤本配置经典案例的图文资料以及多媒体课件，并结合学生比较熟悉的学校以及周边园林藤本景观阐述园林藤本配置的方式、设计要点，并以某小庭院藤本配置为实践，同时注重启发和引导学生的设计创新思维。

自古以来，藤本植物一直是我国造园中常用的植物材料，应用已经有2000多年的历史，著名的古籍《山海经》和《尔雅》中就记载有栽培紫藤的描述。唐代诗仙李白曾被棚架下的串串紫藤花所折服，留下了"紫藤挂云木，花蔓宜阳春。密叶隐歌鸟，香风留美人"的诗篇。但伴随城市化高速发展，平面绿化空间越来越少，要提高城市的绿化覆盖率，增加城市绿量，改善城市的生态环境质量，可使用以藤本植物为主形成的垂直绿化。所以，园林藤本是园林垂直绿化景观的主要植物元素，熟练掌握藤本在园林中的配置设计是决定植物景观营造是否有亮点的关键。

　　园林藤本配置的常见应用方式有棚架式、篱垣式、垂直立面式、立柱式、地被式等。经典的藤本植物配置实例有紫藤花架、三角梅廊架、玫瑰花架、葡萄架、红萼苘麻架、炮仗花架、立交桥下爬山虎等。下面将从园林藤本的常见应用方式来阐述园林藤本配置设计。

一、棚架式

　　棚架式指园林藤本植物以对植、行植的配置形式栽植于棚架旁，让它附着于棚架生长的景观效果（图8-4-2）。这是园林中应用最广泛的藤本植物造景方法，具有观赏、休闲和分隔空间的作用，既可作为园林小品独立成景，又具有遮阴功能，有时还具有分隔空间的作用。

图8-4-2　棚架式藤本景观

　　棚架又称花架，是采用各种刚性材料构成的、具有一定结构和形状的供藤本植物攀爬的园林构筑物。棚架类型多样，按照立面形式分为普通廊式棚架（两面设立支柱）、复式棚架（两面为柱中间设墙）、梁架式棚架（中间设柱）、半棚架（一面设柱一面设墙）和特殊造型棚架，按照棚架设置的位置分为沿墙棚架、爬山棚架、临水棚架和跨水棚架。

　　棚架旁的藤本植物主要选择生长旺盛、枝叶茂密、开花观果的卷须类和缠绕类，也可选择适宜的蔓生类，常见的有油麻藤、葡萄、三角梅、蔷薇、紫藤、爬山虎、凌霄、炮仗花等。

　　在中国古典园林中，棚架可以是木架、竹架和绳架，也可以和亭、廊、水榭、园门、园桥相结合，组成外形优美的园林建筑群，甚至可用于屋顶花园。棚架形式不拘、繁简不限，可根据地形、空间和功能而定，"随形而弯，依势而曲"，但应与周围环境在形体、色彩、风格上相协调。

在现代园林中，棚架式绿化多用于附属绿地、城市广场、综合公园等的休闲场所中，既为人们带来美景，又为人们提供纳凉、休憩的好地方。

二、篱垣式

篱垣式是指园林藤本植物以行植或列植的配置形式栽植于篱笆、栏杆、铁丝网、栅栏、矮墙、花格等旁，植物附着于篱垣生长形成绿篱、绿栏、绿网、绿墙、花篱等（图8-4-3），具有防护或分隔、美观、生态功能，形成自然、生机、色彩丰富的景观。篱垣高度较矮，几乎所有的藤本植物都可使用，但在具体应用时根据篱垣的类型、功能和质地，应选择不同的藤本植物，常选缠绕类（如铁线莲、茑萝、藤本忍冬等）、卷须类（如葡萄、葫芦科瓜类等）和蔓生类（藤本月季等）藤本植物等。如在公园中，可利用富有自然风味的竹竿等材料，编制各式篱架或围栏，配以茑萝、牵牛、金银花、蔷薇、云实等，结合古朴的茅亭，别具一番情趣。

图 8-4-3　篱垣式藤本景观

三、垂直立面式

垂直立面式又称为附壁式造景，主要通过吸附类藤本植物借助其特殊的附着结构在垂直立面的绿化造景，一般只有一个观赏面（图8-4-4）。垂直立面常指建筑物墙面、桥梁（桥墩）、立交桥、岩石表面、挡土墙等物体表面。垂直立面绿化具有良好的景观作用，从平面的角度或局部看，此种绿化有绿色或彩色挂毯的效果；从建筑物总体看，其绿化效果犹如巨

图 8-4-4　垂直立面式藤本景观

大的绿色雕塑。垂直立面绿化具有良好的生态功能，在大楼的南立面和西立面，采用垂直立面绿化能改善室内温度、冬暖夏凉、减少噪声的效果。

垂直立面藤本植物的选择：较粗糙的表面，可选择枝叶较粗大的吸附种类，如爬山虎、常春藤、薜荔、凌霄、金银花等，以便于攀爬；表面光滑细密的墙面，宜选用枝叶细小、吸附能力强的种类，如络石等；表层结构光滑、材料强度低且抗水性差的石灰粉刷墙面，可用藤本月季、木香、蔓长春花、云南黄素馨等种类。有时为利于藤本植物的攀附，也可在墙面安装条状或网状支架，并辅以人工缚扎和牵引。

四、立柱式

立柱式是一类比较特殊的藤本植物绿化景观，指园林藤本植物以孤植、丛植、行植的配置形式栽植于桥梁的立柱、电线杆、树干等大型柱形结构，让它附着于立柱生长形成绿柱景观。主选吸附类和缠绕类藤本植物，如薜荔、爬山虎、牵牛、五爪金龙、常春藤等，天南星科具有气生根的大型藤本植物，如龟背竹、合果芋、绿萝、喜林芋等属的植物，在南方热带地区常沿树干或其他支撑物攀爬形成特殊的景观，在亚热带及温带地区则被开发成柱状盆栽观叶植物，大量用于室内栽培观赏。

五、地被式

许多藤本植物横向生长也十分迅速，能快速覆盖地面形成良好的地被景观，如常春藤、络石、扶芳藤、美国地锦、南蛇藤等。

任务五　园林草坪与地被植物配置设计

【任务提出】 园林草坪草、地被植物是植物景观营造的地毯或基调材料，具有绿色地毯的效果，极耐阴、生长年限长，在植物造景中占有重要的地位。观察图 8-5-1 不同草坪、地被景观，它们的植物配置设计有着明显的差别。那么草坪草与地被植物的配置形式有哪些？配置设计要点有哪些？校园中有哪些草坪、地被植物配置形式？

【任务分析】 要完成园林草坪、地植物的配置设计，需先储备项目单元六中阐述的常用园林草坪、地被植物知识，再根据立地条件、甲方要求、草坪与地被植物配置形式和设计要点、景观方案设计理念和风格选择合适的园林草坪、地被植物，完成科学与艺术的配置设计，并用图纸表达。

【任务实施】 教师准备有关园林草坪、地被植物配置经典案例的图文资料以及多媒体课件，并结合学生比较熟悉的学校以及周边园林草坪、地被植物景观阐述园林草坪、地被植物配置的方式、设计要点，并以某小庭院草坪、地被植物配置设计为实践，同时注重启发和引导学生的设计创新思维。

草坪、地被植物在园林绿化中的作用虽不如高大的乔木、多彩的灌木、鲜艳的花卉作用效果那么明显，但却不可缺少。草坪与地被植物由于密集覆盖于地表，不仅具有美化环境的作用，而且对环境有着更为重要的生态功能，如保持水土，占领隙地，消灭杂草；减缓太阳辐射，保护视力；调节温度、湿度，改善小气候；净化大气，减少污染和噪声；用作运动场及游憩场所，预防自然灾害等。下面将分别从草坪、地被植物配置设计来阐述。

图 8-5-1　不同的草坪、地被景观

一、草坪配置设计

1. 草坪的作用、分类

（1）草坪的作用

① 环境保护作用　能改善小气候、杀菌、吸尘、降噪、降低空气中 CO_2 的含量、改善土壤结构、防止地表径流、水土流失。如夏季白天的草坪比裸露地面气温要低，冬季白天的草坪比裸露地面气温高；草地近地层的空气湿度在白天比裸露地面高；草地风速比裸露地面小。许多草地植物具有杀菌素，如禾本科植物以红狐茅杀菌力最强；草地在修剪时，植物受伤后产生杀菌素的作用更趋强烈。

② 能为游人提供舒适的休闲娱乐体验　铺有草坪的足球场，在比赛中能降低其扬起的灰尘量，扬尘量仅为裸露球场的 $1/6 \sim 1/3$；用草坪铺装裸露地面，一般比建筑材料经济；许多演出率不高的园林绿化剧场、绿化音乐演奏场，在观众场上可以用茂密的倾斜草坪代替观众的座位，如南京中山陵的音乐台、成都露天音乐公园的草坪舞台，运用草坪作为座位，有造价低、寿命长、自然美的优点；在水流流速不大的河流湖沼风景区的天然浴场，由于没有沙滩，则可以用草坪作为滨岸的日光浴场；许多比赛的游泳池附近，也可以多设草坪，以供运动员休息，夏天脚凉爽，冬天脚暖和。

③ 美观作用　简洁的草坪，是园林植物景观的基调。如同绘画一样，草坪是统一画面的底色和基调，色彩绚丽、轮廓丰富的树木、花草、建筑、山石等则是绘画中的主色和主调。如果园林中没有草坪，犹如一张只有主调没有基调的图画。在北京地区，当垂柳与青杨还没有吐出嫩叶、山桃尚未放花的季节，羊胡子草已经在园林图画中，抹上了大笔青翠如洗的新绿，告诉游人，生机蓬勃的春天已经悄悄地来了。

④ 其他作用　在土壤自然安息角以下的土坡及水岸，草坪、地被植物是最经济且合适的护坡护岸材料；在城市街道、广场等地，经常要维修地下管道上的地面，用草坪铺装，最为方便；许多预留的建筑基地，用草坪或草本地被植物绿化，最为合适；在地下有工程设施（如化粪池、油库），其上面的覆土厚度在 30cm 以内时；或地下为岩层、石砾而土层厚度不到 30cm 时，只能用草坪来绿化。一般土层厚度在 15cm 以上时，就可以建立草坪。

（2）草坪的分类

草坪的分类见表 8-5-1、图 8-5-2、图 8-5-3。

表 8-5-1　草坪分类

类型	名称	特点	备注
按草坪用途分	观赏（装饰）	装饰美化，用于雕塑周围、立交、互通绿地等	叶片细长，生长整齐
	休闲	休息、散步、游戏，用于居住区、医院、学校、幼儿园、疗养院等	较耐践踏
	运动	开展体育运动，用于体育场、公园、高尔夫球场等	耐践踏，易恢复
	护坡固土	防止水土流失，用于道路边坡、河道驳岸、坡地等	地下茎发达
按草本植物组合不同分	单纯	采用一种草种建造的草坪，景观效果整齐一致	播种或铺草皮
	混合	采用 2 种或以上草种建造的草坪，有明显色彩变化，景观丰富	铺草皮或播草种
	缀花	在草坪建造时留出空地栽种草花，形成可变化的草坪景观，装饰性，图案性强	草坪建造后，按季节更换草花
按草坪与树木的组合情况分	空旷草坪	不栽任何乔灌木，主供体育游戏、群众活动用。又根据草坪四周边界的 3/5 范围内有无高于视平线的景物屏障，分开朗草地、闭锁草地。适于春秋假日或亚热带地区冬季开展群众性体育活动或户外活动	耐践踏，易恢复
	稀树草坪	草地上稀疏地分布一些行距很大的单株乔木，其覆盖面积（郁闭度）占草坪总面积的 20%～30%，主供游憩用，次为观赏用	较耐践踏
	疏林草坪	适于少量人流在春秋假日及冬季的一般游憩活动（林荫下游憩、阅读、野餐、空气浴等）。如有乔木，株距为 8～10m，郁闭度为 30%～60%	较耐践踏
	林下草坪	郁闭度大于 70% 的密林，选栽一些含水量较多的阴性草本植物，不适于游人在林下活动或进入	不耐践踏
按园林风格分	规则式	在地形平整、几何形坡地、阶梯地形生长，在其周围是规则式的植物配置、水体、道路等	播撒草种、铺设草坪
	自然式	在自然起伏的地形面貌生长，在其周围是自然式的植物配置、水体、道路等	播撒草种
按生长气候分	暖季型	春季复绿生长，夏季达到最佳景观效果，秋冬渐入休眠，地上部分变黄	铺设草坪
	冷季型	春、秋两季生长，夏季浅休眠，冬季保持绿色景观效果	播撒草种
	混合型	混合型与冷季型混播，保持一年四季绿色的草坪	铺草皮与播种交替种植

(a) 观赏

(b) 休闲

(c) 运动

(d) 护坡固土

图 8-5-2　按草坪用途分

(a) 规则式草坪

(b) 自然式草坪

图 8-5-3　草坪按园林风格分

2. 草坪配置设计要点

① 设计过程　一般包括接收任务并解读，根据设计场地立地条件、草坪功能、总体景观方案设计，选择草坪风格以及类型，设计草坪线、平面、色彩和立体构成，选择草种，并用图纸表现。

② 草种选择　园林草坪，需要满足游人体育活动和游憩的需要，因而选择的草种必须能够耐受游人的踩踏，同时需要有抗旱的性能，以具有横走根茎及横走匍匐茎的禾本科多年生草本植物最具备这些特殊的适应性。这类草种大抵有两大类：

一是我国和日本常用的草种。草的高度一般在 10～20cm 以下，地下部有发达的横走根茎，耐踩的性能良好，在游人踩踏频繁时，即使不加割剪，也能自然形成低矮致密的毯状草坪。由于生长低矮、匍匐茎发达、耐踩、不需常割剪，因而管理上方便。其缺点是生长比较缓慢，如结缕草、天鹅绒草等，用播种繁殖不易成功，一般均用无性繁殖，或直接移植草皮，因而铺设草坪的成本较高，时间很长，同时这些草坪一般春天返青很晚，秋天黄枯较早。这类草种有结缕草、沟叶结缕草、天鹅绒草、狗牙根、假俭草、野牛草等。

二是欧洲大陆许多国家常用的草种。其中许多草种，虽然中国也均有原产，但由于这些草种为西洋常用的草种，所以一般称为西洋草种。其优点是生长速度快，草坪形成快，可以播种，建立大面积草地容易，春季返青早，有些地区可以四季常青；缺点是夏季高温多湿的地区容易发生病害，横走的地下茎与匍匐茎不如第一类草坪发达，草的高度达 30～100cm。因而要经常用铡草机割草，体育场在 5～9 月份，每周要割草一次，管理很费工，有缺株时，补植很不容易。这类草种有羊狐茅、红狐茅、韧叶红狐茅、欧剪股颖、红顶草、多年生黑麦草、牧场早熟禾等。

③ 草坪踩踏与人流量问题　游憩运动类草坪，游人很多，平均每平方米的草坪，每天能经受多少游人的踏压，在设计上是一个很重要的问题。有实验数据表明结缕草每天最多可以允许踩踏 5～7 次，狗牙根每天最多可以允许踩踏 10 次，牧场早熟禾每天最多可以允许踩踏 7 次，剪股颖每天最多可以允许踩踏 7～10 次。因而在游人量较大的休闲草坪、运动草坪，以多选用狗牙根、结缕草、剪股颖、牧场早熟禾等草种为宜。

同时在设计草坪时，在单位面积上的游人踩踏次数，每天最多不要超过 10 次。当草坪受到每天超过 10 次的踩踏时，草的重量减低，地上部分蘖减少，最后甚至地下部的根茎也暴露出来，严重地影响到生长发育，在这种情况下，草坪必须圈起来，停止开放，予以一周到 10 天的休养，才可以恢复。

④ 坡度及排水　从水土保持方面来考虑，为了避免水土流失，或坡岸的塌方或崩落现象的发生，任何类型的草坪其地面坡度均不能超过该土壤的"自然安息角"（土壤在自然条件下，经过自然沉降稳定后的坡面与地平面之间所形成的最大夹角）。土壤的自然安息角，因地区和土壤的类型之不同而有差异，这里不加赘述，但一般为30°左右。超过这种坡度的地形，就不能铺设草坪，一般均采用工程措施（如用砖、石、水泥等材料）加以护坡。

从游园活动来考虑，例如体育场草坪，除了排水所必须保有的最低坡度以外，越平整越好。

a. 一般观赏草坪、牧草地、森林草地、护岸护坡草坪等，只要在土壤的自然安息角以下和必需的排水坡度以上，在活动上没有其他特殊要求。

b. 游憩草坪：规则式的游憩草坪，只要保持必需的最小排水坡度以外，一般情况，其坡度不宜超过0.05。自然式的游憩草坪，地形的坡度，最大不要超过0.15；一般游憩草坪，70%左右的面积，其坡度最好在0.10～0.05以内起伏变化。当坡度大于0.15时，由于坡度太陡，进行游憩活动就不安全，同时也不便于轧草机进行割草的工作，就不能铺设草坪，一般均采用工程措施（如用砖、石、水泥等材料）加以护坡。

从排水来考虑，草坪的最小允许坡度，应该从地面排水的要求来考虑：体育场草坪，由场中心向四周跑道倾斜的坡度为0.01；网球场草坪，由中央向四周的坡度为0.002～0.005；一般普通的游憩草坪，其最小排水坡度，最好也不低于0.002～0.005。草坪的地下排水管网设计问题，在园林工程课程中有讲述，这里不加赘述，但地表不宜有起伏交替的地形，以免不利于排水。

从艺术构图来考虑，草坪的坡度除考虑上述诸因素外，还得考虑艺术构图的因素，使草坪的地形与周围的景物统一起来，地形要有单纯壮阔的雄大气魄；同时，又要有对比与起伏的节奏变化。

⑤ 草种混播　大面积的草坪，由于土壤差异很大，地形条件及土壤水分等也均有差异，用一种草种来建立草地，常出现草地生长不均匀的现象，如某些地点繁茂，某些地点生长不良，某些地点出现成片的裸露土面。这是因为任何一种草坪，不可能适应各种各样的土壤及各种各样生境。如果用几种对土壤水分适应性不同的草种混播，则可以避免出现以上各种缺点，这是一方面。另一方面，有许多草种，例如红狐茅虽然很好，草坪形成以后，既经久又致密美观，但生长缓慢，播种以后要许多年才能形成草坪。如果在草种中混有多年生黑麦草，则草坪于第二年即能形成，待三年后多年生黑麦草衰落时，则红狐茅开始繁茂。

单纯由一种草地形成的草坪，宜选择具有发达的地下横走根茎及地上横走的匍匐茎的草种，这种蔓生性的草种，能够自然把空缺补上，所以不需要其他辅助草种。前面提到的狗牙根、结缕草、天鹅绒草、野牛草、假俭草等，都是这一类草种，适于建立单纯草坪。

混播草坪由2～3种以上草种混合，但不宜混入具有发达匍匐茎的草种。在混合时，为得到均匀的草坪，种子需均匀混合。常用的有剪股颖＋狐茅草、多年生黑麦草混合草种、不含多年生黑麦草的混合草种，但遇到不同情况时，会有所差异，如遇到酸性较重的土壤，可用细叶羊狐茅代替韧叶红狐茅，或用卷毛草代替部分韧叶红狐茅；遇到干旱的沙土地，韧叶红狐茅含量应该增加，欧剪股颖含量宜减少，并适当加入牧场早熟禾的成分；遇到庇荫地，应加入普通早熟禾及林地早熟禾；遇到极其粗放的草地，可用大匍茎剪股颖代替欧剪股颖；遇到大面积草地，可以考虑混入白三叶草。

二、园林地被植物配置设计

1. 地被的作用、分类

（1）作用

① 替代草坪　用于覆盖大片的地面，给人类似草坪的外观，利用这类自然、单纯的地

被植物来烘托主景或焦点物（图8-5-4）。地被要求和草坪一样，需好土壤，需除草，能抵抗冬季严寒气候的影响。

② 装饰 可利用色彩或质地对比明显的地被植物并列配置来吸引游人的注意力。它既可以装点园路的两旁，为树丛增添美感和特色，也可以装饰镶边，如2006年沈阳世博园内一林间小径的边缘装饰性地被，一眼望去，轮廓分明的花境非常引人注目，让游人感到园路步道线形的优美；其大量采用花卉地被植物来饰边，如大草坪边缘的石竹、三色堇、地被月季等，颜色各异的盛花地被既烘衬了热烈的气氛，又很好地分隔了空间、引导游览路线（图8-5-5）。

图8-5-4 替代草坪的地被

图8-5-5 装饰性的地被

（2）分类

地被植物常选多年生草本、自播力很强的少数一二年生草本植物，以及低矮丛生、枝叶茂密的灌木和藤本、矮生竹类、蕨类等。地被按生态习性分为喜光地被、耐阴地被、半耐阴地被、耐湿类地被、耐干旱类地被、耐盐碱地被、喜酸性地被；按植物学特性分为多年生草本、灌木类、藤本类、矮生竹类、蕨类；按观赏部位分为观叶类、观花类、观果类。

2. 地被植物配置设计要点

① 设计过程 地被设计一般包括接收任务并解读，根据甲方要求、场地立地条件、地被功能、总体景观方案设计，选择地被类型，设计地被线、平面、色彩和立体构成，选择地被植物，并用图纸表现。

② 地被选择 园林地被主要是满足游人缓解视觉疲劳和观赏的需要，因而选择的地被应是多年生常绿，可观花、观叶、观果、观色，同时需有抗旱、耐阴的性能。

③ 配置形式、应用方式 常见的配置形式有规则式中的行植，自然式中的丛植、群植、片植。常见的应用方式有草坪点缀或镶边、花坛、花境、丛植乔木下的下层等（图8-5-6）。

三、草坪线、地被线设计

1. 相关概念

草坪线是指草坪与地被或草坪与灌木相交的边界在水平面的投影。地被线是指地被与地被或地被与灌木相交的边界在水平面的投影。

2. 作用

草坪线和地被线可以形成植物组团平面的整体结构和美学形象。不管是在大草坪空间、园路两侧、建筑旁等位置，根据其场景、功能需要，运用曲线、直线都可以构成多变的草

(a) 草坪点缀

(b) 镶边

(c) 花坛

(d) 花境

(e) 丛植乔木下的下层

图 8-5-6　地被的应用方式

坪、地被层次。通过对建筑物、构筑物、小品等围合、收边、划分，还可以形成不同的质感、量感和空间感，丰富景观效果。

3. 草坪、地被线分类

根据线在平面投影的样式分为规则式、自然式，其中自然式包括大弧度曲线、自由曲线和特殊式；规则式包括线条式、块状式。

① 大弧度曲线　指弧长较长、弧度较缓、弧线流畅的曲线，有引导性和指向性，多能强调画面的纵深感和动感（图 8-5-7）。

② 自由曲线　在一定长度范围内变化较多的曲线，引导观者视线不断改变，或动感，或柔美。随着曲线的收紧、扩张，形成一个完整的有韵律的节奏空间（图 8-5-8）。

③ 特殊式　平面投影呈花瓣形式，三维上能满足 360°全面观景，是规则式和自然式结合，但以自然式为主（图 8-5-9）。

④ 线条式　配合场景、空间营造需要，地被线条在构图上呈线状，营造一种仪式感和庄重感，运用多与整体园林平面布局有关（图 8-5-10）。

图 8-5-7　大弧度曲线

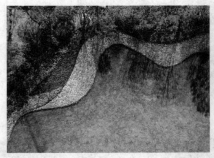

图 8-5-8　自由曲线

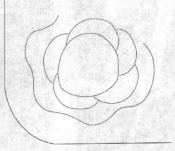

图 8-5-9　特殊式

　　⑤ 块状式　大面积、几何块状种植呈现的是地被植物的整体色彩效果、质感的对比（图 8-5-11）。

4. 使用位置

　　草坪、地被线常出现在主要景观道路两侧、大草地空间、建筑旁、小区内园路旁、重要节点。

　　① 主要景观道路两侧　草坪线多采用大气、顺滑的大弧度曲线，地被植物常呈自由曲线、块状色块类栽植（图 8-5-12）。

　　② 大草地空间　采用大曲线、大色块的手法栽植形成群落，曲线顺滑，着力突出地被的群体美，形成美丽的景观群落（图 8-5-13）。

　　③ 建筑旁　具有明显节奏与韵律美的自由曲线、不同质感美的草坪、地被植物景观能在柔化生硬建筑外观的同时，还能满足建筑内部通风、采光、私密性的要求（图 8-5-14）。

　　④ 小区内园路旁　利用不均匀弧线的凹凸变化做出空间的进退、引导视线的收放。注意弧线的对比、线形弯转，使之流畅活泼、富有动态（图 8-5-15）。

图 8-5-10　线条式

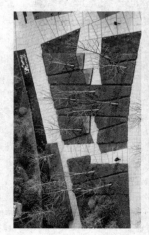

图 8-5-11　块状式

图 8-5-12　主要景观道路两侧

图 8-5-13　大草地空间

图 8-5-14　建筑旁

图 8-5-15　小区内园路旁

⑤ 重要节点　草坪线、地被线的样式与节点构造物的形式相呼应，常需着力突出重要节点处构筑物的线条，以吸引视线、提示重点（图 8-5-16）。

图 8-5-16　重要节点

5. 设计过程

因植物配置设计一般是在景观方案设计基础上做的，因此根据有无景观方案设计、改造还是新建项目草坪，地被线设计过程可分为有景观方案、没有景观方案和配置改造设计三类。

① 有景观方案　解读任务书，读景观方案，现场调研与分析，绘制草坪、地被线，选草坪、地被植物，修改，定稿画施工图。

② 没有景观方案　解读任务书，现场调研与分析，做景观方案，绘制草坪、地被线，选草坪、地被植物，修改，定稿画施工图。

③ 配置改造设计　解读任务书，现场调研与分析，景观立意，绘制草坪、地被线，选草坪、地被植物，修改，定稿画施工图。

任务六　园林竹类植物配置设计

【任务提出】　园林竹类四季常青、竹秆挺拔、种类繁多，可观秆、可观叶、可观竹笋，能形成丰富多彩的竹景观，简称竹景。观察图 8-6-1 中不同的竹景观，它们的配置设计有着明显的差别。那么，园林竹类的配置形式有哪些？配置设计要点有哪些？校园中有哪些竹类配置形式？

图 8-6-1　不同的竹景观

【任务分析】　要完成园林竹类配置设计，需先储备项目单元六中阐述的常用园林竹类知识，再根据立地条件、甲方要求、竹类配置形式和设计要点、景观方案设计理念和风格选择合适的园林竹类，完成科学与艺术的竹类配置设计，并用图纸表达。

【任务实施】　教师准备有关园林竹类配置经典案例的图文资料以及多媒体课件，并结合学生比较熟悉的学校以及周边园林竹类景观阐述园林竹类配置的方式、设计要点，并以某小庭院竹类配置为实践，同时注重启发和引导学生的设计创新思维。

竹作为理想的园林植物种类，兼具极高的观赏价值和厚重的文化底蕴。在我国造园史上，良好的竹类配置设计运用屡见不鲜。时至今日，竹景仍是现代园林景观的重要组成部分，并以其特有的艺术风格和审美情趣为现代园林带来无限的诗情画意，成为一道亮丽的风景线。

一、概念、观赏特点及分类

1. 概念

① 观赏竹　竹类中具有明显观形、观秆、观叶特点的竹类。观形竹其整丛或全株姿态优美、秀丽清雅，如凤尾竹、茶竿竹等。观秆竹其节间或节环状奇特，引人注目，如佛肚竹、方竹、紫竹等。观叶竹其竹叶具有色彩条纹或枝秆纤细低矮，新叶茂盛，匍地而生，如菲白竹等。

② 竹景　学界对竹景的概念并没有统一，此处关于竹景的特点由一些相关论述总结得出：一是园林中主栽有不同种类的竹子，形成多样性的竹景观；二是蕴含竹文化，展示竹与精神生活的关系；三是以竹材作景观材料，体现其广泛应用。本节的"竹景"，指在园林中，把不同观赏竹以不同布局、不同配置方式栽植形成的美丽景色。

③ 竹类配置设计　在各类城市绿地某局部或整体中，根据立地条件、甲方要求、景观方案设计以及设计主题，选择合适的竹作园林植物材料，在遵循生态、经济、适用、地域、美观等的设计原则基础上，运用科学与艺术的布局形式、配置方式让它们在场所中健康、美观地生长，渐渐形成美丽、让人舒适的生态空间、风景。

2. 观赏特点

① 可观秆　又分观秆形，如方竹、佛肚竹、罗汉竹等；观秆色，如紫色之紫竹、刺黑竹、白目暗竹、紫线青竹、业平竹、斑竹等，黄色之黄皮桂竹、黄皮京竹、黄皮刚竹、安吉金竹、黄皮毛竹等，白色之粉单竹、粉麻竹、粉绿竹、梁山慈竹、华丝竹等，绿色但节间或沟槽有黄色条纹之银丝竹、花巨竹、黄槽竹、黄槽刚竹、黄槽毛竹、黄条早竹、碧玉间黄金竹、黄纹竹、长舌巨竹等，黄色但节或沟槽有绿色条纹之花孝顺竹、青丝黄竹、黄金间碧玉竹、花吊丝竹、金镶玉竹、花毛竹、金竹、黄秆乌哺鸡竹、花黔竹、惠方箬竹、绿槽刚竹等，秆具有其他色彩（斑纹）之桂竹、斑竹、篍竹、紫蒲头灰竹、紫线青皮竹、撑篙竹、红壳竹、秀英竹、吊丝单竹等。

② 可观叶　大多数竹子叶片四季翠绿，大小相宜，观叶竹种的叶子则具有特殊的色彩或奇异的大小，给人别具一格的感觉。一是观叶色，如叶绿色具白色条纹之小寒竹、菲白竹、铺地竹、白纹阴阳竹等，如叶片具有其他色彩、条纹之黄条金刚竹、菲黄竹、山白竹、银丝竹、花毛竹、青丝黄竹、白纹女竹等；二是观叶大小，如大叶型之阔叶箬竹、麻竹、巨竹等，如小叶型之观音竹、小叶凤尾竹、大明竹、翠竹、金丝毛竹等，叶片小巧，外观秀美。

③ 可观竹笋、竹箨　如马甲竹、大眼竹、妈竹等的竹箨，花哺鸡竹、乌哺鸡竹等的竹笋，或形状奇特，或色彩、花纹绚丽多姿，皆宜观赏。

④ 可观姿　观赏竹种类丰富多样，或丛状聚集，或散生独立；或刚劲有力，或柔美纤细；或亭亭玉立，或潇洒飘逸，其自身形状和特征给人以不同的联想和审美感受。

二、竹文化

竹既作为一种资源，又作为一种文化，自有文字以来就有不少记载。竹文化是中华传统文化中不可或缺的组成部分，其渗透于物质和精神生活的方方面面，随之发展与升华，竹文化造景也应运而生并盛行至今。

1. 竹的寓意

在中国文化中，把竹比作君子，竹是君子的化身，是"四君子"中的君子。竹又谐音"祝"，有美好祝福的意蕴。竹彰显气节，虽不粗壮，但却正直，坚韧挺拔；不惧严寒酷暑，万古长青。"岁寒三友"（松、竹、梅）、"花中四君子"（梅、兰、竹、菊）、"五清图"（松、竹、梅、月、水）中均有竹。另外，竹有七德：竹身形挺直，宁折不弯，是曰正直；竹虽有竹节，却不止步，是曰奋进；竹外直中空，襟怀若谷，是曰虚怀；竹有花不开，素面朝天，是曰质朴；竹超然独立，顶天立地，是曰卓尔；竹虽曰卓尔，却不似松，是曰善群；竹载文传世，任劳任怨，是曰担当。

2. 相关成语

丝竹管弦、金石丝竹、品竹弹丝、哀丝豪竹、破竹之势、鲇鱼上竹、芒鞋竹杖、成竹在胸、肉竹嘈杂、罄竹难书、枯竹空言、抱鸡养竹、竹报平安、竹苞松茂、青梅竹马、茂林修竹、势如破竹等。

3. 诗文传诵

描述竹的经典诗文有《诗经》中的"瞻彼淇奥，绿竹猗猗。有匪君子，如切如磋，如琢如磨"，李白的《慈姥竹》，李德裕的《竹径》，薛涛的《酬人雨后玩竹》，刘长卿的《同郭参谋咏崔仆射淮南节度使厅前竹》，孟浩然的《洗然弟竹亭》，韩愈的《新竹》，杜牧的《题刘秀才新竹》，贾岛的《题郑常侍厅前竹》，王禹偁的《官舍竹》，郑板桥的《竹石》，李贺的《竹》等。

三、园林竹类配置设计

以竹造园，竹因园而茂，园因竹而彰；以竹造景，竹因景而活，园因景而显。竹景观的配置形式既有规则式中的对称对植、行植、篱植，也有自然式的非对称对植、孤植、丛植、林植，还有隔植、地被、盆栽或盆景等方式。

1. 对植

园林竹类的对植又分绝对对称栽植（图 8-6-2）、非绝对对称栽植，前者指在沿中轴线两侧对称地栽植相等数量或体量的同种竹类，以达到均衡稳定的艺术效果，后者指在轴线两边种植形态各异、高低不一的竹子，但构图和视觉仍均衡。常选用秆形粗壮、体态匀称的竹类，如刚竹、巨龙竹等。

图 8-6-2　竹的绝对对称栽植

2. 行植

园林竹类的行植又称列植（图 8-6-3），将竹子沿规则的线条并以相应间距栽植于道路的一侧或两旁，形成景观廊道，可营造出整洁大气的竹景观环境。列植具有明确的指向性和引导性，能够协调空间、显示整齐美、强调局部景色，常选用植株挺拔、秆形雅致的竹类，如罗汉竹、桂竹等。成行成列种植观赏竹类也是快速营造生态环境的最佳方法,而将观赏竹类成行种植与品字形相互结合,将同种或多种观赏竹立体交叉结合,则有利于营造一个随风飘动、满目诗情画意、清幽而通透、万物生机的绿色大世界。

3. 篱植

园林竹类的篱植指竹子以相等的株行距密植成几何体块,构成的不透光不透风的规则式栽植(图8-6-4),具有视觉屏障、防风、降尘、美观等作用。用作绿篱,以丛生竹和混生竹为佳,可用孝顺竹、青皮竹、慈竹、吊丝竹、凤尾竹、小琴丝竹、观音竹、大节竹、大明竹等。用作防范及围护用的竹篱,多选用中型竹种,密植于建筑物四周形成不整形的高篱或绿墙,也可用秆具较强韧性的竹种编成绿篱。用作建筑中的照壁、屏风或围墙以组织空间时,

图 8-6-3　竹的行植

图 8-6-4　竹的篱植

需选用中型竹形成高于视线的绿墙，实现分割功能区、隔绝噪声、减少干扰的目的。用作花境、喷泉、雕塑等的背景，应选用高度相当、叶色暗绿的竹种，以营造安静、和谐的景观。

4. 孤植

园林竹类的孤植是将色泽鲜艳、姿态秀丽的竹类植物栽植于视线焦点、构图中心等较为突出的位置，充分展现个性特征，以表现竹子的个体美（图 8-6-5）。一般充分利用足够空间彰显孤植竹的美，偶尔可适当搭配造型多变的景石或交织栽种一二年生草花。常多选择体形高大、竹秆挺直、姿态优美、色彩艳丽的竹类，如泰竹、刚竹、佛肚竹、黑竹、孝顺竹、凤尾竹、黄金间碧玉竹、碧玉间黄金竹、银丝竹、湘妃竹、花竹、金竹、玉竹以及从头到脚呈现出黄、蓝、白、绿、灰五种颜色的五色竹。

图 8-6-5　竹的孤植

5. 丛植

园林竹类的丛植是将 3 株以上的观赏竹自然组合栽植在一起，形成疏密有致的空间（图 8-6-6），详见本单元任务二中的丛植方式。常出现在户外开阔地带、林园、建筑角隅等处，引人入胜。一般大的植于内侧，较矮的则植于外侧较大面积的庭园。常选用叶片细腻柔美，秆形挺直秀丽的竹种，如早园竹、毛竹、观音竹等。

图 8-6-6　竹的丛植

6. 林植或竹林

竹林常选形态奇特、色彩鲜艳的竹种，以群植、片植的形式栽于重要位置（图 8-6-7），常分纯林、混交林、密林、疏林，详见本单元任务二中的林植方式。竹林可构成独特美丽的竹林景观，形成清净、幽雅的气氛，供观赏休憩。

图 8-6-7　竹林

　　竹林具有时空序列节奏。在时间演变上，一年四季中竹子会经历出笋、成竹、抽枝、展叶、换叶，形成线条优美、主次分明、前后相缓慢过渡，能引起人潜意识联想的四季林相。在不同天气情况下也有不同的景观，如雪竹高洁、雨竹洒脱、雾竹缥缈、风竹摇曳等。在空间演变上，竹子形成的层次、密度、动态和静态的变化等能构成优美和谐的景观空间，如竹秆形态、大小、颜色，竹枝形态，竹叶类型，竹笋出土和拔节等，从不同角度展现出竹子的洒脱、素雅、挺拔、婀娜、刚强、高洁、古朴、奇特之美。

四、竹景在古典园林、现代园林中的应用

1. 竹景在古典园林中的应用

　　明末计成在《园冶》一书中对竹子造园意境的艺术创作手法总结为"竹坞寻幽""结茅竹里""移竹当窗""梅绕屋，余种竹""竹里通幽""寻幽移竹，对景莳花"等。下面着重阐述"竹里通幽""移竹当窗""粉墙竹影""岁寒三友""无声竹诗""林中辟径""竹露珠圆"。

　　① 竹里通幽　常指竹林的静观美、动观美，前者最负盛名者当属王维诗中"独坐幽篁里，弹琴复长啸"的辋川别墅胜景之一——竹里馆；后者主要体现在曲径通幽的动态空间序列，竹林小径为求含蓄深邃，总是忌直求曲，忌宽求窄，径盘而长、不妨偏径，顿置婉转等。竹里通幽的典范之作当属杭州西湖小瀛洲的"竹径通幽"。

　　② 移竹当窗　本义是窗前种竹，后引申特指竹子景观的框景处理，以窗、轩、户、墙牖作为取景框，将竹景借入框内构成一幅天然的动态画面。即通过各式取景框欣赏竹景，恰似一幅图画嵌于框中。如杭州西湖小瀛洲的园墙辟有漏窗，透过图案精美的漏窗欣赏窗外竹林，若隐若现，虚实相生，增大了景深，丰富了园林空间的层次。

　　③ 粉墙竹影　指将竹子配置于白粉墙前组合成景，恰似以墙为纸、以竹作画、婆娑竹影为绘的墨竹图，是传统绘画艺术写意手法在竹景观中的体现。白粉墙前几竿修竹，竹子在白色背景的衬托下益显青翠，同时细腻光滑的竹秆极易与平整光洁的白粉墙取得质感上的协调统一。倘若适当点缀几方山石，则使画面更加古朴雅致。

　　④ 岁寒三友　以竹、松、梅三君子为主景植物，形成"岁寒三友"的竹文化景观，营造坚贞不屈、凌霜傲雪的文化景观形象。类似的还有"花中四君子""五清图""五瑞图"。

　　⑤ 无声竹诗　即盆植，又叫竹子盆景。指将一些体型小、有特殊造型的竹子矮化，制成盆景，犹如"无声的诗，立体的画"。于盆景这方微小世界中，体味意蕴深长的竹文化精神。"四季翠绿，不与群芳争艳，扬首望青天。默默无闻处，萧瑟多昂然。"

　　⑥ 林中辟径　指在园路两旁配植竹林，利用竹子的秆、枝、叶将视线两侧遮蔽起来，形成狭长空间，产生一种强烈的透视性，起引导和延伸作用，形成"绿竹入幽径，青萝拂行

衣"的景观效果。

⑦ 竹霭珠圆　竹水相依，呈现自然之态，竹修长而秀丽，水柔美而灵动，二者的结合最能创造清净高远的意境。临水植竹，其韵绵延、境界清远，于静谧中听水声、会竹意，营造"雨洗娟娟净，风吹细细香"的世外竹源美景。

2. 竹景在现代园林中的应用

用竹造景，以竹建园，发展旅游，改善环境，丰富生态园林的内容在全国各地随处可见，其形式风格多样，既继承了竹子造园的传统，又在造景手法上有较大的突破和创新，进入新的发展时期，以竹为主景可形成竹盆景、竹篱、竹墙、竹丛、竹径、竹林或竹海、专类竹园等。

（1）庭院式竹景

延续传统的庭院式造景，主要吸收我国传统园林造园之精华，种竹于窗前、院中、角隅、路旁、池边、岩际、树下、坡上，以诗画立意，构成传统的园林竹景，继续传承和创新"竹里通幽""移竹当窗""粉墙竹影""岁寒三友""无声竹诗""林中辟径""竹霭珠圆"等古典园林中竹类配置的经典手法（图 8-6-8）。

图 8-6-8　庭院式竹景

（2）竹盆景

观赏盆栽竹种以秆形奇特、枝叶秀丽、竹秆和叶片具色彩的中小型及地被竹类为佳（图 8-6-9），包括观秆形、观秆色、观叶色、观株型几大类。观秆形类有罗汉竹（人面竹）、小佛肚竹、大佛肚竹、方竹和筇竹等。观秆色类有紫竹（墨竹）、斑竹（湘妃竹）、金明竹、黄秆乌哺鸡竹和黄纹竹等。观叶色类有白纹阴阳竹菲白竹、黄条金刚竹和箬竹等。观株型类有凤尾竹、小琴丝竹（花孝顺竹）和橄榄竹等。

（3）竹篱

竹篱是常绿篱的一种重要形式，是指利用竹子构成一定空间的外围屏障。竹子生长迅速，枝叶茂密，选用竹子作绿篱，具有设计简单、管理方便、容易成型等优点，能创造富有美感的愉悦环境，具有隔离、防噪、降尘、防风等作用。

根据园林用途的不同，竹篱景观也有所差异。作为防护用的竹篱，可用中型竹种密植于场地四周，或用竹秆韧性好的竹种编成绿篱以丰富景观；作为屏障和组织、分隔空间的竹篱，可代替景观中的照壁、围墙等，竹篱高于视线即可；作为规则式园林的区划线和装饰图案的线条，可用小型竹种栽植成整形的矮篱作为绿地镶边或用地被竹形成绿地中的图案花

图 8-6-9　竹盆景

纹；作为园林小品（如雕塑、喷泉、花境）的背景，可选用高度相衬、叶色暗绿的竹种；用于美化墙垣的竹篱，可使生硬的围墙变得生动，避免了构筑物立面上的单调枯燥。竹篱用竹以丛生竹和混生竹为宜，多是一些中小型丛生竹种，常见的有孝顺竹、花孝顺竹、凤尾竹、小琴丝竹等。

（4）竹墙

竹墙是指选小型竹类以行植或列植的方式栽植于围墙边或园林空间需要有墙作用的地方形成墙的效果（图 8-6-10），如成都诗里田园亲水度假区的竹墙。

图 8-6-10　竹墙

（5）竹丛

竹丛是指选小型竹类以丛植的方式栽植于园林局部空间。

（6）竹径或竹路

竹径是一种别具风格的园林道路，自古以来就是中国古典园林常用的造景手法（图 8-6-11）。竹径可以分隔空间，形成"竹径通幽，人在画中游"的美景。由于竹子生长迅速，四季常青，清秀挺拔，宜于道路两侧成丛密植，组成竹径，让游人循径探幽。诗中"竹径通幽处，禅房花木深""绿竹入幽径，青萝拂行衣""竹深不见人，径声在空翠"的意境都说明要创造曲折、深邃、幽静的竹径环境，作竹径的园路宜曲不宜直、宜窄不宜宽，可致意境深远、空间无限之感；而且竹径也不完全要阴暗幽静，应该适时创造柳暗花明、豁然开朗的境地，符合奥旷相间的空间变化规律。现代风景园林中为了满足日益增长的游客需求，可适当增加园路宽度，并设置与环境相协调的基础服务设施。

图 8-6-11　竹径或竹路

（7）竹林或竹海

竹林即竹类的林植，指大规模采用单一或多种竹种植成林，可以是散生竹，也可以是丛生竹，以散生竹居多。竹林景观既浩瀚壮观，又不失秀丽清雅之美。不管是江南乡村园地，还是川西林盘乡居、江河湖岸，随处可见竹林的身影，营造出了独特的田园风光。竹林一年四季经历出笋、成竹、抽枝、展叶、换叶的演变，形成季节性的林相，易引发游人潜意识的联想。不同气象条件下的竹林景观又各不相同：雪竹高洁、雨竹洒脱、雾竹缥缈、风竹摇曳。竹林的空间序列变化包括竹子层次、竹林覆盖密度、竹林动态和静态的变化，竹林可产生曲折迂回的竹缘线、起伏错落的竹冠线和疏密有致的竹间层次。

现代景观中，经典的竹林案例有四川蜀南竹海、浙江莫干山竹海、九华山闵园竹海、成都红石公园中的竹隐园、竹泉村·红石寨等。

（8）专类竹园

用竹类植物作专题布置，在色泽、品种、秆形、大小上加以选择相配，取得良好的景观效果（图 8-6-12），主要是竹类公园和竹类植物园。竹类公园是以竹景取胜和竹种取胜的专题公园，选用观赏价值较高的竹种，巧妙配搭，供游人欣赏，普及竹类科普知识，如成都望江楼公园、北京紫竹院公园等属于此类。竹类植物园主要是满足科学研究、教学参观和实习需要，还可供人游玩，如陕西楼观台竹类植物园、南京林业大学竹类标本园等。

（9）竹地被

竹地被以竹类为地被植物搭配草坪，具有延续视觉的功能，主要用于大面积裸露平地或坡地的覆盖，也可用于林下空地的栽植（图 8-6-13）。竹地被常选植株低矮、延展迅速、适

图 8-6-12　专类竹园（成都望江楼公园）

图 8-6-13　竹地被

应性强、维护简单、观赏性好的竹类，如铺地竹、箬竹、菲白竹、菲黄竹、鹅毛竹、倭竹、山白竹、黄条金刚竹等。

　　耐修剪的种类可剪成短而厚实的高度，具耐阴特性的种类可栽种于乔木、灌木下层，具观叶效果的可作配色之用。如昆明世界园艺博览园使用草丝竹作为地被植物，上海浦东国际机场使用菲白竹、菲黄竹、铺地竹、翠竹、鹅毛竹，浙江安吉竹子博物馆前使用菲白竹花坛和狭叶倭竹花坛等。

任务七　园林水生植物配置设计

【任务提出】　园林水生植物是自然式水景营造的关键材料，具有喜水、枝叶繁茂、绿量大、生长年限长、景观效果突出的特点，在植物造景中占有重要的地位。观察图 8-7-1 中不同水生植物的景观，它们的植物配置有着明显的差别。那么，园林水生植物的配置和应用方式有哪些？校园中有哪些水生植物配置形式？

图 8-7-1　水生植物景观

【任务分析】　要完成园林水生植物配置设计，需先储备项目单元六中阐述的常用园林水生植物知识，再根据立地条件、甲方要求、水生植物配置形式和设计要点、景观方案设计理念和风格选择合适的园林水生植物，完成科学与艺术的配置设计，并用图纸表达。

【任务实施】　教师准备有关园林水生植物配置经典案例的图文资料以及多媒体课件，并结合学生比较熟悉的学校以及周边园林水生植物景观阐述园林水生植物配置的方式、应用方式，并以某小庭院水生植物配置为实践，同时注重启发和引导学生的设计创新思维习惯。

一、概念、观赏特点及分类

1. 概念

水景植物是从景观应用的角度阐述，大部分的水生植物可被用来做水景设计之用，尤其是品种优良具有较好景观特征的水生植物，如大部分水生花卉，而有些湿地植物并不容易被观察到或可观赏性不强不适合造景。

2. 观赏特点

水生植物的外观形态，花和叶的颜色、质感，滨水区水生植物在水面形成的倒影，都会直接影响着水体景观的效果。因此，水生植物的主要观赏特点为赏花、观叶、品姿、观质感。

① 赏花　白色花系的水生植物有慈姑、王莲、泽泻、白睡莲、水鬼蕉等；黄色花系的水生植物有黄菖蒲、黄睡莲、黄花美人蕉等；蓝紫色系的主要水生植物有芡实、凤眼莲、海寿花、雨久花、燕子花等；红紫色系的有再力花、千屈菜、水蓼、红睡莲等。

② 观叶　如黄绿色叶的茭白、草绿色叶的慈姑、亮绿色叶的菖蒲、粉绿色叶的黄菖蒲、叶色油绿的海寿花、深绿色叶的水葱等。

③ 品姿　植株高大、挺拔直立的挺水植物；能直立而漂浮在水面的浮叶植物；漂浮植物植株漂浮于水面上，随水四处漂流；沉水植物的整个植株都沉浸在水中，可以制造氧气来平衡水中成分，具有强大的生态作用；滨水木本植物，其形态多变，既可以用来柔化景观建筑、优化驳岸，还可以衔接水面与陆地，使两者过渡自然，形成景观的连续性。

④ 观质感　不同水生植物所表现的质感不同，带给人的心理感受也不一样，常有刚柔之分或是粗糙细腻之分，如旱伞草、水葱、石菖蒲等精细质感植物，使人放松愉悦；黄菖蒲、美人蕉、再力花、海芋等粗犷质感植物，形成视觉的焦点；海寿花、慈姑、千屈菜等植物，介于精细与粗犷两者之间，适合做过渡，能够衔接不同质感的植物，调和整个景观的效果。

二、园林水生植物配置的作用

良好的园林水生植物配置可起到景观、生态方面的作用。

① 景观作用　美化水面、打破水面的宁静、增添水面的情趣、使水面景致生动活泼；柔化美化水陆交接带的水岸线；托物言志；让游人观叶、品姿、赏花，映照在水中的倒影令人浮想联翩；作主景、配景、点缀。池中荷花、岸边竹柳，都是古代文人向往的闲情雅致之趣。像在河岸密植芦苇林，水面密植大片的香蒲、慈姑、水葱、浮萍，它们的组合能使水景野趣盎然，给水岸线带来清新怡人的自然景观和四季分明的季相。

② 生态作用　通过指示物种、去除污染物质、抑制浮游藻类、提供栖息环境、净化污水等方式形成自然稳定的生态景观，如人工湿地、水生植物滤床、水生态系统修复和恢复等。

三、园林水生植物配置形式

水生植物应根据各种类的习性与生活方式、应用地条件、水体驳岸类型、景观要求等方面的差异特征来选用相应的配置形式，常用自然式种植中的成丛孤植、成片群植、水岸边带状群植，容器种植（盆或缸），沉水植物作水族箱栽培等。园林水景植物配置经典案例有西湖公园、奥林匹克森林公园、深圳洪湖公园、成都活水公园、颐和园等。

（1）成丛孤植

成丛孤植（图8-7-2）是指选用体形较大、色彩鲜艳、叶形奇特、能独立观赏的水生植物呈丛状栽植于视线焦点、构图中心等较为突出的位置，使其存在于四周的景物中并充分展现个性特征，以表现水生植物的个体美，常用的有王莲、荷花、睡莲、纸莎草等。

图 8-7-2　成丛孤植

（2）成片群植

成片群植（图8-7-3）是指将二三十株至数百株的水生植物自然成片组合栽植在一起，形成疏密有致的空间，主要体现整体效果，创造广阔壮丽的景观。荷花、睡莲常成大片群植，注重连续的效果，给人一种壮观的视觉感受。纸莎草这种高而坚挺的挺水植物，常小片群植，用于水景边缘。菰（茭白）常成片群植于浅水区，会形成高大的屏障，适合做背景材料。

（3）水岸边带状群植

水岸边带状群植（图8-7-4）是指20～100株的水生植物沿水岸边成群成片自然式带状栽植，使水体的边缘显得柔和动人，弱化水体与周围环境原本生硬的分界线，使水体自然地融入整体环境之中，使得景色更加生机盎然。

图 8-7-3　成片群植

图 8-7-4　水岸边带状种植

（4）容器种植

容器种植（图 8-7-5）是指将水生植物种在容器中，再将容器沉入水中的种植方法。常用的容器主要有缸、盆、塑料筐等类型，其中盆栽或缸栽盆栽应用于小型水生植物，适合广场或庭院的局部布置或者花展之用，常用的有荷花、睡莲、慈姑等。

图 8-7-5　容器种植

由于各水生植物对水深要求不同，故容器放置的位置和方法也不相同。一般是沿水岸边成列放置或散置，抑或点缀于水中。若水深过大，则通过放置碎石、砌砖石方台、支撑三脚架等方法给容器垫高，并使其稳妥可靠。

容器种植设计要点：一需根据植物的生长习性和整体景观要求进行布置，不影响水质；二是能移动，便于应用和管理、营造精致小水景；三是特别适合于底泥状况不够理想和不能进行自然式种植的地方；四是需加强土肥管理，以防植物自身获取养分的能力不足而影响植物生长；五是在具体工程实践中，可根据造景需要将容器嵌入河床中隐藏、调整合适的摆放位置避开观赏视线以及用其他造景元素巧妙遮挡的做法，最大限度地减少人工痕迹，最大化体现水生植物之美，避免部分种植水生植物的容器清晰可见，影响景观效果。

（5）水族箱栽植

水族箱栽植（图 8-7-6）是将各种水草、细沙、山石、水组合放在透明的箱中，并放置在家中、水族馆、公共场所，成为环境装饰的生机、美丽元素。时尚的水族箱都会有灯光设计，在柔和的光照下，绿草、青山、游鱼会为观赏者营造出神话般的意境。选择的水草要能营造出高低参差、错落有致的丰富层次，能混种，能适应本地的光照、水温、水质等。水草与山石、沉木的构图要力求具有均衡与稳定、统一与变化、节奏与韵律的美感，植株高大、枝叶茂盛的水草应栽于山石后作为背景，如皇冠草、海浪草、万年青；一些茎较短小的水草，应栽于石缝中，作为中景，如水榕、网草、西瓜草等；一些有匍匐茎的水草适宜作前景，如珍珠草、香菇草等。

图 8-7-6　水族箱栽植

四、园林水生植物配置设计方法

园林水生植物是园林水景工程建设中重要的材料，植物配置设计的优劣直接影响到园林水景工程的质量以及园林功能的发挥。园林植物配置要力求科学合理的配置，创造出优美的景观效果，从而使生态、经济、社会效益三者并举。

（1）平面设计

平面设计常需从平面布局、配置形式、构成美、生长速度、景观特征等进行考虑。平面布局类型应根据水体的风格选择，如是规则式水景则选规则式平面布局，如是自然式水景则选自然式平面布局。后者的配置形式有成丛孤植、成片群植、水岸边带状群植、容器种植（盆或缸）、水族箱栽植。

植物群落的边缘线不宜与水岸线平行，要有进退有序、曲折变化的节奏与韵律美感。构建沿水岸边缘的水生植物群落时，切忌沿岸线均匀、等距地带状平行栽植，要注意建群种和点缀种的比例控制，栽植方式上以小面积成片群植为主，丛植点缀为次。

园林水面上需留白处理。水生植物栽植密度应适当，否则会影响水中倒影以及景观透视线。一般宽阔水域至少要留出 1/3～1/2 水面以观赏倒影；小水域如溪流沟渠等应以精致丛植为主，不宜大面积片植，否则易造成水面拥挤、只见植物不见水的现象。

选择种植那些生长繁殖速度过快的水生植物时，可选容器种植、种植床种植、直接在水中设置金属网类方式，或对自然式栽植的植物进行定期分苗，以限制水生植物的生长范围，延缓其覆盖水面的速度，让景观效果尽量延长。

（2）立面设计

立面设计常从外形、大小、群落层次等方面考虑。自然原状或人工建造的水域大都中间深、四周浅，而大部分水生植物喜浅水，所以水生植物栽植时常出现四周拥挤、中间空阔、视线不通透的问题。为避免上述问题的出现，水生植物常需配置在曲折多变、坡度有陡有缓、陡缓结合的水岸地形上，需构建湿生植物＋挺水植物＋浮叶植物＋沉水群落结构层次丰富的立体景观，需加强对岸边耐水湿的乔木、灌木以及地被植物群落营造，使之与水生植物巧妙地组合，构成富有节奏与韵律感的林冠线，在让水体植物景观的立面层次更为丰富的同时，也让水面倒影更加美丽。

（3）色彩、季相设计

水生植物叶色丰富，各种不同深浅的绿既能组成清新活泼的自然景观，又能使水景色彩丰富，如茭白黄绿、慈姑草绿、菖蒲亮绿、黄菖蒲粉绿、海寿花油绿、水葱深绿等。花叶水葱、花叶芦竹、花叶美人蕉等花叶品种只适于点缀，不可大面积遍植，以防喧宾夺主。利用水生植物丰富的花色进行合理搭配亦显重要，蓝色与白色、粉红色与白色、黄色与白色都是极佳的组合方式。

植物会随着季节的变化呈现出不同的景观效果。在进行植物配置设计时，应在群落色彩的基础上，考虑时间上的延续性和变化性，将不同观赏季节的植物进行错落有致的组合搭配，或观叶或观花，创造四时变化，丰富视觉以及情感体验。如岸边采用黄菖蒲＋千屈菜＋美人蕉＋慈姑、花叶芦竹＋茭白＋垂柳的组团配置，早春时节黄菖蒲绚烂的黄花就成为水岸观赏焦点；夏季千屈菜紫红色的花和美人蕉亮黄的花色形成对比成为主景；秋冬季节，当其余植物都开始枯萎时，禾本科植物（如花叶芦竹、斑茅等）抽生出银白色的圆锥花序，开始成为主景，叶片虽枯黄但植株依然挺立，常给人一种郊野自然湿地的感觉和韵味。

（4）质感设计

植物材料的质感是指植物表现出来的质地，比如软硬、轻重、粗细、冷暖等特性，不同质感的水生植物组合搭配会给人带来不同的心理感受和视觉体验，不同质感的水生植物需交错种植。一般枝叶柔软、花色亮丽、株形飘逸、婀娜多姿的植物会给人一种细腻感觉，适合作前景，如荇菜、萍蓬草、睡莲、水鳖、大薸、水罂粟、风车草、玉蝉花、燕子花、石菖蒲、苔草等；一般株形高大、强壮刚健的植物给人一种粗糙的感觉，适合作视觉焦点，如芦苇、芦竹、斑茅、茭白、香蒲、水烛、再力花、美人蕉、黄菖蒲、水芋、海芋等；一般不大不小、无艳丽花叶、无漂亮株形的中等质感植物适合作为精细型和粗糙型之间的过渡，如千屈菜、慈姑、紫芋、泽泻、海寿花、泽苔草、菖蒲、水蓼等。在搭配水生植物景观的时候，一定要注意，不同质感的水生植物互相对比，也要互相协调统一，丰富并统一整个景观主题。

实训模块八　某小庭院植物配置设计

一、实训目的

（1）熟悉园林植物配置设计的流程。

（2）学会利用植物配置设计要点完成小庭院植物配置设计，并运用图纸表达。

二、实训材料

（1）准备若干小庭院植物配置设计经典案例供学生参考。

（2）准备几套不同的校园某小庭院、不同的某别墅庭院景观方案设计原始图供学生选择。

三、实训内容

小庭院植物配置或改造设计。

四、实训步骤

(1) 教师阐述实训任务，并展示教师提前做好的示范设计、往届学生的优秀作业、优秀商业案例。

(2) 教师按园林植物配置设计流程依次简单阐述和示范小庭院植物的配置设计关键点。

(3) 学生跟练，教师辅导答疑。

(4) 设计汇报与交流、修改、定稿。

五、实训作业

学生用规范的园林植物配置方案设计图（A3 彩色横版，封面、目录、方案设计说明、相关分析图、植物彩平图、意向图、效果图、苗木简表）、施工设计图（A3 横版 CAD 封面、目录、植物种植施工设计说明、植物总平平面、网格定位图、尺寸定位图、上木平面图、下木平面图、苗木表）展示自己的小庭院植物配置或改造设计。

【练习与思考】

1. 简述园林植物配置的平面布局类型。找出各类型对应的意向图并转换成平面图。

2. 简述规则式平面布局中园林植物常用的配置形式。找出各类型对应的意向图并转换成平面图。

3. 简述自然式平面布局中园林植物常用的配置形式。找出各类型对应的意向图并转换成平面图。

4. 简述园林乔木配置设计要点，并找出对应的意向图。

5. 简述园林灌木配置设计要点，并找出对应的意向图。

6. 简述园林草坪、地被植物配置设计要点，并找出对应的意向图。

7. 简述园林藤本植物配置设计要点，并找出对应的意向图。

8. 简述园林竹类配置设计要点，并找出对应的意向图。

9. 简述园林水生植物配置设计要点，并找出对应的意向图。

项目单元八【知识拓展】见二维码。

植物群落景观、郁闭度

项目单元九

花卉设计

知识目标： 了解花坛、花境的发展简史、施工与养护；理解花坛、花境的概念、分类、特点、应用位置、设计程序；掌握花坛、花境植物配置设计方法、植物选择要点、设计图表达方法。

技能水平： 能够运用花卉植物配置设计知识赏析花卉设计案例、因地制宜地完成商业花坛、花境植物配置设计，并用图纸表达设计成果。

导言

园林花卉种类繁多，观赏性强，自古以来，中外园林无园不花，常有"树木增添绿色，花卉扮靓景观"之说。同时伴随时代的高速发展，人们对生活环境的景观质量和生态质量的需求提高，以及丰富的花卉新品种、相关的材料设施和工程技术的不断进步，导致花卉在园林中应用的方式越来越多样，常见有花坛、花境、花丛、花车、花钵、花箱、花带、专类园等。不同应用形式对应的植物配置设计技巧有所差别。因此，理解和掌握花卉的植物配置设计相关理论对以后立志从事于植物景观设计师、花境设计师岗位来说显得非常重要。

在项目单元五（常见园林花卉）中，已详细阐述过园林花卉的分类。本单元所说的花卉既包括项目单元五中的常见园林花卉，也包括可观花的优良灌木类。下面将从概念、分类、发展简史、特点、作用、应用位置，设计程序，设计方法，植物选择，设计图表达，施工与养护来等方面阐述花坛、花境植物配置设计。

任务一　花坛的植物配置设计

【任务提出】 花坛是一种极为规则、极具图案和色彩美的花卉植物配置应用形式，具有植物组合的群落美、规则美、人工美，景观效果突出，在植物造景中占有重要的地位。观察图 9-1-1 中的不同花坛，它们的植物配置有着明显的差别。那么，花坛的植物配置设计要点有哪些？校园以及周边绿地中有哪些花坛，它们的植物配置是怎样的？

【任务分析】 要完成花坛的植物配置设计，需先储备项目单元五中阐述的常用园林花卉知识，再根据项目的甲方要求、立地条件、花坛配置设计要点完成科学与艺术的植物配置设计。

【任务实施】 教师准备有关花坛植物配置经典案例的图文资料以及多媒体课件，并结合学生比较熟悉的学校以及周边花坛植物景观，阐述花坛植物配置设计要点，并以某节日花坛

图 9-1-1　不同花坛的植物配置

植物配置为设计实践，同时注重启发和引导学生的设计思维。

花坛作为一种古老的花卉应用形式，源于古罗马时期的文人园林，16 世纪在意大利园林中被广泛应用，17 世纪花坛在法国凡尔赛宫中的应用达到高潮，那时大量采用规则模纹式花坛群。在近代引入我国后，与我国人文风情相结合，成为传达理念、展示时代特征的重要园林艺术手段，是城市绿化最重要的方式之一，尤以节日、展会、展览的花坛为盛，深受人们喜爱。

一、花坛概述

1. 花坛的概念

什么是花坛？人们对花坛的解释有不同的说法。1933 年《万有文库》认为花坛是"综合各种色彩，制成若干轮廓，特意配置，以博新奇为特征"。1934 年《造园法》对花坛这样定义："在室外用丛生草花与观叶植物，依其色泽做种种配合，作为园景上重要的点缀。"《中国农业百科全书（观赏园艺卷）》定义花坛为"按照设计意图在一定范围内栽植观赏植物，来表现群体美"。1999 年《花卉应用与设计》对花坛进行了新的定义："在具有几何轮廓的种植床内，栽植各种不同色彩的花卉，运用花卉的群体效果来体现图案，或观赏花卉盛开时绚丽景观的一种花卉应用形式。"此处引用《花卉应用与设计》中的定义，并完善：花坛是将同期开放的多种花卉，或不同颜色的同种花卉，根据一定的图案设计，栽种于特定规则式或自然式的种植床内，构成一幅具有华丽纹样或鲜艳色彩的图案画，以展现群体美。

2. 花坛的分类

多数情况下，同一花坛依据不同标准，可以归属为多种类型，各个花坛类型之间或交叉或归属或包含。如盛花花坛有平面和立体之分，立体花坛也有盛花和模纹的不同。常从表现主题、组合方式、空间方式、植物材料、观赏季节对花坛进行分类，见表 9-1-1。

表 9-1-1　花坛的分类

序号	类型	名称	特点
1	按表现主题分	盛花花坛	又称"花丛花坛"，主要由观花草本花卉组成，以组成的绚丽色彩为表现主题，而花坛的纹样居次要地位
		模纹花坛	选生长期长、生长缓慢、枝叶茂盛、耐修剪的不同色彩的观叶或观花植物，组成华丽的图案、纹样或文字等主题的花坛，以修剪保持纹样的清晰，或做出凹凸的阴阳纹样
		混合花坛	指花坛中既有盛花花坛要素又有模纹花坛构成要素

序号	类型	名称	特点
2	按组合方式分	独立花坛	一个花坛作为局部构图的主题，一般布置在轴线的交点、公路交叉口、大型建筑前的广场上。面积不宜过大，若是太大，需与雕塑、喷泉、树丛等结合布置
		叠加花坛	多个花坛组合或叠加，构图和景观具有统一性，每个花坛不能单独成景
		花坛群	多个单体花坛松散组合，各个单体花坛之间联系不紧密，既可单独成景，也可群体成景
3	按空间方式分	平面花坛	高度低于视线、强调平面效果
		立体花坛	以钢筋作为骨架，内填种植基质，在表面栽植植物材料，是植物与雕塑的结合
		斜面花坛	以斜面为观赏面，常设置在斜坡或者搭架构建
4	按观赏季节分	春花坛	百花齐放，色彩绚丽多彩，如雏菊、金盏菊、三色堇、金鱼草、矮牵牛、鸢尾、石竹、月季、紫罗兰、五色菊、瓜叶菊、郁金香等
		夏花坛	枝繁叶茂，繁花似锦，如百日草、万寿菊、鸡冠花、美人蕉、翠菊、一串红、蜀葵、千日红、茉莉、凤仙花等
		秋花坛	具成熟美，如黑心菊、金光菊、醉蝶花、彩叶草、百日草、孔雀草、美人蕉、千日红等
		冬花坛	具生命美，如羽衣甘南、红甜菜等
5	按植物材料分	1～2年生草花花坛	如万寿菊、一串红、鸡冠花等
		球根花坛	如风信子、水仙花、郁金香等
		水生花坛	如睡莲、王莲、荷花等
		专类花坛	由同种或同类花卉组成的花坛

3. 花坛发展简史

（1）国外

公元前500年，古希腊在祭祀时，常用盆栽植物进行屋顶装饰。同时，古希腊和古埃及也出现将蔬菜、果树按一定形状栽植的规则式农田，这算花坛的雏形。古罗马时代，受古希腊文化的影响，盛行在陶器里种植花卉植物。虽然此时仍以生产农作物为主，但是人们开始有意识地选择更有观赏性的农作物种植。15世纪的意大利人有意识地在庄园内按照自己的喜好大面积按一定图案种植花卉灌木，同时还把树木修剪成迷宫、围墙等几何图形。因庄园周围是自然景观，所以庄园内部主基调是绿色，花卉是庄园的点缀。这便是最早的绿色雕塑的雏形，此后花坛的植物配置受到意大利园林理念的影响，以绿色为主基调。16世纪法国人克洛德·莫莱（1563—1650年）开创了模纹花坛的设计理念。他借鉴衣服上的刺绣花边，利用锦熟黄杨做花纹，用其他花卉做填充材料，用砾石或彩色页岩做底衬，仿佛是在地面上做刺绣，所以把模纹花坛又称为刺绣花坛。随着模纹花坛的兴起，花坛色彩更加艳丽，层次更加明显，植物材料引入彩色的花灌木。随后英国人将模纹花坛进一步创新改进，在草坪上利用镂空、布置鲜花的形式来展现模纹花坛的美丽图案，被后人称为"切割草坪模纹花坛"。19世纪，欧洲人从海外引入大量的植物新品种，植物材料的丰富发展为当代花坛特别是立体花坛的发展奠定了基础。1998年国际立体花坛组委会在加拿大蒙特利尔成立，2000年第一届国际立体花坛大赛在此举办。此后国际立体花坛大赛每3年举办一届，成为世界上最负盛名的立体花坛盛事，我国上海的世纪公园于2006年举办了第三届国际立体花坛大赛。

（2）国内

中国古代赏花以花台为主，花台的基座一般是以汉白玉为材料，上面雕饰花纹，这种设计方法在欣赏花卉的同时还能欣赏基座，如北海公园的汉白玉花台。而现代城市中通过不同花卉品种组合集中展示花卉群体色彩美的布置方式主要源自西方。在中国近代，沿海一些城市园林由于受西方文化的渗入逐渐出现各种花坛，尤以几何图形的纹样花坛居多，并出现首部花坛专著，即1933年商务印书馆出版的夏诒彬的《花坛》一书。

1949年新中国成立后，随着城市绿化的发展，花坛渐渐成为园林绿化不可缺少的内容，以五色草为主要材料的毛毡花坛也由苏联先传入东北，后遍及全国各地。党的十一届三中全会后，绿化美化工作再次提上日程。1984年为迎接国庆35周年，北京街头广场上出现以国庆为主题的各类花坛，自此花坛布置工作开始逐渐兴盛。1990年北京亚运会期间大规模采用五色草立体造型花坛装饰比赛场馆、美化环境，取得良好的效果，标志着我国立体花坛进入繁盛时期。20世纪90年代，随着现代工业技术的发展，钢结构骨架制作技术的不断提高，钵苗生产技术的不断改进，特别是穴盘苗生产技术的出现，微型花卉实现工厂化生产，花坛布置形式更加多样化。

4. 花坛的特点

① 常拥有几何形的种植床，属于规则式种植设计，多用于规则式园林构图中。

② 花坛主要表现群体美，即图案纹样美、立体造型美、华丽色彩美。

③ 花坛多以时令性花卉为主体材料，需随季节更换，以保证最佳的景观效果。气候温暖地区也可用终年具有观赏价值且生长缓慢、耐修剪、能组成美丽图案纹样的多年生花卉以及木本花卉组成花坛。

④ 花坛植物配置具有强烈的装饰性，选不同植物组成华丽的图案、纹样或文字等主题的花坛。

⑤ 当今花坛不仅规模可大可小，而且已突破只在平面种植床或沉床布置图案纹样供近赏或俯视欣赏，还出现在斜面及垂直立面上布置精美的图案纹样，尤其是三维的立体花坛形式越来越多样，甚至借鉴中国传统造园艺术，以花坛的手法营造山水景观，使得花坛由静态的景观发展到可以多视点、多角度观赏的连续的动态景观。

5. 花坛的作用

花坛在短期内能够创造出绚丽、有生机的景观，给人以强烈的视觉冲击力和感染力，主要有美化环境、基础装饰、渲染气氛、标志宣传、组织交通、分隔屏障的作用。

在由高楼大厦所构筑的灰色空间里，设置色彩鲜艳的花坛，可以打破建筑物所造成的沉闷感，带来蓬勃生机。

在公园、风景名胜区类游览地布置花坛，不仅能美化环境，还能构成景点。花坛设置在建筑墙基、喷泉、水池、雕塑、广告牌等的边缘或四周，可使主体醒目突出，富有生气。如北京中山公园孙中山纪念碑的基座四周设置的模纹花坛，增添了人们对这位伟人的敬仰之情。在北京植物园门口的喷泉四周设置花坛，虽说简单，但渲染气氛的作用却表现得淋漓尽致。

在剧院、商场、图书馆、广场等公共场合设置花坛，可以很好地装饰环境，若设计成有主题思想的花坛，还能起到宣传的作用。交通环岛、开阔的广场、草坪等处均可设置花坛，用来分隔空间和组织游览路线，如在公园入口处的中央空地上设置的花坛，既可装点环境，又可以疏导游客。

6. 花坛设计原则

（1）主题原则

作为主景设计的花坛应该从各个方面充分体现其主题功能和目的，即文化、保健、美化、教育等多方面功能；而作为建筑物陪衬则应与建筑的主题统一、协调，不论是形状、大小、色彩等都不应喧宾夺主。

（2）美学原则

花坛的设计主要在于表现美，因此设计花坛的各个部分时在形式、色彩、风格等方面都要遵循美学原则。特别是花坛的色彩布置，既要互相协调，又要有对比。对于花坛群的设计，在尺度上要重视人的感觉，无论花坛的形状、大小、高低、色彩等都应与园林空间环境相协调。

（3）文化性原则

植物景观本身就是一种文化体现，花坛的植物配置也不例外，它同样可以给人文化享受。特别是木本花坛、混合花坛，其永久性的欣赏作用，渗透的是文化素养、情操的培养，其主观意兴、技巧趣味和文学趣味是不可忽视的。

（4）功能性原则

花坛除去其观赏和装点环境的功能外，因其位置不同，常常具有组织交通、分隔空间等功能，尤其是交通环岛花坛、道路分车带花坛、出入口广场花坛等，必须考虑车行及人流量，不能造成遮挡视线、影响分流、阻塞交通等问题。

（5）科学性原则

花坛设计同样需考虑地域环境、气候条件、季节变化、植物间的生态等因素，科学选择植物材料，让植物群落在展现花艳色美时，还能健康成长。

7. 花坛的应用位置

花坛适宜在重要景观节点、视觉焦点和对景处应用，常作为主景出现在人们的视野中，设置在广场或草坪的中央，大门内外；少数情况下作为配景出现，可设在喷泉周围或高大建筑前。花坛的设置应因地制宜地设置在主要交叉道口、公园出入口、主要建筑物前以及风景视线集中的地方。

二、花坛设计程序

1. 接受任务并解读设计任务书

设计任务书一般有口头和书面式，商业中常为后者。认真阅读任务书，明白甲方要求、设计场地现有资料、项目完成时间、提交内容等。

2. 现场调研与分析

主要考虑设计场地周边环境，设计场地内的立地条件、现有植物等，以便选择花坛的体量、风格、形状、功能、类型等。

3. 设计立意

根据现状分析、甲方要求、设计师想法等，先用文字描述设计立意，再选择对应的图案元素、色彩表达，画出花坛植物配置概念设计平面图。

4. 植物选择

应充分考虑立地环境、花坛主题或立意，以及植物的生态习性、观赏特点、栽培养护等。多选择养护管理简单、观赏期较长、适应性良好的宿根花卉，适当配些观赏性较高的灌木、一二年生花卉、球根花卉。多到苗木市场看意向植物、市场新品种，多看同类建成案例相关品种的应用效果以及生长情况。

5. 植物配置设计

根据现场调研与分析结果、甲方要求、意向植物、概念设计等前期工作，大体勾勒出花坛的整体轮廓，初步确定植物种植的位置和需要的量，再从平面、立面、色彩、季相等方面进行详细设计，并用相应的方案设计图和施工图表示。

三、花坛设计方法

1. 与环境关系的处理

花坛周围环境的构成要素包括建筑、道路、背景等。花坛在环境中作主景或配景，设计时要考虑花坛的类型、大小、高低与周边环境的关系。

① 花坛与建筑物的关系　作主景的花坛的轴线需与建筑物的轴线一致或平行，作配景的花坛通常以花坛群的形式出现在建筑或广场轴线两侧。花坛的风格和装饰纹样应与周围建筑的性质、风格、功能相协调。如在民族风格的建筑前花坛可选择具有中国传统风格的图案纹样和形式，在现代风格的建筑前，可选择有时代感的抽象图案。

② 花坛与道路的关系　道路两侧可设置对称的花坛组景观，其宽度小于路宽。道路上可设置连续花坛群，花坛的轴线与道路的轴线一致。十字交叉路口的花坛禁止行人入内。

③ 花坛与周围植物的关系　与背景植物在色彩上有对比，光照上要满足花坛植物的生长需求，这样才能发挥出理想的景观效果。

2. 平面设计

（1）花坛的外形

花坛的外部轮廓应与建筑物边线、相邻的道路和广场的形状协调一致，在细节上可有一些变化，如正方形的广场，花坛的外形一般选择正方形或圆形等中心对称的几何图形；长方形的广场，花坛外形一般是长方形、椭圆形。交通量大的广场、路口，为保证其功能作用，花坛外形可与广场不一致。

（2）花坛的大小

需与花坛设置的广场、出入口及周围建筑的大小、高低成比例。花坛的面积一般不超过广场面积的 1/3，不小于 1/5，如场地过大，可将其分割为几个小型花坛，使其相互配合形成花坛群。一般模纹花坛及纹样精细的盛花花坛面积宜小些，面积越大，纹样的变形越大。独立花坛，一般图案复杂的短轴宜小于 8～10m，图案简单的短轴不超过 20m。

（3）花坛的高度

应在人们的视平线以下，使人们能够看清花坛的内部和全貌。以表现平面图案为主的花坛，一般其主体高度不宜超过人的视平线，内部最高不超过 1.5m；立体花坛可高些，一般 2～3m。为了减小花坛图案纹样的变形并有利排水，常需花坛中央拱起，保持 4%～10% 的排水坡度。

（4）花坛的边缘

有边缘石的种植床根据时效性分为永久性、临时性。永久固定种植床花坛的边缘常用石头、砖或木质材料等垒砌，有时边缘外立面用水泥沙石抹面，涂色或镶瓷砖。使花坛有明显的轮廓，防止践踏和泥土流失污染地面，通常边缘石高 10～15cm，不超过 30cm，宽 10～30cm，兼有坐凳功能的边缘石略宽些。临时花坛的边缘常用花坛边缘预制件，如木栅栏、竹栅栏、铁管焊接材料等。无边缘石的花坛边缘使用镶边植物，镶边植物宽度一般为 1～2 盆。

3. 种植床设计

花坛种植床有高床和低床之分（图 9-1-2），常用高床，具体依环境条件而设计，花坛中心可高些，一般设 4%～10% 排水坡度。种植床边缘形式可以是直线，也可以是曲线。种植土厚度，一年生花卉为 15～20cm，多年生花卉和灌木为 35～40cm。

(a) 高床　　　　　　　　　　　　　　　　　(b) 低床

图 9-1-2　花坛的种植床

4. 视角、视距设计

距离驻足点 1.5～4.5m 范围内，花坛观赏效果最佳，花坛图案清晰不变形；当观赏视距超过 4.5m 时，花坛表面应倾斜，倾角≥30°时花坛的图案清晰，倾角达到 60°时效果最佳，既方便观赏，又便于养护管理。

5. 图案设计

盛花花坛的图案（图 9-1-3）应主次分明、简洁美观，突出大色块的效果。模纹花坛的纹样（图 9-1-4）应精致复杂、清晰美观，突出图案的精美华丽。模纹花坛由于内部纹样丰富，外部轮廓应该简单。标志类的花坛常以各种标记、文字、徽志作为图案，但设计要严格符合比例，不可随意更改。纪念性花坛还可以人物肖像作为图案，装饰物花坛可以日晷、时钟（图 9-1-5）、日历等内容为纹样，但需精致准确。装饰纹样风格应与周围的建筑艺术、雕刻、绘画的风格相一致。装饰纹样可借鉴民族手工艺品上的图案，如云卷、花瓣纹、星角类等图案；现代风格的套环类、几何形、文字；象征性图案或标志，如花篮、花瓶、建筑小品、各种动物、花草、乐器等图案或造型。特别提醒：国旗、国徽、会徽等设计要严格符合比例，不可改动；纹样的宽度不能过细。

6. 色彩设计

花坛内花卉的色彩配合是否协调，直接影响观赏的效果。如色彩配合不当，就会显得烦琐杂乱。色彩搭配要求应注意下列几点：

图 9-1-3　盛花花坛的图案

图 9-1-4　模纹花坛的纹样　　　　　　　　　　　　图 9-1-5　时钟斜面花坛

　　① 有一个主调色彩（图 9-1-6）　　一般选用 1～3 种颜色为主色调，占大块面积，其他颜色则为陪衬，以达到色彩上主次分明。一般以淡色为主，深色作陪衬，效果较好。若淡色、浓色各占 1/2，就会使人感觉呆板、单调。当出现色彩不协调时，用白色放于两色中间可以调和。一个花坛内色彩不宜太多，一般以两三种为宜。

图 9-1-6　黄色＋桃红色的花坛主色调

　　② 颜色对人的视觉和心理的影响　　同一色调或近似色调的花卉种植在一起，易给人以柔和愉快的感觉。例如，万寿菊和孔雀草都是橙黄色，种在一起，给人鲜明活泼的印象；荷兰菊、藿香蓟、蓝色翠菊种在一起，给人舒适、安静的感觉。同一色调花卉浓淡的比例对效果也有影响，如大面积浅蓝色花卉，用深蓝色花卉镶边，则效果较好，如浓淡两色面积均等，则显得呆板。明度越高，面积显得越大；明度越低，面积显得越小，在花坛配色时要注意合理利用视觉差。

　　③ 花坛色彩与周围景物色彩相协调　　在布置花坛的色彩时，还要注意周围的环境，注意使花坛本身的色彩与周围景物的色彩相协调（图 9-1-7）。例如，在周围都是草地的花坛中，栽种以红、黄色为主的花卉，就会显得格外鲜艳，收到良好的效果。如在公园、剧院和草地上应选择暖色的花卉作主体，使人感觉鲜明活跃；办公楼、纪念馆、图书馆，则应选用冷色的花卉，使人感到安静幽雅；组字的花坛（图 9-1-8）一般用浅色（黄、白）作底色，深色作字，效果好。

图 9-1-7　花坛色彩与周围景物色彩的协调

图 9-1-8　有文字的花坛

图 9-1-9　单色花坛

④ 单色花坛的应用　单色花坛在近年来应用广泛（图 9-1-9），大小空间都可用，如多个单色花坛组成的花坛群景观可用于大空间。

⑤ 对比色的应用　对比色相配，效果醒目，是花坛纹样表现的主要手法。一般以一种色彩作出花坛的纹样，用其对比色填充在纹样内。浅色调对比效果较好，柔和不失鲜明，鲜明不失强烈，如紫色的三色堇＋黄色的三色堇、藿香蓟＋黄早菊、荷兰菊＋黄早菊等。

四、花坛的植物选择

以一二年生花卉为主，兼顾球根花卉、多年生花卉、木本植物。此处将依次阐述普通花坛、盛花花坛、模纹花坛的植物选择。

1. 普通花坛

① 花坛中心的植物材料　常选株形高大、姿态规整、花叶美丽等具有较高观赏价值的花卉，如美丽针葵、苏铁、棕榈、棕竹、橡皮树等观叶植物；叶子花、桂花、杜鹃花等观花植物；石榴、金橘等观果植物。

② 花坛边缘的植物材料　常选植株低矮、株丛紧密、开花繁茂或枝叶美丽的花卉。盆栽材料以悬垂或蔓性花卉更佳，因其可以遮挡容器，如垂盆草、天门冬等悬垂植物，香雪球、矮牵牛、三色堇等低矮的植物。

③ 花坛镶边的植物材料　与用于花坛边缘的植物材料具有同样的要求，多要求低矮、株丛紧密、开花繁茂或枝叶美丽，稍微匍匐或下垂更佳，尤其是盆栽花卉花坛，保证花坛的整体性和美观，如半支莲、雏菊、三色堇、垂盆草、香雪球、雪叶菊等。

2. 盛花花坛的植物材料

盛花花坛主要由观花的一二年生花卉和开花繁茂的宿根花卉、球根花卉组成。对植物材料的具体要求：高矮一致，株丛紧密、整齐；开花繁茂、整齐，花色艳丽，在花朵盛开时，枝叶最好全部为花朵所掩盖，见花不见叶；花期一致，花期较长。常用的盛花花坛植物有矮牵牛、鸡冠花、雏菊、百日草、万寿菊、孔雀草、翠菊、非洲凤仙、夏堇、鼠尾草、一串红、金盏菊、鸡冠花、香雪球、三色堇、彩叶草、金叶薯等一二年生草本花卉；风信子、郁金香、大丽花、水仙、美人蕉、球根秋海棠等球根花卉；小菊、荷兰菊等多年生花卉。

3. 模纹花坛的植物材料

模纹花坛以观叶植物为主，兼顾一些花叶俱美的植物和观花植物。具体要求：植株低矮，以 5～10cm 为好；生长缓慢，多年生植物较好，也可以是一二年生草本花卉；枝叶细小、繁茂，株丛紧密、萌蘖性强、耐修剪。常用的模纹花坛植物有五色草（大叶红、小叶红、绿草、小叶黑、白草）、四季秋海棠、香雪球、半支莲、彩叶草、非洲凤仙、"紫叶"小檗、"金叶"女贞、小叶黄杨、福建茶、六月雪等。

五、花坛植物配置设计图的表达

一套完整的花坛植物配置设计图包括配置设计方案图和施工图，可用手工或电脑绘制。花坛植物配置设计方案图包括环境总平面图、彩色花坛平面图、彩色花坛立面图、花坛效果图、苗木简表、方案设计说明；花坛植物配置设计施工图包括花坛植物总平面图、施工放线图、苗木详表、种植施工设计说明。

1. 花坛植物配置设计方案图

① 环境总平面图　常用比例尺 1：100～1：500，标出花坛建筑物的边界、道路分布、广场平面轮廓、绿地边界，花坛所在位置、外形轮廓等。阶地、沉床地及地形变化多的地区，要做出纵横断面。

② 彩色花坛平面图　较大的盛花花坛常用 1：50，精细模纹花坛用 1：30～1：2，包括内部纹样的精确设计。画出图案纹样，标出各种纹样所应用的植物名称，并注明数量。没有几何轨迹可求的曲线图案，最好用方格纸设计，以便施工放样；单轴对称的花坛只需做 1/2，多轴对称的花坛做 1/4 即可。

③ 彩色立面图　对称花坛画出主立面图，斜面花坛画侧立面图，不对称花坛需有不同立面设计图。一般以 1：50～1：2 的比例绘制。

④ 效果图　一般只需画出主观赏面的效果图，也可以画出其他观赏角度的效果图。

⑤ 苗木简表　罗列整个花坛所需植物材的主要信息，包括植物中文名称、拉丁名、株高、数量、花期、花色等，备注中可写出材料的轮替计划等内容。花坛材料用量要留出 5%～15% 的损耗量。

⑥ 配置方案设计说明　对花坛的内外环境状况、立地条件、设计意图、图中难以表达的内容等相关问题进行说明。语言简练，不要过多地修饰修辞，避免华而不实。

2. 花坛植物配置设计施工图

① 花坛植物总平面图　较大的盛花花坛常用 1：50，精细模纹花坛用 1：30～1：2，包括内部纹样的精确设计。画出图案纹样，标出各种纹样所应用的植物名称，并注明数量，名称数量与苗木详表需对应。

② 施工放线图　网格大小为 1～2m，需标出 0 点坐标。

③ 苗木详表　在苗木简表的基础上，核对相关信息，并增加植物的蓬径、种植密度、观赏特点等信息等。

④ 施工种植设计说明　需对翻整土壤、起苗、包扎、运苗、栽植、养护、更换等技术要点作说明。

六、花坛种植施工与养护

1. 施工

① 种植床土地翻整　种植表土层（30cm）必须采用疏松、肥沃、富含有机质的培养土。翻土深度内必须清除杂草根、碎砖、石块等杂物，严禁含有有害物质和大于 1cm 以上的石子等杂物。土质过劣则改良土壤，土质贫瘠则应施足基肥。按施工图纸要求以石灰粉在花坛中定点放样。

② 起苗　起苗前将苗床浇一次水，使土壤保持一定湿度，以防起苗时伤根。起苗时，要根据花坛设计要求的植株高低、花色品种进行掘取，然后放入筐内避免挤压、散土。

③ 栽苗　将苗移到花坛时应立即栽植，切忌烈日暴晒。栽植时应按先中心后四周，或自后向前的顺序栽种。如用盆花，应连盆埋入土中，盆边不宜露出地面。不耐移植而用小盆育苗的花卉品种，则应倒出、后栽种。模纹花坛则应先栽模纹图案，然后栽底衬，全部栽完后立即进行平剪，高矮要一致，株行距以植株大小或设计要求决定。五色草类株行距一般可按 3cm×3cm；中等类型花苗如石竹、金鱼草等，可按 15～20cm；大苗类如一串红、金盏菊、万寿菊等，可按 30～40cm，呈三角形种植。花坛所用花苗不宜过大，但必须很快形成花蕾，达到观花的目的。

2. 养护

花苗栽植完毕后，需立即浇一次透水，使花苗根系与土壤紧密结合，提高成活率。平时应注意及时浇水、中耕、除草、剪除残花枯叶，保持清洁美观。如发现有害虫滋生，则应立即根除；若有缺株要及时补栽。对五色草等组成的模纹花坛，应经常整形、修剪，保持图案清晰、整洁。

3. 更换

因各种花卉花期有时效性，要使花坛（特别是设置在重点园林绿化地区的花坛）一年四季有花，必须根据季节和花期经常进行更换，每次更换需按照绿化施工养护中的要求进行。

① 春季花坛　以 4～6 月份开花的一二年生草花为主，再配合一些盆花，常用三色莲、金盏菊、雏菊、桂竹香、矮一串红、月季、瓜叶菊、早金莲、大花天竺葵、天竺葵等。

② 夏季花坛　以 7～9 月份开花的春播草花为主，配以部分盆花，常用石竹、百日草、半枝莲、一串红、矢车菊、美女樱、凤仙、大丽花、翠菊、万寿菊、高山积雪、鸡冠花、扶桑、五色梅、宿根福禄考等。

③ 秋季花坛　以 9～10 月份开花的春季播种的草花并配以盆花，常用早菊、一串红、荷兰菊、滨菊、翠菊、日本小菊、大丽花及经短日照处理的菊花等。配置模纹花坛可用五色草、半枝莲、香雪球、彩叶草、石莲花等。

④ 冬季花坛　长江流域一带常用羽衣甘蓝及红甜菜作为花坛布置露地越冬。

任务二　花境植物配置设计

【任务提出】　花境是一种极为自然、极具亲和力、景观层次丰富的花卉植物景观形式，具有植物个体的自然美和植物组合的群落美。观察图 9-2-1 中的不同花境，它们的植物配置有着明显的差别。那么，花境植物配置设计有哪些要点？校园以及周边绿地中有哪些花境？

图 9-2-1　不同花境的植物配置（成都漫花庄园）

【任务分析】　要完成花境的植物配置设计，需先储备项目单元五中阐述的常用园林花卉知识，再根据项目的甲方要求、花境配置设计要点、立地条件完成科学与艺术的植物配置设计。

【任务实施】　教师准备有关花境植物配置经典案例的图文资料以及多媒体课件，并结合学生比较熟悉的学校以及周边花境景观阐述花境植物配置设计要点，并以某花境植物配置为设计实践，同时注重启发和引导学生的设计思维。

一、花境概述

1. 花境的概念

花境，起源于英国，英文为"Flower Border"，中文译作"花境"，非直译，而是体现了中国园林对外来花卉的应用形式在生境、画境、意境层面上的理解与升华，也被译作花径。传统花卉学将花境定义为：以树丛、树群、绿篱、矮墙或建筑物作背景的带状自然式花卉布置。花境是根据自然风景中林缘野生花卉的自然散布生长规律，加以艺术提炼而应用于园林。孙筱祥先生编著的《园林艺术及园林设计》（1981 年）是国内可查阅到花境概念的最早文献。《中国百科大辞典》（1990 年）对花境的表述为：在园林中由规则式的构图向自然式构图过渡的中间形式，其平面轮廓与带状花坛相似，种植床的两边是平行的直线或是有几何轨迹可循的曲线，主要表现植物的自然美和群体美。

花境是园林中从规则式构图到自然式构图过渡的一种半自然式的带状花卉种植形式，是模拟自然界林地边缘地带多种野生花卉交错生长的状态，经过艺术与科学的设计，将不相克的多年生花卉为主的植物以平面上斑块混交、立面上高低错落的方式种植于带状的园林地段而形成的宽窄不一的曲线或直线式的花卉景观。

2. 花境的分类

花境是花卉的一种应用形式，其分类方式很多，常从植物材料、观赏角度、花境颜色、观赏季节、应用场景、立地条件等分，见表 9-2-1、图 9-2-2～图 9-2-27。

表 9-2-1　花境的分类

分类方式	名称	特点
按植物 材料分	宿根花卉花境	全由可露地过冬、越夏，适应性较强的耐寒、耐热的宿根花卉组成，如鸢尾、萱草、芍药、玉簪、荷包牡丹、荷兰菊、假龙头、千屈菜等
	球根花卉花境	丰富的色彩和多样的株型，花期在春季或初夏可弥补宿根花卉和灌木景观的不足，但花期较短或相对集中，需同时多选种类

分类方式	名称	特点
按植物材料分	观赏草花境	生态适应性强、抗寒性强、抗旱性好、抗病虫能力强、不用修剪,常包括禾本科、莎草科、灯心草科、香蒲科及天南星科
	灌木花境	以观花、观叶、观果的灌木材料组合,开花繁盛、色彩鲜艳、花色丰富、成景快、寿命长、栽培容易、抗逆性强、养护简单等,如红叶石楠、红枫、羽毛枫、金叶女贞、八角金盘、牡丹、南天竹、山茶、八仙花、杜鹃花、金丝梅、金丝桃等
	一二年生花卉花境	种类繁多,从播种到开花所需时间短,花期集中,观赏效果佳,寿命短导致管理投资大,宜选管理粗放、能自播繁殖的种类为佳,如矮牵牛、大花飞燕草、波斯菊、黑心菊、紫茉莉、半枝莲、硫华菊(黄秋英)等
	专类花境	由同一类花卉为主配置的花境,在花期、株型、花色等方面有丰富的变化。如由叶形、色彩及株型等不同的蕨类植物组成的花境;由株型、叶色、质感、色彩不同的针叶树组合成的针叶树花境;由不同颜色和品种组成的花境;由鸢尾属的不同种类和品种组成的花境,由芳香植物组成的花境等
	混合花境	最常见的花境,主要由一二年生花卉、宿根花卉、球根花卉、观赏草、观赏灌木等组成植物群落,持续时间长,季相明显
按观赏角度分	单面观赏花境	属传统的花境形式,常整体前低后高,前面为低矮的边缘植物,背景为建筑、矮墙、树丛、绿篱等,多临道路设置,供一面观赏
	多面观赏花境	常中间高四周低,没有背景,多设置在草坪上或树丛间,如岛式花境
	对应式花境	常以两组前低后高的单面花境拟对称放置在园路的两侧、草坪中央或建筑物周围
按花境颜色分	单色花境	由单一色系或相似花色(饱和度、明暗度不同)的植物组成,有白色、蓝紫色、黄色、红色花境等
	双色花境	常以呈对比色的两种花卉组成,如蓝色和黄色、橙色和紫色、蓝色和白色、绿色和白色、红色和黄色
	混色花境	由三种以上颜色的花卉组成,属最常见、最易配置的形式
按观赏季节分	单季花境	专为某个季节设置,某一季节灿烂、美丽,其他季节冷清、萧条
	四季花境	一年四季皆可观赏,不同季节有不同的开花植物
按应用场景分	林缘花境	栽植于风景林的林缘,常以常绿或落叶乔灌木作为背景,呈带状分布,常作为与草坪、道路衔接的过渡植物群落
	路缘花境	栽植于园中游步道旁,可单边、夹道布置,是路边乔木、草坪与园路的过渡。如道路尽头有景观小品,它可以起引导作用
	墙垣花境	花卉栽植于墙缘、植篱、栅栏、篱笆、树墙或坡地的挡土墙以及建筑物前,多呈带状布置,也可呈块状。柔化构筑物生硬的边界,弥补景观的枯燥乏味,起到基础种植的作用
	草坪花境	花卉栽植于草坪或绿地的边缘或中央,常采用单面、双面或四面观赏的独立式花境,为柔和的草坪增添活跃灵动的气氛
	滨水花境	在水体驳岸边或草坡与水体衔接处配置,以耐水湿的多年生草本或灌木为植物材料,常带状布置,观叶、观花皆宜
	庭院花境	应用于庭院、花园或建筑物围合区域的花境。可沿庭院的围墙、栅栏、树丛布置,也可在庭院中心营造,或点缀庭院小品,盎然成趣,是欧洲传统花境中最常用的形式之一
按立地条件分	阳生花境	栽植在每天都有充足日照处的花境,每天都有10小时甚至更长时间的连续直线光照,需选喜阳花卉
	阴生花境	栽植于一个比较隐蔽环境下的花境,常位于树荫下、建筑的阴影里
	湿生花境	栽植于水塘(自然式或规则式)中以及溪流边

分类方式	名称	特点
按立地条件分	旱生花境	栽植在干燥的偏沙质土壤里的花境。多为喜阳、耐旱的品种,建在坡地上或高台上,植物个体间的空隙可用碎石或沙砾覆盖,可加入石块、旧木块
	岩石花境	模拟岩生或高山植物的生长环境,置于阳光充足的山坡或缓坡地带,植物多为喜阳和耐旱的,岩石和石头提供了良好的渗透排水功能。或匍匐状,或下垂状,高低错落,疏密有致,在石缝中生长茂盛

图 9-2-2　观赏草花境

图 9-2-3　球根花卉花境（2021 粤港澳大湾区深圳花展）

图 9-2-4　宿根花卉花境

图 9-2-5　灌木花境

图 9-2-6　一二年生花卉花境

图 9-2-7　专类花境（郁金香）

图 9-2-8　混合花境

图 9-2-9　单面观赏式花境

图 9-2-10　双面观赏花境

图 9-2-11　对应式花境

图 9-2-12　单色花境（紫色系）

图 9-2-13　双色花境（紫-黄色、紫-粉色）

图 9-2-14　混色花境

图 9-2-15　单季花境（绣球花）

图 9-2-16　四季花境

图 9-2-17　林缘花境

图 9-2-18　路缘花境

图 9-2-19　墙垣花境

图 9-2-20　草坪花境

图 9-2-21　滨水花境

图 9-2-22　庭院花境

图 9-2-23　阳生花境

图 9-2-24　阴生花境

图 9-2-25　湿生花境

图 9-2-26　旱生花境

图 9-2-27　岩石花境

3. 花境发展简史

（1）国外花境的发展简史

① 成形期　始于 19 世纪 30～40 年代。始建 1832 年的英国阿利庄园是标志草本花境产生的主要代表，在园路的两旁修建了背靠紫杉篱或砖墙、点缀着紫杉树造型的多年生草本花境。

② 发展期　19 世纪中后期至 20 世纪初。在英国园林尤其是花园中应用最为广泛，如威廉·罗宾逊的格利弗特庄园，杰基尔的希斯特科姆花园、迪恩花园等。设计师们对花境的艺术造诣堪称精湛，草本花境在色彩的搭配、株型的选择、质地的考究中也有了长足发展，为之后混合花境的形成奠定了基础。

③ 活跃期　20 世纪初期至中期。思想的开放，设计理念的大胆，使花境的发展进入活跃期。在草本花境繁荣的同时，出现了混合花境、四季常绿的针叶树花境等特色鲜明的花境造景形式。除英国外，法国、德国、比利时等国的花境景观营建也有了阶段性的发展。20

世纪混合花境的出现，不仅是植物造景形式创新的表现，也是如今"生态园林"的先行者。混合花境中对植物材料的选择和植物配置的设计理念，与今天倡导的生物多样性原则、重视自然和生态的思想如出一辙，这也提升了花境在园林植物景观营造中的地位。

④ 成熟期　第二次世界大战之后，贝斯·查托（Beth Chatto，1923—2018）、佩西·凯因（Cane Percy，1881—1976）等园艺学家创造了 20 世纪中后期花境的辉煌。花境从草花花境、混合花境逐渐向以某类植物或某个特点为造景焦点的主题花境发展，如凯因创造的美丽的飞燕草花境、厄普顿格雷城（Upton Grey）中心的领主宅邸庄园中的月季花境等。同时，现代化时代的到来使得花境的发展更加成熟。花境的形式不再局限于带状布置，出现了形状随意的"岛屿式"，即今天的独立式花境。花境的应用也不再局限于庭院，更多地被应用到公园、城市绿地等大尺度的场景中，并逐渐被更多的国家采纳。

20 世纪 90 年代，法国风景园林师开始注重植物景观的营造，尤其关注适应性强、管理粗放的野生植物和草本植物，甚至是外来植物的引种驯化。如吉尔·克莱芒（Gills Clément）90 年代初建立的巴黎安德烈·雪铁龙公园（Le Parc André-Citroen，Paris）。

在美国的自然生态绿地中，成片的帚石南（*Calluna vulgaris*）与低矮的针叶树、色彩鲜艳的矮灌木混合布置，煞有气势。虽然所有的灌木丛都修剪成团块状，但由于色彩变化丰富、整体格调统一，花境显得十分壮观，令人叹为观止。这类地被式花境同样适用于岩石园等专类园，也是花境在大尺度生态环境中大手笔应用的典范，体现了花境发展中的开放性与公众性。

（2）国内花境的发展简史

我国自 20 世纪 80 年代开始出现花境，发展至今约 40 年历史，主要经历了启蒙、起步、推广、发展 4 个阶段。

① 启蒙阶段　20 世纪 80 年代，真正意义上的花境在国内尚未出现，但如西安植物园、上海植物园等单位已经开始大量引进国外新优的宿根花卉园艺品种，并在试验种植时进行组合配置，花境显现雏形，并开始储备基础植物材料。

② 起步阶段　20 世纪 90 年代，城市园林中利用花境造景的绿地开始出现。花境这一形式逐渐在北京、上海、杭州等城市绿地中应用，如杭州市园林文物局从 1990 年就开始在西湖风景名胜区及城市绿地中试用花境。但因受限于花境植物材料和花境营造观念，这一时期在总体上发展较为缓慢。

③ 推广阶段　进入 21 世纪后，国内城市绿地中的大规模花境应用开始出现，尤以上海、北京等大城市为甚。这一时期的主要特点还在于各地重视引进、推广各类花境植物新材料，如上海上房园艺有限公司、北京花木公司、浙江虹越花卉有限公司等企业大量引进新优品种。然而，在花境推广中仍存在很多问题，如花境植物新材料的适应性尚不足，推广应用的花境植物仍较单一；多采用花坛式的布置手法，需换花，立面与季相设计尚不能达到花境应有的景观效果等。

④ 发展阶段　2010 年以后，随着园林建设的日新月异，园林学者、设计师、园林企业都开始关注花境的发展，花境应用的整体水平明显提升。花境形式逐渐丰富，植物材料不断增多，逐步体现了物种多样性和景观多样性的统一。花境应用范围不断扩大，从公园绿地到道路绿地，从居住区绿地到单位附属绿地，从城市绿地扩展到乡村环境美化。

4. 特点

花境表现植物个体所特有的自然美以及它们之间自然组合的群落美，其植物材料丰富，以宿根花卉为主，可搭配小灌木、球根花卉和一二年生草花、观赏草等。多以选择不相克的多年生花卉为主，一次配置设计种植，可多年使用，并兼顾四季有景，养护管理较为简单。花境的平面构图呈斑块混交、五彩斑斓，立面构图呈高低错落，基本构成单位是花丛。花境种植床的边缘形状可以是自由式也可以规则式，可以有明显挡土墙也可以没有。其观赏面可以是一个或多个，有的需背景，有的不需。一般单面花境需一定的背景，如树丛、树篱、建筑物、墙体、草坪等。

5. 作用、应用位置

花境具有美观、分隔空间、组织游览路线等作用，常设置在园林道路、花园、建筑、草坪的边缘，园林空间的出入口、重要节点，道路两边，别墅及林荫路旁。可在小环境中充分利用边角、条带等地段设置花境营造出较大的空间氛围。花境是一种兼有规则式和自然式特点的混合构图形式，因而适宜作为建筑道路、树墙、绿篱等人工构筑物与自然环境之间的一种过渡。

二、花境配置设计程序

1. 接受任务并解读设计任务书

设计任务书一般有口头和书面式，商业中常为后者。认真阅读任务书，明白甲方要求、设计场地现有资料、项目完成时间、提交内容等。

2. 现场调研与分析

主要调研设计场地周边环境，场地内立地条件、现有植物，其中现有植物的种类、数量、位置等，有设计价值的原地保留或移栽，具体根据配置设计定。通过调研分析此处花境的功能、风格、色彩、设计主题、景观视线、适合的植物类型等。

3. 植物选择

应充分考虑立地环境、花境主题、植物生态习性、观赏特点、栽培养护等，尽力营造出四季有花赏的美景。多选择养护管理简单、观赏期较长、适应性良好的宿根花卉，适当配些观赏性较高的灌木、一二年生花卉及球根花卉。多到苗圃看意向植物实物、市场新品种，多看同类建成案例相关品种的应用效果以及生长情况。

4. 植物配置设计

根据现场调研与分析结果、甲方要求、意向植物等前期工作，大体勾勒出花境的整体轮廓，初步确定植物种植的位置和需要的量，再从平面、立面、色彩、季相等方面进行详细设计，并用图纸表现。

三、花境配置设计方法

1. 花境与环境

环境是指要设计花境所在位置的周边情况和立地条件。环境中包含的各种因素对植物的生长有很大的影响，同时也影响花境的类型、植物材料的选择和表现形式。立地条件包括地形、地势、土壤、温度、光照、湿度等因子，影响植物种类的选择。如果环境设施的颜色较为素淡，如深绿色的灌木、灰色的墙体等，则应适当点缀色彩鲜亮的花卉材料，容易形成鲜明的对比；反之则应选择色彩素雅的花材，如在红墙前，花境应选用枝叶优美、花色浅淡的植株来配置。

2. 花境种植床设计

① 种植床类型　有平床和高床 2 种（图 9-2-28），通常依环境条件而设计，并且应有 2%～4% 排水坡度。一般来说，在绿篱、树墙前，草坪边缘等土质好、排水力强的地方宜设

计平床花境，床面后部稍高，前缘与道路或草坪相平，平床多用低矮植物镶边，以高度不超过 20cm 为宜，镶边花卉一般选择四季常绿或生长期保持美观、花叶兼美的多年生草本花卉或低矮灌木，如马蔺、酢浆草、葱兰、沿阶草、大花马齿苋、蔓长春花、"花叶"活血丹等，也可以是草坪草，但宽度至少 30cm。而在排水差的土质上宜设计 30～40cm 高的高床花境，边缘用不规则的石块镶边。为防止花境边缘植物材料蔓延，可在花境边缘与环境分界处挖沟，填充塑料或金属板，阻隔根系。

② 种植床边缘形式　单面观赏花境的前边缘可为直线或自由曲线，后边缘线多为直线；双面观赏花境的边缘线基本平行，可以是直线，也可以是流畅的自由曲线。

③ 花境朝向　对应式花境要求长轴沿南北方向展开，以使左右两个花境光照均匀，其他花境可自由选择方向。

④ 花境大小　由花境所处空间大小和花境类型决定，常表现在长轴、短轴、高度。长轴一般不限，但为管理方便和体现节奏韵律感，可把过长的种植床分为若干段，每段不超过 20m，段与段间可留 1～3m 的间歇地段，设置座椅或其他小品。花境短轴宽度适当，过窄难以体现群落景观，过宽则超出视觉范围而造成浪费，也不便于养护管理。一般混合式花境短轴大于宿根花卉，双面观赏花境大于单面观赏花境。单面观赏混合花境为 4～5m，单面观赏宿根花卉为 2～3m，双面观赏花境宽度为 4～6m，小庭院 1～1.5m，一般不超过院宽的 1/4。如布置于道路边缘，短轴可设为道路宽度的 1/3。

⑤ 不宜距建筑物过近　一般要离开建筑物 40～50cm，较宽的单面观赏花境的种植床与背景之间可留出 70～80cm 的过道，便于通风、养护。

(a) 高床　　　　　　　　　　　　　　　(b) 平床

图 9-2-28　花境种植床类型

3. 花境平面设计

平面上采用不同植物呈自然斑块状混植，每个斑块为一个单种的花丛。斑块大小不同、数量不同，各斑块间有疏有密、有大有小，富有自然野趣（图 9-2-29）。

① 斑块大小　常取决于单种植物数量的多少、冠幅、株行距，一般景观效果好的斑块面积可大些，花后景观较差的植物面积宜小些。另可根据人们观赏距离远近的需求，确定斑块面积的大小。一般供人们远距离观赏的花境，植物斑块的种植面积一般可相对较大，如高速公路口的花境、大型公共绿地上的草坪花境等；而供人们近距离观赏的花境，植物斑块的种植面积一般相对较小，如庭院花境。

② 基调、配调　由主花材形成基调，次花材形成配调。每季以 2～5 种花卉为主，形成季相景观；其他花卉为辅，用来丰富色彩。为使开花植物分布均匀，又不因种类过多造成杂乱，可把主花材植物分为数丛种在花境不同位置。

图 9-2-29　花境平面图上的斑块

③ 对于过长的花境，可分段处理　种植床内植物可采取段内变化、段间重复的手法，表现植物布置的韵律和节奏。每段花境的植物种类一般在 10 种以上，有时可达到 40～50 种。

④ 材料轮换　常见于使用少量球根花卉或 1～2 年生草花的种植区，以保持较长的观赏期。

⑤ 疏密布局　花境在成丛种植时，植株数最好是奇数，这条规则可能对超过 9 株同一类植物栽植不重要，但种 3 株或 5 株时就比种 4 株或 6 株易于布置。植物看似随机一丛丛地种植，就可实现自然的效果，但实际要达到最佳效果，就要把同一种植物大片地成簇、成丛种植，而不是稀稀落落地分散交叉种植。偶尔也需要有株型独特的植株来打破紧凑的局面，利用其伸展的空间，给花境留白，或许还能成为小框景，显得更生动活泼。

4. 花境立面设计

立面是花境的主要观赏面，常把花境的比例尺度、高低层次、远近层次、疏密布局、节奏韵律称为花境的立面景观或空间景观。因此，常从花境的景观层次、株高、株形、花序、质感来考虑花境的立面设计，以便形成植株高低错落有致、花色层次分明的景观。

① 株高　花境植物依种类不同，高度变化很大，但花境高度一般不超过人的视线。总体上是前低后高，在细部可有变化，整个花境要有适当的高低穿插和掩映，才显得自然。在设计单面花境时多采用前低后高的形式，即在后面种植植株较高的植物，然后逐级向前降低，以避免相互遮挡而影响观赏效果；设计双面花境或岛式花境时则多采用中间高周围低的形式，即高的植物要放在中间，四周种植低矮植物，形成空间上的起伏，使层次更加丰富，并需在平面图上标出每个区域的植株高度，方便调整。

② 株形与花序　根据花卉的枝叶与花序构成，把植物分成水平型、直线型、独特型三大类（图 9-2-30）。水平型植株圆浑、开花较密集，多为单花顶生或各类伞形花序，形成水平方向的色块，如八宝景天、蓍草、金光菊等。直线型植株耸直，多为顶生总状花序或穗状花序，形成明显竖线条，如火炬花、一枝黄花、飞燕草、蛇鞭菊等。独特形植株兼有水平及竖向效果，如鸢尾类、大花葱、石蒜等。

③ 质感　花卉的枝、叶、花、果有粗糙、细腻等不同的质感，可给人不同的视觉和心理感受（图 9-2-31）。粗质地的植物显得近，如向日葵、蓝刺头、益母草、博落回等会产生拉近的错觉，种植在花境的远端，可以产生缩短花境的效果；细质地的植物显得远，如落新妇、楼斗菜、老鹤草、石竹、唐松草、乌头、金鸡菊、蓍草、丝石竹等会产生后退的错觉，让较狭窄的花境产生宽阔的效果。

立面设计除了从景观角度出发，还应充分考虑植物的生长与生活习性，如植物的光照需求，需要强光的花卉周边要配置低矮的花卉，相反，耐阴的植物周围要配置高大的植物遮光。

(a) 水平型

(b) 直线型

(c) 独特型

图 9-2-30　株形

(a) 粗

(b) 中

(c) 细

图 9-2-31　质感

5. 花境背景设计

　　单面观赏花境需要背景。背景与花境间可以留距离也可以不留，重点考虑与花境色彩的协调。从视觉效果来看，通常以暖色作背景时会使人在视觉上感觉前面的物体体积比实际小；而冷色系则会产生距离感，作背景可以突出主景。从色彩搭配上来看，背景的颜色与前面植物的颜色要产生对比，如背景是白色墙体，那么前面花境的植物特别是靠近白墙的植物要选用色彩鲜艳或花色浓重的品种来凸显。但若背景颜色是较深的绿篱或树丛，要在靠近背景的地方栽种色彩浅淡明亮的植物，避免浓重的花色。可以用建筑物的墙基及各种栅栏作为背景，但一般以绿色或白色为宜。如果背景的颜色或质地不理想，可在背景前选种高大的绿色观叶植物或攀缘植物，形成绿色屏障后，再设置花境。较理想的背景是绿色的树墙或高篱。在混合花境中，通常以花灌木作为背景植物。

6. 花境色彩设计

花境不仅是一个绿意盎然的自然,更是一个缤纷绚烂的色彩世界,需考虑花境所处环境的色彩和空间大小。可巧妙利用不同花色、色彩的心理感受和象征意义来创造不同的空间或景观效果,但要有主色、配色、基色之分。

① 单色系设计 不常用,只为强调某一环境的某种色调或一些特殊需要时才使用。

② 类似色设计 主要强调季节的色彩特征,如早春的鹅黄色、秋天的金黄色等。

③ 补色设计 花境色彩与周围环境的色彩,宜用补色设计,如在红墙体前的花境,可用花色浅淡的植物配置;在灰色墙体前的花境,可选用大红或橙黄色植物。

④ 多色设计 常用的配色方法,使花境五彩缤纷,具有鲜艳、热烈的气氛。应根据花境的规模来搭配色彩,避免因色彩过多而产生杂乱感。忌在较小的面积上使用较多的色彩,色彩设计不是独立存在的,必须与周围环境色彩相协调,与季节相吻合。为保证植物花期的连续性和景观效果的完整性,应使开花植物均匀散布在整个花境中,避免局部配色好而整体观赏效果差的情况。

⑤ 合理利用冷色与暖色 冷色有退后和远离的感觉,布置在花境的后部,视觉上有加大花境深度的感觉,从而增加空间感,特别是在狭小的空间。一般夏季以冷色为主,如蓝紫色,给人带来凉意;春秋用暖色,如橙红色系给人温暖。

7. 花境季相设计

理想的花境应是四季可赏,寒冷地区至少三季有景。需综合考虑植物的物候期、生态习性、株形和色彩等,合理利用花期、花色及各季代表性植物来创造丰富的季节景观。春季百花齐放,可选择的植物种类极其丰富,能营造出缤纷灿烂、生动活泼的花境景观。夏季的花境最美,此时大多数多年生花卉植株已经长成,迷人的花朵开始展露风姿,色泽由春季的清新鲜嫩而变得鲜艳夺目、富丽堂皇,花灌木此时繁花似锦,枝繁叶茂,其迷人的魅力,让人流连忘返,使人感受到热烈的夏日风情。秋季是收获、成功的季节。花境中除了绚丽的色彩,还有一片深沉、浓郁的金黄色,展现的是成熟美、整体美,如宿根花卉中的菊科植物竞相开放,给秋季带来温暖,彩色树种的花灌木为秋季换上了迷人的盛装。冬季的花境固然不及夏季花境的绚丽多彩,但可以利用冬季特有的雪景,营造纯净、安宁、祥和的景观,再配上不同形状、不同质地叶片的常绿植物或是常叶色树种,如紫叶小檗等,使冬季的花境更富有诗情画意。冬天也是一些观枝的花灌木展露风姿的季节,还有一些花木屹立不倒,枝横如舞,如红色枝条的红瑞木、绿色枝条的棣棠,在冬季寒冷的季节展露其一枝独秀的风姿。

在季相构图中应将各种植物的花期依月份或春、夏、秋冬时间顺序标注出来,检查花期的连续性,并且注意各季节中开花植物的分布情况,使花境成为一个连续开花的群体,也可以突出某一季节景观,形成最佳观赏效果。

最符合四季异景的理想花境是混合花境,在一个有限的空间里,能做到春花浪漫、夏荫浓郁、秋色绚丽、冬景苍翠,让花境永远充满生机。

8. 花境的景观层次

花境的层次模式通常可分为三层,即前景、中景、背景,也称为近景、中景、远景(图9-2-32)。相对而言,中景的位置宜于构成主景,远景或背景是用来衬托主景的,而前景则用来装点画面。不论远景与近景或前景与背景,都能起到增加空间层次的作用,能使花境景观丰富而不单薄。对一个带有背景的花境来讲,总的原则是把最高的植物种在后面,最矮的植株种在前面或四周。在混合花境中,通常以花灌木作为背景植物;中景多利用种类丰富的宿根花卉，将具有总状花序的高大植物与株形开展的低矮植物合理搭配；而一二年生花卉最适宜弥补花境的空缺，由于其花团锦簇、色彩丰富，最适宜作为花境的前景材料，如配置不当，重新种植更换也十分方便。

图 9-2-32　花境的景观层次
1—前景；2—中景；3—背景

但如盲目遵从以上原则，则易形成植物按高低顺序排列的呆板效果，令人乏味，易使人的视线立即移到花境的尽头，一览无余，让人趣味索然。适当地把一些高茎植物前移，花境整体就显得层次分明、错落有致。如一些高观赏草类植物，纤细高挑、疏影婆娑的特点会给人一种朦胧美，置于前景可打破花境边缘呆板的线条，使花境更富有跳动感。

四、花境植物选择

花境本追求自然、丰富的景观效果，常从美观、植物生长适应性角度考虑。花境植物搭配有三种类型，即骨架植物、主调植物和填充植物（图 9-2-33），选择时以宿根花卉为主，兼配灌木、一二年生及球根花卉，观赏期长，植物高低错落，富于季相、色彩变化，一次种植，景观能保持 3～5 年。

图 9-2-33　花境的骨架、主调和填充植物
A—骨架；B—主调；C—填充

1. 总体要求

① 应适应当地环境、气候条件，以乡土植物为主。

② 抗性强、低养护。花境植物材料应能露地越冬，不易感染病虫害，每年无需大面积更换。

③ 观赏期长，花叶兼美。植物的观赏期（花期、绿期）较长，花谢后叶丛美丽。

④ 景观价值高。株高、株形、花序形态等变化丰富，花序有水平和竖线条的区别。每种植物能表现花境中的竖线条景观或水平线条景观（丛状景观）或独特花头景观。

⑤ 植株高度有变化。花境注重植物的高低错落，所以在高度上有一定要求，基本控制在 0.2～2m 之间。

⑥ 色彩丰富，质地有别。

⑦ 花期具有连续性、季相变化。花卉在生长期次第开放，形成优美的群落景观。

2. 花境骨架植物

骨架植物对花境构图起结构性、框架性作用，常选体量较大或株形较高大的灌木、小乔木，或大丛的宿根花卉、观赏草。一般用于花境后景及中部核心位置，如以常绿植物为骨架，更能体现花境的可持续景观，像金叶大花六道木、花叶芦竹、长柱小檗、醉鱼草、红千层、蓝湖柏、束花山茶、矮蒲苇、蓝冰柏、柠檬香芋、金边胡颓子、金边大叶黄杨、滨枋、圆锥绣球、齿叶冬青、'蓝阿尔卑斯'刺柏、金森女贞、斑茅、花叶杞柳、日本茵芋、厚皮香、水果蓝、地中海荚蒾、穗花牡荆、花叶锦带花等。

3. 花境主调植物

主调植物使用量占比最大，具有呈现花境主要色彩或主题风格的作用，常选株形饱满、开花量大、色彩鲜明的多年生观花或观叶植物，如大花葱、蜀葵、卡尔拂子茅、大花美人蕉、金雀花、小盼草、桂竹香、大滨菊、醉蝶花、大花金鸡菊、大波斯菊、硫华菊、大花飞燕草、须苞石竹、荷包牡丹、毛地黄、松果菊、木贼、花菱草、黄金菊、大花天人菊、山桃草、向日葵、赛菊芋、大花萱草、孤挺花、八仙花、'路易斯安娜'鸢尾、火炬花、羽叶薰衣草、甜薰衣草、蓝滨麦、羽扇豆、剪秋罗、紫茉莉、斑叶芒、粉黛乱子草、'重金属'柳枝稷、狼尾草、毛地黄钓钟柳、滨藜叶分药花、橙花糙苏、宿根福禄考、假龙头花、迷迭香、金光菊、翠芦莉、蓝花鼠尾草、深蓝鼠尾草、紫绒鼠尾草、林荫鼠尾草、石碱花、'金山'绣线菊、紫娇花、柳叶马鞭草、穗花婆婆纳等。

4. 花境填充植物

填充植物在花境中作为前景，或作为植物组团过渡的植物。常以株形较低矮或蔓生的宿根花卉或一二年生花卉作为前景填充，并与草坪等形成自然衔接；常以株形较为飘逸或色彩适宜的植物作为组团之间的过渡填充，如石菖蒲、亚菊、木茼蒿、海石竹、岩白菜、白晶菊、欧石南、地果、堆心草菊、铁筷子、蓝香芥、矾根、花叶玉簪、血草、香雪球、洋甘菊、葡萄风信子、美丽月见草、诸葛菜、芙蓉酢浆草、紫叶酢浆草、冰岛罂粟、丛生福禄考、白头翁、'紫王子'旋叶鼠尾草、艾氏虎耳草、翠云草、绵毛水苏、细茎针茅、黄金络石、美女樱、细叶美女樱、熊猫堇菜等。

五、花境植物配置设计图

一套完整的花境植物配置设计图包括配置设计方案图和施工图，可用手工或电脑绘制。花境植物配置设计方案图包括环境总平面图、彩色花境平面图、彩色花境立面图、花境效果图、苗木简表、配置方案设计说明；花境植物配置设计施工图包括植物总平面图、施工放线图、苗木详表、种植施工设计说明。

1. 花境植物配置设计方案图

① 环境总平面图　依环境面积大小常选用比例尺 1：100～1：500，标出花境周围环境，如建筑、道路、绿地及花境所在的位置。

② 彩色花境平面图　需绘出花境的边缘线，内部种植区域的植物种植图，以花丛为单位，用流畅的线条表示花丛的范围，在每个花丛内编号或直接注明植物及株数，也可绘制出各个季节或主要季节的色彩分布图。根据花境的大小常选用 1：20～1：100 的比例。花境方案平面图的表达样式常有飘带形、半围合形、拟三角形、圆形、自由形、鱼鳞形等（图 9-2-34）。

③ 彩色立面图　绘制主要季相景观，也可分别绘出各季节景观，常选用 1：50～1：100 的比例。

④ 效果图　一般只需画出主观赏面的效果图，也可以画出其他观赏角度的效果图。

⑤ 苗木简表　罗列整个花境所需植物材料的信息，包括植物中文名称、拉丁名、株高、花期、花色、观赏特点、备注等，备注中可写材料的轮替计划等内容。花境材料用量要留出 5%～15% 的损耗量。

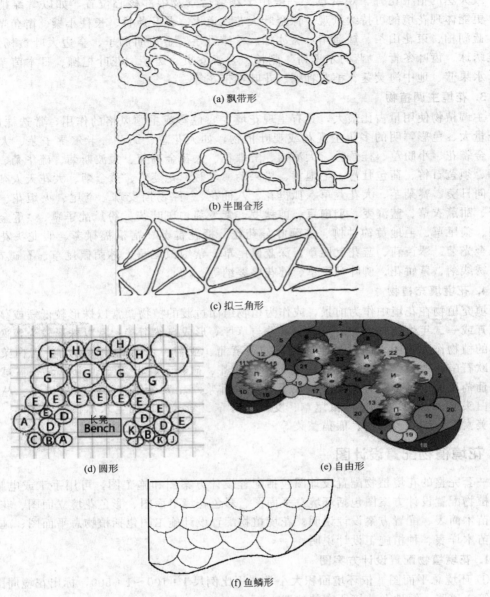

(a) 飘带形

(b) 半围合形

(c) 拟三角形

(d) 圆形

(e) 自由形

(f) 鱼鳞形

图 9-2-34 花境方案平面图的样式

⑥ 配置方案设计说明 对花境的环境状况、立地条件、设计意图、图中难以表达的内容等相关问题进行说明。语言简练，不要过多地修饰修辞，避免华而不实。

2. 花坛植物配置设计施工图

① 花境平面图 常用比例尺 1∶200～1∶100，标注植物的名称和数量，名称数量与苗木详表需对应。

② 施工放线图 网格大小为 1～2m，需标出 0 点坐标。

③ 苗木详表 在苗木简表的基础上，核对相关信息，并增加植物的蓬径、种植密度、观赏特点等信息。

④ 设计说明 需对翻整土壤、起苗、包扎、运苗、栽植、养护、更换等技术要点作说明。

六、花境施工与养护

1. 施工

种植床土壤翻整（图9-2-35）时应按照设计图纸平整，或水平或有一定坡度。对土壤进行细致改良，避免黏重土、避免低洼地，施足基肥。种植表土层（30cm）必须采用疏松、肥沃、富含有机质的培养土。翻土深度内土壤中须清除杂草根、碎砖、石块等杂物，严禁含有有害物质和大于1cm以上的石子等杂物。要避免花境施工与设计脱节的现象。当发生因设计的植物品种没有货源或没有达到出圃规格而临时更换品种的现象时，尽量选择与原品种类似的植物材料，不破坏整个设计。用石灰粉根据网格放线图放样和栽苗（图9-2-36）。起苗前将苗床浇一次水，要根据花境植物配置设计规格进行掘取。将苗移到花境时应立即栽植，切忌烈日暴晒。如用盆花，应连盆埋入土中，盆边不宜露出地面。不耐移植而用小盆育苗的花卉品种，则应先倒出、后栽种。

图9-2-35 种植床土壤翻整

图9-2-36 用石灰粉根据网格放线图放样和栽苗

2. 养护

花境在养护时要注意修剪。多年生宿根植物在开花后要进行修剪，残花不仅影响景观效果还消耗营养。花后及植株休眠期一级花境内残花枯枝不得大于10%，二、三级花境内残花枯枝不得大于15%。修剪不仅可以促使一些宿根植物二次开花，如金鸡菊、美女樱、石竹、千鸟花等，还促使大部分植物营养体的壮大，使得植物安全度过炎热潮湿的夏季。此外，要注意施肥。整地的同时施入有机肥，之后生长期可追肥 1～2 次，开花后可进行一次施肥。但施肥不能过于频繁，否则营养体疯长，影响开花，且植物过于膨大，影响景观效果。每年植株休眠期必须适当耕翻表土层，深施腐熟的有机肥，每平方米 1.0～1.5kg。还应按计划及时做好花卉的补种、填充。应根据所用花卉的习性及时更新翻种。一级花境全年观赏期不得少于 200 天，三季有花，其中可以某一季为主花期。二级花境全年可以某一季为主花期，观赏期不得少于 150 天。三级花境的花卉生长与观赏期生长良好一季观赏期不得少于 45 天。一级花境冬季空秃的白地裸露不得超过 20 天。二级花境冬季空秃的白地裸露不得超过 30 天。及时做好病虫害防治工作也是花境养护的重要工作。应落实日常养护，做到无杂草垃圾。花境防护设施必须经常保持清洁和完好无损。

实训模块九 （一）节日花坛的植物配置设计

一、实训目的

（1）熟悉节日花坛植物配置设计的流程。

（2）学会利用植物配置设计相关知识完成节日花坛植物配置设计，并运用图纸表达。

二、实训材料

（1）教师准备若干节日花坛植物配置设计经典案例供学生参考用。

（2）教师准备几套不同类型的花坛原始设计资料供学生选择，如某校园节日花坛植物配置改造设计、某市政节日花坛植物配置改造设计、某景区节日花坛植物配置改造设计。

三、实训内容

某校园节日花坛植物配置改造设计。

四、实训步骤

（1）教师阐述实训任务，并展示教师提前做好的示范设计、往届学生的优秀作业、优秀商业案例。

（2）教师按花坛植物配置设计流程依次简单阐述和示范节日花坛植物配置设计的关键点。

（3）学生跟练，教师辅导答疑。

（4）设计汇报与交流、修改、定稿。

五、实训作业

学生用规范的花坛植物配置方案设计图（A3 彩色横版：封面、目录、配置方案设计说明、环境总平面图、彩色花坛平面图、彩色花坛立面图、效果图、苗木简表）、施工设计图（A3 横版 CAD：花坛植物总平面图、施工放线图、苗木详表）展示每个人的节日花坛植物配置改造设计。

实训模块九 （二）花境的植物配置设计

一、实训目的

（1）熟悉花境植物配置设计的流程。

（2）学会利用植物配置设计相关知识完成花境的植物配置设计，并运用图纸表达。

二、实训材料

（1）教师准备若干各类花境植物配置设计经典案例供学生参考用

（2）教师准备几套不同类型的花境原始设计资料供学生选择，如校园某花境植物配置改造设计、某市政花境植物配置改造设计、某景区花境植物配置改造设计。

三、实训内容

某校园花境的植物配置改造设计。

四、实训步骤

（1）教师阐述实训任务，并展示教师提前做好的示范设计、往届学生的优秀作业、优秀商业案例。

（2）教师按花境的植物配置设计流程依次简单阐述和示范花境植物配置设计的关键点。

（3）学生跟练，教师辅导答疑。

（4）设计汇报与交流、修改、定稿。

五、实训作业

学生用规范的花境植物配置方案设计图（A3 彩色横版：封面、目录、配置方案设计说明、环境总平面图、彩色花坛平面图、彩色花坛立面图、效果图、苗木简表）、施工设计图（A3 横版CAD：花坛植物总平面图、施工放线图、苗木详表）展示每个人的花境植物配置改造设计。

【练习与思考】

1. 简述花坛的概念、特点、分类、作用、应用位置，花坛植物配置的设计程序，设计方法、植物选择，花坛植物配置设计图内容，花坛施工与养护要点。

2. 简述花境的概念、特点、分类、作用、应用位置，花境植物配置的设计程序，设计方法、植物选择，花境植物配置设计图内容，花境施工与养护要点。

项目单元九【知识拓展】见二维码。

盲人花园

其他园林组成要素的植物配置设计

知识目标： 理解和掌握园林地形、园路、园林建筑以及小品、园林水体的植物配置设计要点。

技能水平： 能够运用园林地形、园路、园林建筑以及小品、园林水体的植物配置设计知识赏析相关设计案例，因地制宜地完成中小型项目中其他园林组成要素的植物配置设计，并用图纸表达设计成果。

导言

所谓园林，指特定培养的自然环境和游憩境域里有地形、山、水、建筑、小品、植物、路等。其中地形是园林的骨架、水是园林的血液或灵魂、植物是园林的毛发、建筑是园林的眼睛、路是园林的脉络。植物又称软景，相当于园林的衣服。因此，园林中若只有地形、山水、建筑、小品、路等组成要素，而没有植物，肯定不成园林。所以，理解和掌握其他园林组成要素的植物配置设计显得尤为重要。本单元将依次阐述园林地形、园路、园林建筑以及小品、水体的植物配置设计。

任务一　园林地形的植物配置设计

【**任务提出**】　园林地形中科学、艺术的植物配置，能形成极佳的自然美、人工美，在植物造景中占有重要的地位。观察图 10-1-1 中不同微地形的植物配置设计，有着明显的差别。那么，园林地形的植物配置设计要点有哪些？校园以及周边绿地中有哪些微地形？它们的植物配置是怎样的？

【**任务分析**】　要完成园林地形的植物配置设计，需先储备项目单元三～六中阐述的常用园林乔木、灌木、藤本、地被、花卉、竹类、草类知识，项目单元八、九中的各类园林植物配置设计、花卉设计知识，再根据项目的甲方要求、立地条件、景观方案、设计理念和风格，科学与艺术相结合完成植物配置设计。

【**任务实施**】　教师准备有关园林地形的植物配置设计经典案例的图文资料以及多媒体课件，并结合学生比较熟悉的学校以及周边园林植物景观，阐述园林地形的植物配置设计要点，并以城市广场中地形的植物配置设计为实践，同时注重启发和引导学生的设计思维。

地形是指地表各种各样的形态，具体指地表以上分布的固定物体所共同呈现出的高低起

图 10-1-1　不同微地形的植物配置设计

伏的各种状态，一般有平原、高原、丘陵、盆地、山地五种地形。园林地形是指园林绿地中地表面各种起伏形状的地貌，常有大地形、中地形、微地形之分，是其他造园元素、材料立足生根之地。在规则式园林中，一般表现为不同标高的地坪、层次；在自然式园林中，表现为起伏的地形，如平原、丘陵、山峰、盆地。常根据人工对地形的改造程度分为自然地形、人造地形。下面将分别阐述自然地形、人造微地形的植物配置设计。

一、自然地形的植物配置设计

1. 概述

自然地形是地理上对地形的描述，即地表没有被人改造前本身呈现的形态，包括平原、高原、丘陵、盆地、山地。在园林里，自然地形主要表现在区域绿地里的风景游憩绿地，像历代为人所称颂的名山风景区，无不景色秀丽、巅崖秀壑、绿林荫翳、幽谷窈然而深藏，森林植被覆盖率较高。尤其是伴随近些年来旅游业的高速发展，自然风景资源极佳的自然山体逐渐被开发出来，像有"人间仙境"之称的九寨沟、黄龙，可谓是鬼斧神工，上悬石梁、下有溪谷、石藓草苔、老树浓荫、满山葱茏。

良好的植被形成的良好生态环境是这些自然风景区开发的先决条件。甚至春秋植物形成的季相景观成为自然风景区最美的画，如黄山奇松、香山红叶、贵州百里杜鹃、蜀南竹海、新疆木垒胡杨林、内蒙古白桦林景区、翠云廊的古柏等。

2. 自然地形的植物配置设计要点

总体思路：少改动自然地形、自然生长的植物，多创新设计游人融于自然地形、自然植物的方式。可根据游人观景习惯，在靠近园路的地形边缘适当点缀些观赏性强的观花、彩叶植物。但不论哪种自然地形，植物配置设计都应顺应天然地貌，保护好天然植被、古树名木，在不破坏原有植物风景和生态平衡的基础上适当引入各类特色风景树种，地被花卉作景区点缀、作配景，完善季相美，实现山因树而妍、草地因花而仙、丘因植物而靓等美丽风景。

以自然山地为例，常有两种组合方式（图 10-1-2）。一种是以两种树种种植成林景，如北京香山，以红叶著称，漫山遍岭，均植黄栌和五角枫。待至秋高气爽之时，霜重色浓，秋色烂漫，大片大片的红叶似熊熊燃烧的火焰，如层层的彩霞，又如茫无际崖的湖海，面对这种壮观的美，会让人情不自禁联想起"霜叶红于二月花"的著名比喻，不禁诗意盎然，心情兴奋。另一种是以一种树种为基调，但在某些局部地段用其他树种丛植强调该地段的风貌特征。如承德避暑山庄山岳景区内，是自然山体景观与园林植物景观完美结合的一个典范。峰峦涌叠，起伏连绵，山体上覆盖着郁郁苍苍的树林，山虽不高却颇有浑厚的气势。大片大片的油松林是全区绿化的基调，主要的山峪"松云峡"一带尽是茫茫松林，但在"榛子峪"以种植榛树为主，"梨树峪"种植大片的梨树，"梨花伴月"一景即由此而来。

图 10-1-2　自然山地的植物配置设计

二、人造微地形的植物配置设计

微地形是指通过景观设计的过程，人为模拟和利用土地自然形态和客观起伏，为景观要素如水体、植被、景观构筑物等提供一个很好的依附平台。因为受环境和功能限制，地面高低起伏不需太大，但需层次丰富，深度模仿自然界地势的起伏变化，有高有低，包括凹凸、土丘、坡地等多重地形，为场地设计出自然景观。因此，园林植物配置设计应根据地形大小、高低、俯仰、陡峭与平缓等自然状态，合理安排草坪、树木、花卉、道路、建筑等因素，以创造优美怡人的景观。

在现代景观中，由于场地实际条件限制，大部分公园、广场、附属绿地都需人造微地形来实现小中见大、大中见小的空间效果。微地形在这些绿地中主要表现为坡地、道路两旁的护坡、水边的驳岸。这些微地形需用植物加以保护，不然长期处于裸露状态，会因雨水冲刷侵蚀造成水土流失，甚至引起滑坡、塌方等严重后果。因此，科学与艺术的植物配置设计对形成生态、美观的人造微地形景观非常重要。

1. 园林植物配置对人造微地形的功能

① 生态作用　科学的植物配置能防止土壤冲刷，减少对土壤的侵蚀，减少地面反光产生的炫目现象，减少人造微地形的声波传递、降低噪声污染，能阻滞尘土、净化空气等。

② 美化作用　艺术的植物配置在带给游人丰富视觉、触觉、嗅觉体验的时候，能为一眼望穿的平坦地形营造各种空间、多变的林缘线和林冠线、充满节奏与韵律、季相景观明显的场所，能为视线受挡的凹凸地形营造视线焦点、小中见大的空间美。

③ 地域作用　植物的生长主要受日照和降水的影响，所以随纬度增大（或随海拔升高），其日照和降水随之减少，从而使得植物的生长分布呈现出纬度分布和垂直分布规律，导致不同地域适合生长的植物也不相同。因此，可以通过科学与艺术的植物配置和微地形的组合，营造不同的地域景观。

2. 人造微地形的类型

人造微地形有多种类型，常从其塑造手段、材料、组合方式、垂直方向、空间关系、功能分。人造微地形按塑造手段分为自然式、规则式；按材料分为土质、石质、土石混合式、新型材料式；按组合方式分为单一式、双（多）峰式、连绵式（群落）、混合式（自然与人工）；按垂直方向分为平缓式、陡崖式、堆砌式；按空间关系分为空间分隔型、过渡型、连接型；按空间分为观赏型、生态型、功能型。

3. 人造微地形的植物配置设计要点

（1）植物选择

可用于人造微地形的园林植物材料很多，无论是草类、乔木、灌木、花卉、竹类，还是藤本植物，均可作为造景材料。但一般优先使用乡土植物，并考虑植物的生态要求，结合地形中的坡度、坡形、坡向等因景、因地配置。常从这些方面考虑：①选择生长快、适应性强、病虫害少的植物，并尽量多用常绿植物；②选择耐修剪、耐瘠薄土壤、深根系的植物；③选择繁殖容易、管理粗放、抗风、抗污染、有一定经济价值的植物；④选择造型优美、枝叶柔软且修长、花芳香、有一定观赏价值的植物。

（2）应用形式（图10-1-3）

① 披垂式　指选用藤本植物或花灌木种植在斜坡或山体顶部边沿，使其枝叶飘曳下垂，迎风舞动。这种绿化形式，既可保护坡面，又可柔化、美化坡面。

② 覆盖式　指选用藤本植物、草坪或其他地被植物来保护山体。要求植物材料有良好的覆盖性，种植时密度较大，好似给斜坡或山体披上一层厚厚的绿被。

③ 自然式　指各种土生土长的地被植物或者其他低矮的花灌木自然生长在溪边、路旁、山丘等坡地的一种绿化形式。在城市环境中，多以人工的方式来模拟自然界的这种生长状况，铺设草坪，种植乔木、灌木、花卉等，形成复层混交的良好景观效果。

④ 阶地式　指在斜坡与山体等人造微地形上布置阶地。这种布置方法更显生动、活泼，同时也能为植物的生长创造一个较好的环境。

（3）布置要点

植物在微地形中的分布位置，能够决定微地空间感的强度和对比感。如布置在山峰可以突出植物的个性或者群体美，在山腰可以体现特色美、突出视觉效果，如迎客松、造型油松等，在山脚可以衬托山的雄伟等。植物配置要顺应地势的高低。只在地势高的地方种植，则高地更高，低地更低，可以增强空间对比感。返璞归真、以小见大、划分区域（或空间）、丰富造景，可产生高低错落的层次感、立体感，创造出更多的变化空间。

植物排列的线性特征是唤起人们感知的重要因素。植物群落在很大程度上调和了场所感知，植物是唤起思维图像强有力的景观要素，沿着地形的边缘或者街道边缘种植成排的植物会加强其线性特征，具有强烈的指引性。对视野非常开阔的微地形大草坪，可局部设计乔灌植物，将这种空旷打破，形成丰富的天际线，让人们既可平视，也可仰视，形成风格不同的景观空间。微地形的平坦地面或缓坡形成的竖向视野较小，常利用良好的植物配置丰富竖向视野。可以采用大面积的草坪，给予游人开敞空间，让游人在草坪上开展娱乐活动，也可以适量种植灌木丛或小乔木，将空间分割成多个私密性场地。

(a) 披垂式

(b) 覆盖式

(c) 自然式

(d) 阶梯式

图 10-1-3　人造微地形的植物配置设计形式

任务二　园路的植物配置设计

【任务提出】　园路是园林的脉络，具有交通联系、引导游览、组织空间的作用。观察图 10-2-1 中各类园路中的植物配置，有着明显的差别。那么，园路的植物配置设计要点有哪些？校园以及周边绿地中有哪些园路？它们的植物配置是怎样的？

【任务分析】　要完成园路的植物配置设计，需先储备项目单元三～六中阐述的常用园林乔木、灌木、地被、花卉、竹类、藤本、草类知识，项目单元八、九中的各类园林植物配置设计、花卉设计知识，再根据项目的甲方要求、立地条件、景观方案设计理念和风格，科学与艺术相结合完成植物配置设计。

【任务实施】　教师准备有关园路植物配置设计经典案例的图文资料以及多媒体课件，并结合学生比较熟悉的学校以及周边园林植物景观，阐述园路的植物配置设计要点，并以某城市广场中园路的植物配置设计为实践，同时注重启发和引导学生的设计思维。

　　园路、植物都是园林空间必需的组成要素，有路无植物则日常毫无生机，冬日冷飕飕，夏日热意浓。因此，植物与园路有着密切的关系，可作为园路的辅助部分或配景，也可作为主景出现，构成景观。下面将从园路的概述、植物配置设计要点来阐述。

图 10-2-1　不同园路的植物配置

一、园路概述

园路，指在园中起交通联系、组织空间、引导游览、散步休闲等作用的带状、狭长形的硬质地面。它像脉络一样，把园林的各个景区连成整体。根据中华人民共和国行业标准《公园设计规范》（GB 51192—2016），园路主要分为主路、次路、支路和小路四级，见表 10-2-1，公园面积小于 $10km^2$ 时，可只设三级园路。一般来讲，园路的曲线都很自然流畅，两旁的植物配置及小品也宜自然多变，不拘一格。游人漫步其上，远近各景可构成一幅连续的动态画卷，具有步移景异的效果。在风景区、公园、植物园中，道路的面积占有相当大的比例，占总面积的 $12\%\sim20\%$，且遍及各处。因此，园路两旁植物景观设计的优劣直接影响全园的景观。

表 10-2-1　园路级别和宽度

园路级别	公园总面积 A/hm^2			
	$A<2$	$2\leqslant A<10$	$10\leqslant A<50$	$A\geqslant 50$
主路宽度/m	2.0～4.0	2.5～4.5	4.0～5.0	4.0～7.0
次路宽度/m	—	—	3.0～4.0	3.0～4.0
支路宽度/m	1.2～2.0	2.0～2.5	2.0～3.0	2.0～3.0
小路宽度/m	0.9～1.2	0.9～2.0	1.2～2.0	1.2～2.0

二、园路植物配置设计要点

1. 不同级别园路的配置设计要点

（1）主路

主路指联系园内各个景区、主要风景点和活动设施的路。通过它对园内外景色进行剪辑，以引导游人欣赏景色。在园区中常设计成环路，一般宽 2～7m，游人量大。主路的植物配置代表绿地的形象和风格，应引人入胜，形成与绿地定位一致的气势和氛围，并有利于交通安全。要求视线明朗，并向两侧逐渐推进，按照植物体量的大小逐渐向两侧延展，将不同的色彩和质感合理搭配。

① 植物选择　多选冠大荫浓、主干优美、树体洁净、高低适度的树种，如香樟、广玉兰、银杏、大叶女贞、合欢、鹅掌楸、栾树、合欢、枫杨等。以乡土树种为主兼顾观赏特色，并注意速生树种和慢生树种的结合，形成林荫大道的夹景效果，树下配置耐阴的花卉植物。在自然式配置时植物需丰富多彩，但树种不可太多导致杂乱。在较短的路段范围内，树种以不超过 3 种为好，选用 1 种树种时，要特别注意园路功能要求，并与周围环境相结合，形成有特色的景观。

② 平坦笔直的主路　两旁可采用规则式配置。常以一个或两个观赏价值较高的观叶、观花树种为基调，搭配其他花灌木，林下配植耐阴的地被或灌木，丰富路旁色彩，形成节奏明快的韵律。若前方有建筑作对景时，两旁植物可密植，以突出建筑主景。靠近入口处的主干道需强调观赏性和仪式感，常采用规则式配置，可以通过量的营造来体现，或通过构图手法来突出，也可用大片色彩明快的地被或花卉，体现入口的热烈和气势。

③ 蜿蜒曲折的主路　不宜成排成行，而以自然式配置为宜。沿路的植物景观在视觉上应有挡有敞，有疏有密，有高有低，即有草坪、花地、灌丛、树丛、孤立树等。游人沿路漫游可经过大草坪，也可在林下小憩或穿行在花丛中赏花。

（2）次路、支路

次路和支路是设在各个景区内的路，它联系各个景点，对主路起辅助作用，次路一般宽 3～4m，支路一般宽 1.2～3m。它们是园林中最多、分布最普遍的园路，有的可长达千米，有的只有数米，随其功能或景观立意而定，如位于庭院中的小径，长可不足一丈，位于山林中的小径可达千米。

支路的植物配置设计比主路更加灵活多样。可只在路的一旁种植乔、灌木，就可收到既遮阴又赏花的效果；可利用木绣球、连翘等具有拱形枝条的大灌木或小乔木植于路边，形成拱道，游人穿行其下，富有野趣；可配置成复层混交群落，使次路和小路具有幽深的效果。有些地段还可以突出某种植物来组织植物景观，形成富有特色的小路，如昆明圆通公园的西府海棠路，上海中山公园二月兰花径，北京颐和园后山的连翘路、山杏路、山桃路，广州路旁常用红背桂、茉莉花、扶桑、变叶木、红桑等配置成彩叶篱及花篱，江南各地的竹径。

（3）小路

小路又叫游步道、小径，是深入到山间、水体、林中、花丛供人们漫步游赏的路，一般宽仅 0.9～3m，常呈一种线状游览的环境。植物配置设计主要随其功能或景观设计立意而定，但因路窄，属于亲和性很强的尺度，适合选择观赏性和趣味性强、无毒无刺的小乔木、灌木、花卉、地被、竹类植物，营造花径、草径、竹径类风景极佳，能让游人主动慢下来的景观。

2. 按植物材料分类的配置设计要点

径路旁的植物种类不同，导致配置方法各异，因而产生许多各具特色的植物景观，使径路风景丰富多彩，常见的有山（坡）径、林径、竹径、花径、叶径、草径。

（1）山（坡）径

在非平坦地形的树林中设径，称为山（坡）径。路面狭窄而路旁树木高耸的坡道，吸引人们沿路而上，一边欣赏途中的景致一边体会攀爬的乐趣。山道的宽度依环境而定，或仅能容一人通行，或宽达 4～5m。其旁的植物种植多为自然式，可仅种植几丛灌木，让人们能够远眺山景；可种植高大的乔木，为攀爬的人们遮阴乘凉；可乔灌草结合，创造多层次的空间。路愈窄、坡愈陡、树愈高，则山径之趣愈浓。山径旁的树木要有一定的高度，使之产生高耸入云的感觉，树高与路宽之比在 6∶1～10∶1 时，效果比较明显。宜选择高大挺拔的大乔木，树下可栽低矮的地被植物，少用灌木，以加强树高与路狭的对比，形成夹道的效果。径旁树木宜密植，郁闭度最好在 90％以上，浓荫覆盖，光线阴暗，如入森林；径旁树还需有一定的厚度，以使游人的视觉景观感觉不是开阔通透，而是浓郁隐透，视线所及尽皆树根、树干。

（2）林径

在平坦地形的树林中设径，称为林径。林径旁的植物是量多面广的树林，形成林中穿路的意境，林有多大，则径有多长。在大自然中那种"乔松万树总良材，九里青青一径开"是对林径的最好写照。尤其是夏天的色叶径，如蓝花楹径、黄葛树径、香樟径、银杏径、柏树径、松树径、桂花径等；秋天的色叶径，如黄栌径、枫香径、银杏径、红枫径等，更是自古艺术家争相描绘的风景、游人争相留恋的美景。

（3）花径

以花的形、色观赏为主的径路称为花径（图 10-2-2）。花径是游人最向往的园路之一，在一定的道路空间内，通过花的姿态、色彩、香味来营造一种美妙世界，给人们心理美、视觉美的享受和体验，尤其在盛花时期。一般花灌木要密植，最好有背景树。花径植物宜选择花形美丽、花期较长、花色鲜艳、开花繁茂的植物，有香味则更妙，如樱花、垂丝海棠、黄

图 10-2-2 花径

槐、紫薇、木本绣球、丁香、杜鹃花、金丝桃、郁金香、矮牵牛等。

（4）叶径

叶径主赏叶色和叶形，叶色一般体现于秋季的黄叶与红叶，叶形常选有特殊形状的棕榈科和芭蕉科植物。以叶形取胜的径，北方以松柏径居多，南方以蒲葵、椰子类径居多。北方的黄叶径，以银杏最为理想，叶形如扇、平行细脉、树姿高大雄伟，可与南方的木棉树媲美；南方的黄叶径要数无患子，其为单回羽状复叶。

（5）草径

草径是指形成突出地面的低矮草本植物的路。常见的栽植方式：在草坪上开辟小径、设步石，与"草中嵌石"的路面设计方式略有不同；在路径旁铺设草带或草块，沿路径边缘栽沿阶草；在大草坪中，以低矮小白花作路沿，形成一条草路，适合在游人不多的园林边缘地区表现的一种"野趣"；在地形略有起伏的草坪中开径，白色路面的小径在低处的绿色草坪中，仿若流水一般地缓缓流动，形成一种动态景观。

（6）野径

野径指园林中径路的植物配置比较粗放、不整齐或具有很大的随意性，多为粗生且耐性、抗性都较强的品种。如在没有路沿石的园路旁，栽植着不对称的、疏疏落落的行道树，树下自由地散植着不同花色、不同大小的草花丛，极具村野的自然之趣；或是在草坪中镶嵌步石，石旁用各色杂花、杂草，散落地、断续地栽植于步石之旁；或者是以抗性强的草本或木本植物，大片地栽植于路径旁，如风景区中四月的油菜花位于路旁，灿烂夺目的鲜黄色，平添了大自然中极为浓郁的田园之趣。

3. 园路局部的植物配置设计要点

园路局部包括边缘、路口、路面，其植物配置要求精致细腻，有时可起画龙点睛的作用。

（1）路缘

路缘是园路范围的标志，其植物配置主要是指紧邻园路边缘栽植较为低矮的花、草类，也有较高的绿墙或紧贴路缘的乔灌木，即草缘、花缘、植篱、乔灌木，具有使园路边缘更醒目、加强装饰和引导、分隔空间的作用。如采用植篱可使游人的视线更为集中，采用乔灌木或高篱可使园路空间更显封闭、冗长。当路缘植物的株距不等，与边缘线距离也不一致地自由散植时，还可创造出一种自然的野趣。

① 草缘　某些路缘则铺上大片的观赏草地被，在地被之外，再栽种乔灌木，这样既能扩大道路的空间感，又能加强道路空间的生态气氛。

② 花缘　以各色一年生或多年生草花作路缘，能大大丰富园路的色彩，它好像园林中一条条瑰丽的彩带，随路径的曲直而飘逸于园林中。

③ 植篱　园路以植篱饰边是最常见的形式。植篱的高度由 0.5～3m 不等，一般在1.2m 左右，其高度与园路的宽度并无固定的比例，全视道路植物配置设计的需要而定。植篱常见的形式有蔓篱、绿篱、花篱。

④ 乔灌木　一种以几株乔木丛植，扩大株距，树下以修剪的球状植物护基，打破了一般行道树的常规，颇为新颖、独特，展示出一种简洁、开朗的植物空间景观。

（2）路口

路口是指园路的十字交叉口的中心或边缘、三岔路口或道路终点的对景，或进入另一空间的标志植物景观。一般选观赏性很强的草、地被、灌木、小乔组合成多层次植物景观，偶尔在节假日时可适当更换一些时令花卉或者做立体植物雕塑，也可植物搭配置石。

（3）路面

路面是指在园林环境中与植物有关的路面处理，一般采用"石中嵌草"或"草中嵌石"（图10-2-3）形成人字形、砖砌形、冰裂形、梅花形等，具有装饰、标志、降温、吸尘等作用。路面上植物的比重，依道路性质、环境以及造景需要而定，有的只是在石块的隙缝中栽草，有的则在成片的草坪上略铺步石。

(a) 石中镶草

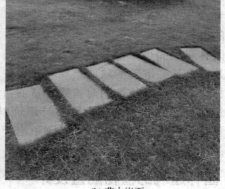
(b) 草中嵌石

图 10-2-3　路面

任务三　园林建筑、小品的植物配置设计

【任务提出】　园林建筑是指建造在各类城市绿地内供人们游憩或观赏用的建筑物，具有造景，为游人提供观景、游憩和活动的空间等作用。园林小品是园林中体量小巧、造型新颖、用来点缀园林空间和增添园林景致的小型设施。观察图 10-3-1 中园林建筑、小品的植物配置设计，有着明显的差别。那么，园林建筑、小品的植物配置设计要点有哪些？校园以及周边绿地中有哪些园林建筑、小品？它们的植物配置是怎样的？

图 10-3-1　园林建筑、小品的植物配置

【任务分析】 要完成园林建筑、小品的植物配置设计，需先储备项目单元三～六中阐述的常用园林乔木、灌木、地被、花卉、竹类、藤本、草类知识，项目单元八、九中的各类园林植物配置设计、花卉设计知识，再根据项目的甲方要求、立地条件、景观方案设计理念和风格做出科学与艺术的植物配置设计。

【任务实施】 教师准备有关园林建筑、小品的植物配置设计经典案例的图文资料以及多媒体课件，并结合学生比较熟悉的学校以及周边园林植物景观，阐述园林建筑、小品的配置设计要点，并以某城市广场中园林建筑、小品的植物配置设计为实践，同时注重启发和引导学生的设计思维。

园林建筑和小品都是以人工美取胜的硬质景观，是景观功能和实用功能的结合体。园林植物是以自然美取胜的软质景观，是有生命的活体，有其生长发育规律，具有大自然的美，是园林构景中的主体。同时植物丰富的自然色彩、柔和多变的线条、优美的姿态及风韵能增添建筑和小品的柔美。园林植物与建筑以及小品的组合是自然美与人工美的结合，处理得当，可互为因借、相得益彰，处理不当却会得到相反的效果。本节主要阐述园林建筑旁和园林小品的植物配置设计。

一、园林建筑的植物配置设计

（一）概念

园林建筑是指建造在隔离城市绿地内供人们游憩或观赏用的建筑物，常见的有亭、榭、廊、阁、轩、楼、台、舫、厅堂等，具有造景，为游览者提供观景、休憩、活动的空间等作用。

（二）园林建筑和植物的关系

① 园林建筑对植物配置的作用 在园林设计中，建筑所形成的外部空间、天井、屋顶等环境能够为植物提供适宜的生长环境，对植物配置设计起到背景、框景、夹景的作用，园林建筑上的匾额、题咏类和植物组成的景观能突出园林的主题和意境，如拙政园中的海棠春坞。

② 植物配置对园林建筑的作用 在园林设计中，常会依据建筑的主题、意境、特色进行植物配置，以使植物衬托建筑，像中国古典园林中许多景点是以植物命名，如拙政园中梧竹幽居。良好的植物配置能协调、美化园林建筑与周边环境，在建筑与山水中普遍种植花草树木，能把整个园林景象统一在花红柳绿的植物空间中；植物独特的形态和质感能使建筑突出的体量与生硬轮廓软化在绿树环绕的自然环境之中。植物配置能丰富园林建筑的艺术构图，赋予建筑以时间与空间的季相感，植物的生长发育产生的四季变化，不仅能将原有的景观空间不断丰满扩张，还能形成"春天繁花盛开，夏季绿树成荫，秋季红果累累，冬季枝干苍劲"的四季景象，从而产生"春风又绿江南岸""霜叶红于二月花"的特定时间景观。

（三）园林建筑的植物配置设计总体要求

建筑物旁的植物景观，要符合建筑物的性质，能增强建筑主题思想的表现力。当建筑物的体量过大或过小、建筑形式古怪或有缺憾、建筑色彩不美、位置不当等，都可借植物来弥补。

① 从线条来说 建筑物的线条多平直或成几何图形，而植物的线条多弯曲、形态自然，如建筑物旁的植物配置恰当，就可获得一种动态均衡的景观效果。

② 从颜色来说 树叶的绿色，往往是调和建筑物各种色彩的中间色。建筑物的墙面，一般多淡色，可以衬托各种花色、叶色和（树）干色的乔灌木。有一些淡色的花木，如白色

的李花、梨花、樱花等，不宜种白粉墙边，但一些先花后叶的淡色花，可选超过墙面的高大植株，以蔚蓝色的天空为背景，景观效果更为明显。

③ 从风格来说　植物与建筑物常有各自的风格，当在具有中华民族传统形式的建筑物旁栽植像南洋杉这样尖塔形的外来树种或种植印度橡皮树就会显得不协调，但种在西式风格的建筑物旁，则很和谐。

④ 从季相来说　建筑物一经建成，其位置、形体就固定不变，而植物则随季节、树龄而变。在建筑环境中栽种植物，可使建筑空间产生春、夏、秋、冬的季相变化。夏天，树叶茂盛，空间显得浓郁、紧凑；冬天，树叶凋落，空间显得空旷、爽朗。

⑤ 从功能上说　植物配置还应符合建筑物的功能要求。任何建筑物都具有其特定的性质以及使用上和艺术上的要求，如宗教建筑旁宜选用树形高大、古拙、长寿的树种；而景区建筑、小品旁宜种花繁叶茂的树种，起标志作用；安静的空间宜用密植的树丛、树篱加以分隔等。

（四）不同类型的中国园林建筑的植物配置设计要点

1. 中国皇家园林

中国皇家园林如颐和园、圆明园、天坛、故宫、承德避暑山庄等，为了反映帝王至高无上、威严无比的权力，宫殿建筑群具有体量宏大、雕梁画栋、色彩浓重、金碧辉煌、布局严整、等级分明的特点，常选择姿态苍劲、意境深远的中国传统树种，如白皮松、油松、圆柏、青檀、七叶树、海棠、玉兰、银杏、国槐、牡丹、芍药等。宫殿外环境的植物配置一般追求量少而精，常用盆植、孤植、列植、丛植等种植方式。皇家公园植物配置一般追求生境、画境和意境的营造，园内建筑旁常用盆植、孤植、对植，园内滨水区常用列植、丛植、群植、片植，其他区常用丛植、群植、林植等。

2. 江南古典私家园林

江南古典私家园林小巧玲珑、精雕细琢，以"咫尺之地"表现"城市山林"，建筑以粉墙、灰瓦、栗柱为特色，用于显示文人墨客的清淡和高雅。植物配置重视主题和意境，多在墙基、角隅处种植松、竹、梅等象征古代君子的植物，寓意文人具有像竹子一样的高风亮节、像梅一样孤傲不惧和"宁可食无肉，不可居无竹"的思想境界。

3. 岭南园林

岭南园林建筑轻巧、淡雅、通透，建筑旁宜选用竹类、棕榈类、芭蕉、苏铁等乡土树种，并与水、石组合。

4. 纪念性园林

纪念性园林建筑庄重、宏伟，植物配置宜庄严肃穆，常用杉、柏、梅、兰、竹等进行规则式配置。例如，南京中山陵选用大量的龙柏以示万古；广州中山纪念堂两侧，选用2株高大壮观的白兰花，以常绿浓重的白兰花象征先烈为之奋斗的革命事业万古长青。

5. 寺庙园林

寺庙园林主要是指佛寺和道观的附属园林，也包括寺观内部庭院和外围地段的园林绿化环境。寺庙园林环境的氛围很大程度上依赖于植物的配置，它兼具宗教活动场所和园林游赏的功能，是宗教建筑与园林环境的结合。

寺庙园林主要殿堂的庭院常栽植松、柏、樟、银杏、七叶树等姿态挺拔、虬枝枯干、叶茂荫浓的树种来烘托宗教的肃穆幽玄，丰富建筑物的立面效果。如北京潭柘寺雄伟的大雄宝殿两侧植以高大的银杏树与七叶树，杭州灵隐寺影壁前种的古朴参天的香樟、殿外高耸的枫香等。

寺庙园林中的塔院绿化需更好地表现其崇拜和寄思功能。因此，塔院内常栽以七叶树、龙柏、香樟等为基调树种，并适当点缀花灌木，如七叶树在寺庙塔院中经常被用到，其塔形的花序与塔院环境极为协调。

寺庙的次要殿堂、生活用房四旁则多栽植富有诗情画意的四季花木，以体现禅房花木深的意境。如戒台寺的方丈院内，花木繁多，姿态各异，主要有丁香、牡丹、金银花、珍珠梅、紫薇、樱花等，此外还有粗壮高大的银杏树以及数棵高大挺拔的苍松翠柏，给人一种赏心悦目、心旷神怡的感觉。杭州虎跑寺翠樾堂庭院以桂花、玉兰作为主调树种，并间以红枫等色叶树，下植书带草，突出了季相的变化，使庭院更富有自然风趣。

有的寺庙园林单独设置附园，其造景旨在创造雅致怡人的空间，如位于香山的碧云寺，北跨院为水泉院，清泉从山石流出，汇集池中，因水得景，开辟了水泉院园林；院内古木华盖、古柏参天、清泉叮咚，亭台、小桥点缀其中，形成了幽静的庭院园林。

（五）不同园林建筑单体的植物配置设计要点

1. 公园入口建筑的植物配置

公园的入口是园林的第一通道，需多安排一些服务性设施，如售票处、小卖部、等候亭廊等。常见入口大门的形式有门亭、牌坊、园门和影壁等，植物配置需和入口建筑的功能氛围相协调，具有软化入口大门的几何线条、增加景深、扩大视野、延伸空间的作用。入口前的停车场，四周可用乔灌木绿化，以便夏季遮阴及隔离周围环境；在入口内部可以用花池、花坛、灌木与雕像或导游图相配合，也可铺设草坪、种植花灌木，但不应遮挡视线、妨碍交通、影响游人集散。

2. 亭的植物配置

园林中的亭不论放在何处，常需有花木伴随，花木布置方法有两种：一是将亭建于大片丛植的开花林木之中，若隐若现；二是亭前孤植少数大乔木，以作陪衬，再辅以低矮花木（图10-3-2）。园林植物配置应和亭的造型、功效取得和谐，如果亭的攒尖较尖、挺拔、俊秀，则应选择圆锥形、圆柱形植物，如枫香、毛竹、圆柏、侧柏等竖线条树。

(a) 片植花卉　　　　　　　　　　　　　　(b) 亭旁大树

图 10-3-2　亭的植物配置

3. 水榭的植物配置

水榭前常选择水生植物（图10-3-3），水面如荷、睡莲等，水边如水杉、池杉、水松、旱柳、垂柳、白蜡、柽柳、丝棉木、花叶芦竹等。

(a) 南京流微榭 　　　　　　　　　　　　　　　(b) 成都万花拾景园

图 10-3-3　水榭的植物配置

（六）园林建筑不同部位的植物配置设计要点

1. 建筑阴面的植物配置

建筑阴面背影距离受季节地形影响，北京夏至背影距离为 0.3 倍楼高，春分、秋分背影距离为 0.8 倍楼高，冬至背影距离为 2～3 倍楼高。建筑阴面常选择耐阴植物，并根据植物耐阴力的大小决定距离建筑的远近，常用的耐阴植物有罗汉松、云杉、红豆杉、紫杉、山茶、栀子花、南天竹、珍珠梅、海桐、珊瑚树、大叶黄杨、蚊母树、迎春、十大功劳、常春藤、沿阶草等。

2. 建筑阳面的植物配置

建筑阳面的植物配置（图 10-3-4）常需考虑树形、树高和建筑风貌相协调，与建筑保持一定的距离，和窗错开，避免影响通风采光。植物不能种得太满，需选择喜阳、无毒、抗污染、观赏性强的植物。丛植、群植之间的植物应保留一定的透视线，竖向结构层次应丰富，注意常绿与落叶树种的比重。

图 10-3-4　建筑阳面的植物配置

3. 建筑门窗前的植物配置

门窗前的种植设计，应充分利门窗的造型，以门为框，通过植物配植，与路、石等进行精细的艺术构图，不但可以入画形成框景，还可以延伸视线，扩大空间感（图 10-3-5）。由于门窗框的尺度是固定不变的，但植物却不断生长，因此需选择生长缓慢、树形变化不大的植物，如芭蕉、棕竹、南天竺、孝顺竹、苏铁、佛肚竹等。近旁还可配些尺度不变的剑石、湖石，增添其稳定感，这样有动有静，构成相对持久的美丽画面。

图 10-3-5　建筑门窗的植物配置

4. 建筑角隅的植物配置

　　良好的植物配置能软化和打破角隅生硬的线条，常选择观果、观花、观干类植物成丛种植，如丛生竹、南天竹、芭蕉、丝兰、蜡梅、含笑、大叶黄杨等，宜和假山石搭配共同组景（图 10-3-6）。当建筑的外墙面为浅灰色时，可在墙隅及花池种植颜色鲜艳的花木，能造成强烈的色彩对比，如灰白色墙面种紫荆、紫玉兰、榆叶梅、红枫类植物；当建筑墙面为浅色时，种植深色的乔木，则会形成强烈的反差；当墙面为深色时，适合种浅色花、叶植物，如红色墙面前适宜种植连翘、迎春类开白花或黄花的植物。

图 10-3-6　建筑角隅的植物配置

5. 天井的植物配置

　　天井一般位于院子的中间，周围被建筑包围，面积小，天井里温度相对比建筑外围高、风也小，主要的交通功能导致铺装面积大。因此，天井的植物配置一般量少而精，常用种植方式有孤植、对植、盆植（图 10-3-7），常用造景方式有框景、借景、对景、漏景。应选对土壤、水分、空气湿度要求不太严格、观赏价值较大的观叶、观花乔木作为主景，如芭蕉、黄葛树、银杏、蓝花楹、桂花、紫薇等；选观花、观叶的地被、灌木类作配景，如葱兰、吉祥草、吊兰、鸢尾、金叶女贞、南天竹等；选观姿的造型植物盆景作点缀。

(a) 盆植

(b) 孤植

图 10-3-7　天井的植物配置

二、园林小品的植物配置设计

（一）概述

园林小品是指那些服务于园林游览需要的各类公共环境设施，也是园林中的点睛之笔，一般体量较小、色彩单纯，对空间起点缀作用，如桌椅、导示牌、垃圾箱、景观灯、雕塑、健身设施等。有些本身带有较强的艺术装饰性，无须进行植物配置，但多数还是需要相应的植物相配，用以构成巧妙而完美的自然人文生态景观。本节主阐述座椅、导视牌、景观灯、假山置石的植物配置设计要点。

（二）常见园林小品的植物配置设计要点

1. 座椅的植物配置设计

座椅一般根据人流量和功能而放置在景观大道、支路、小路两旁，广场，草坪等空间，良好的植物配置能给座椅作背景并具有遮阴、美化座椅、限定空间的作用（图 10-3-8）。常

(a) 大树下设椅

(b) 镶嵌于路边绿地

图 10-3-8　座椅的植物配置

见的配置方式有：①大树下设椅，这是最普遍、景观效果也较好的一种方式，植物主要起遮阴、美化的作用，常选树冠大、枝叶茂盛、有一定观赏特点的落叶树，如黄葛树、银杏等；②座凳随路而曲折，镶嵌于路边绿地之中，主要为游人提供休息和赏景的停歇处。其植物配置既要满足观赏远景与欣赏近物的双重需要，还要做到夏可庇荫，冬不蔽日。路边绿地座椅下要么是草坪要么是硬质铺装，座椅后面常有一段草坪过渡，草坪后为多层次丛植植物背景。

2. 导视牌

园林中的导视牌有大、有小，常见的有园区总索引导视牌、各类路牌、建筑导视牌、植物标识牌等，主要是传递信息和为游人指路（图10-3-9）。因此，要求大部分导视路牌和植物标识牌是双向识别，周围植物不能遮挡导视牌上的信息，常选观赏性强的地被、草、花卉、中低灌木围绕导视牌周围栽植，在既遮丑和柔化导视牌的同时又能实现美观的效果。

图 10-3-9　导视牌的植物配置（成都和美公园）

3. 景观灯

景观灯（图10-3-10）常按高度分为高杆灯、路灯、庭院灯、低位灯（草坪灯、地埋灯、水下灯）等。高杆灯一般15m以上，所有无论放在硬质铺装还是绿地上，植物高度对它影响不大，但不能离根系发达、生长快速和旺盛的植物太近；路灯一般6～9m，可布置在绿

图 10-3-10　景观灯的植物配置

地和硬质铺装上，前者需注意植物的高度不能遮挡它，不能对它产生安全隐患；庭院灯一般高3~5m，布置位置同路灯，同样不能被植物遮挡，可根据园子设计风格、主题、灯具风格选择栽植适量的花卉、花灌木、花小乔；草坪灯一般不超过1.2m，常布置在草坪上、灌木丛中，灯周围可搭配低矮花卉植物、置石、雕塑。

4. 假山置石

宋代画家郭熙："山以水为血脉，以草木为毛发，故山得水而活，得草木而华。"植物作为表现山林景观的素材，多注重色、香、形、韵，不能仅为了绿而绿，还应力求能入画，意境上求深远、含蓄、内秀，情景交融，寓情于景。

（1）假山的植物配置设计

"山借树而为衣，树借山而为骨，树不可繁要见山之秀丽。"山石的植物配置多与山的类型有关，主要有土山、石山、土石结合三类，一般大山用土，小山用石，中山土石结合并用。山石与植物造景要根据全园的整体布局、造园意图、山石的特性来进行植物配置，形成符合要求的氛围。

① 土山的植物配置设计（图10-3-11）

a. 分层配置。土山多采用分层混交方式，以形成自然山林景观。上层以高大的乔木为主，如银杏、朴树、榉树、榆树、榔榆、刺槐等；中层配置一些小乔木或灌木丛，疏朗开阔；下层配以较低矮的灌木丛或草花之类，人坐在山顶亭中，能够俯视或平视远处的景观。如拙政园岛上的丛林，主次分明、高低层次配合恰当，樟树、朴树高居上层空间，槭树、合欢等位于中层，梅、书带草、黄馨等铺地悬垂，立体组合良好，空间效果佳妙，颇有"横看成岭侧成峰，远近高低各不同"的趣味。

b. 结合地形。用土堆筑的山体缓坡较多，为了表达山体的高大，在山脚以草地或稀疏的几株小乔木或灌木来护土，也可用密植的灌木种植，用于保护山坡，免于水土流失。山坡上多以乔灌草结合，而在山顶上，根据视线安排，可形成密林，也可形成疏林。在配置植物时，植物的体量要结合土山的地形地貌来选择，如低山不宜栽高树，小山不宜配大木，以免喧宾夺主。

c. 多用乡土树种。地方的地域风格主要是由乡土树种表现，如北方常用油松、圆柏、国槐、金雀儿、桑、刺槐、国槐、银杏、榆树、三角枫、元宝枫、黄栌、杏树、栾树、合欢、火炬树、小叶朴、丁香、连翘、珍珠梅、黄刺玫、榆叶梅、桃、碧桃、山桃、紫叶李、樱花等植物笼罩整个土山，交错搭配形成天然群落之美。南方常用香樟、罗汉松、银杏、马

(a)分层配置　　　　　　　　　　　　　　(b)结合地形

图10-3-11　土山的植物配置

尾松、圆柏、南天竹、榔榆、白皮松、女贞、广玉兰、云南黄馨、海棠、梅花、桂花、山茶、南天竹、蜡梅、雀舌黄杨、杜鹃、乌桕、无患子等。

② 石山的植物配置设计（图 10-3-12）

a. 构筑画意。石质假山旁多种植观赏价值高的花木，常选择枝干虬曲的花木突显山石峭拔。石山少土，怪石嶙峋，植物种植也少，宜选择姿态虬曲的松、朴或紫薇等。山石上宜采用平伸和悬垂植物，注意体形枝干与山石的纹理对比，一般不用直立高耸的植物，攀缘植物也不宜多。如北海静心斋假山，它表现了山峦、溪水、峭壁、岫、峡谷，假山基部种植大乔木圆柏等，石的缝隙处野草嵌植，爬山虎攀缘在石壁上，景色丰富，真似有千丘万壑。苏州环秀山庄的湖石大假山，以玲珑剔透、清奇古怪为特征，沟壑、溪涧、洞穴、悬崖景观无所不具，在主峰处不栽植高大乔木，只植些爬山虎从高处垂下，而在山腰有松斜伸出来，在主峰后种植高大乔木朴树、桂花、槭树等，朴树树冠高大，营造了层峦叠嶂的景色，桂花、槭树通过叶色的对比，与朴树等落叶树木有助于形成季相明显的咫尺山林景观画境。

b. 前景与背景。因石质假山重点表现的是假山的形态，所以，在假山前景与背景方面，极其注意烘托假山。假山前多用山茶、蜡梅、杜鹃、黄杨、沿阶草类的低矮植物，背景则宜栽植如樟树、朴树、银杏、榉树、榔榆、桂花等能形成浓荫的大乔木，并通过色彩对比、林冠线的起伏突出石质假山。扬州片石山房的假山则是"一峰突起、连岗断堑、变幻顷刻、似续不续""峰与皴合、皴自峰生"，而在假山腰部与顶部的穴中植入小松、垂藤等，植物与山石交错在一起，营造了一片绿意。

(a) 前景与背景　　　　　　　　　　　　　　　　(b) 构筑画意

图 10-3-12　石山的植物配置

③ 土石结合的植物配置设计　需根据具体的山体类型进行植物配置。真正的土山在园林中并不多见，多是以土山带石的假山形式出现，如北宋徽宗时期的汴梁东北的艮岳以及现存的北海琼岛假山、苏州拙政园中假山等，皆是以土带石形成的。土山带石易形成规模庞大、地形地貌复杂多变、层峦叠嶂、松桧隆郁、秀若天成的山林景观。土山带石是在土山写实的基础上，逐步走向写意的假山形式，计成掇山主张要有深远如画的意境，余情不尽的丘壑，倡导土山带石的造山手法，追求"有真为假，作假成真"的艺术效果。

（2）置石的植物配置设计

置石又称孤赏石，常在空间中成为焦点，主要表现石的形态美，或表现石与植物交错共生的整体美（图 10-3-13）。因此，孤赏石的植物配置，要根据石的种类、形态、大小、摆放位置、景观要求等来选择和配置植物。一般在大型的孤赏石周围不种植大乔木，多在石旁配置一两株小乔木，或栽植多种低矮的灌木及草本植物，如沿阶草、马蔺、红花酢浆草、鸢尾、芍药、牡丹、石榴、红枫、紫薇、桂花、竹子、山茶等。通过植物的形态、大小、色彩等与孤赏石对比，表现孤赏石的魅力，如苏州留园东花园的冠云峰以及上海豫园玉华堂前的玉玲珑，都是自然式园林中局部环境的主景，具有压倒群芳之势。

图 10-3-13　置石的植物配置

任务四　园林水体的植物配置设计

【任务提出】　园林水体是指园林中各种水景的总称，常包括湖泊、水池、水塘、溪流、瀑布、跌水、喷泉等，具有生态、提供休闲娱乐活动场所、汇集雨水、防护、营造诗情画意等作用。观察图 10-4-1 中不同水体的植物配置，有着明显的差别。那么，园林水体的植物配置设计要点有哪些？校园以及周边绿地中有哪些水体？它们的植物配置是怎样的？

图 10-4-1　不同水体的植物配置

【任务分析】　要完成园林水体的植物配置设计，需先储备项目单元三～六中阐述的常用的园林乔木、灌木、地被、花卉、竹类、草类知识，项目单元八、九中的园林植物配置设计、花卉设计类知识，再根据项目的甲方要求、立地条件、景观方案设计理念和风格为水体做出科学与艺术的植物配置设计。

【任务实施】 教师准备有关园林水体植物配置设计的经典案例的图文资料以及多媒体课件，并结合学生比较熟悉的学校以及周边园林植物景观，阐述园林水体的植物配置设计要点，并以某城市广场园林植物与水体的组合设计为实践，同时注重和启发引导学生设计思维。

在古今中外的园林中，水是不可或缺的造园要素，常被称为园林的"血液"或"灵魂"，既因水是自然环境和人类生存条件的重要组成部分，又因人类有一种亲水的本能，水本身也具有奇特的艺术感染力。但园林中各类水体，无论其在园林中作主景、配景或小景，无一不借助植物来丰富水体的景观。水是植物的生命之源，植物又是水景的重要依托。只有利用植物变化多姿、色彩丰富的观赏特性，才能使水体的美得到充分的体现和发挥，才会有"疏影横斜水清浅，暗香浮动月黄昏"的景观效果。

园林水体是指园林中各种水景的总称，一般包括湖泊、水池、水塘、溪流、瀑布、跌水、喷泉等。园林里的水体形式多种多样，有水平如镜的湖泊，也有婉转欢快奔流的小溪、激荡动人的瀑布，还有勃勃生机的池塘湿地。为了营造不同的水景，不同水体的植物配置设计方式也各不相同。良好的植物配置对水体具有生态、美化、划分空间的作用。水体的植物配置设计常需遵循生态性、种类多样性、艺术性原则。下面将从中外古典园林中水体的植物配置设计、不同园林体水体的植物配置设计来阐述。

一、中外古典园林中水体的植物配置设计

（一）中国古典园林中水体的植物配置设计

中国古典园林中，几乎无园不水，极注重园林意境与空间营造。在植物与水的组合上非常注重画意，水边的每一棵树或每一丛花木在各个观赏方向都有恰到好处的美，独立成一幅风景画，植物可以是主景，或是前景，或是建筑物的背景，有风姿绰约的姿态之美。中国古典园林中水体的植物配置设计主要有以下要点。

（1）以水为镜，倒映植物与湖光山色（图10-4-2）

常利用水平如镜的水面，来倒映水边的景观形成极富诗意的风景，如亭台楼阁的翘角飞檐、假山石、树木花草等的影子在波光粼粼的水面上随风而动，颇有"风乍起，吹皱一池'清'（春）水"的静中生动之美。

① 小型水面　常倒映的是树木的轮廓或单株植物的姿态之美。在一些小庭院的水池，

(a) 大水面　　　　　　　　　　　　　　　　　　(b) 小水面

图10-4-2　以水为镜，倒映植物与湖光山色（成都麓湖）

把一些姿态优美的花木栽植在池岸边、亭廊水榭等建筑前或角落，与建筑形成丰富的立面轮廓线、平面轮廓线，水面上就会有参差不齐的轮廓倒映在水中，在丰富空阔的水面同时，也在人的心理上放大了实际空间，让人感到豁然开朗、幽深宁静、小中见大。

　　② 大型水面　在自然园林、公园里的湖泊边上也常种植各种乔木、灌木与花草，在配置时需先着重注意树形、枝干姿态，后适当考虑色彩丰富的花木，如可选用柳树、桃、松、桂花、石榴、紫藤、黄馨、蔷薇、菖蒲等乔灌草在水面形成一个立体的倒影，像苏州拙政园、颐和园昆明湖、杭州西湖等都采用这种倒影，为园林增添了几分趣味。

　　(2) 用植物丰富水面

　　多样的植物种植方式形成丰富的水面空间（图 10-4-3）。空阔的水面给人视野开阔、坦荡的感觉，但看久了就会因静而寂，因寂而觉呆板无趣，缺少生机。因此，常会在水面上构筑岛屿、架设桥梁或种植植物，来丰富水面空间，强化景深。古典园林中，水面上常种植荷花、睡莲、荇菜等水生植物。这些植物不能占满水面，只能占某一局部，形成三分植物七分水的布局。常用丛植、群植、片植的种植方式，群植能形成水中既有天光云影，又有香远益清的荷花风景，自由式丛植可形成一幅小舟畅游莲叶间的水乡风景。植物的季相变化能增加水景的多样性。水面是人赏水的视线焦点，只有水面种植季相明显的水生植物，游人在春夏秋冬才能欣赏到不同意境的风景。

图 10-4-3　用植物丰富水面（圆明园）

　　(3) 用植物来丰富水岸的边际线（图 10-4-4）

　　① 规则驳岸　在有建筑的一侧，可使用整齐的条石砌筑规则的石岸，或使用假山石驳岸，并种植一些不阻挡视线的花灌木，如迎春、探春或黄馨、薜荔等垂挂于驳岸上，或在假山石上攀爬地锦、络石等。常在驳岸边上散植樟树、朴树、银杏、刺槐、无患子、垂柳等大型乔木，间或点缀碧桃、梅花、玉兰、海棠、松树、鸡爪槭等中、小型乔木，并选择一些飘枝斜伸向水面，形成柔条拂水、相映成趣的画面。

　　② 自然驳岸　远离建筑的驳岸采用自然的山石驳岸或草岸，种植金钟花、云南黄馨、紫叶桃等，并采取缓坡的方式，在岸边浅水区种植水菖蒲、芦苇、慈姑、凤眼莲等。

图 10-4-4　用植物来丰富水岸的边际线（成都麓湖）

（4）以水生植物为载体，构筑意境

苏州拙政园的远香堂、芙蓉榭、荷风四面亭、留听阁，苏州怡园的藕香榭，扬州瘦西湖的莲花桥等，都以荷花为主题，构筑各种意境空间。在颐和园的水面极目四望，山岛葱茏，湖水潋滟，莺飞鱼跃，一派生机，令人赏心悦目；颐和园的知春亭岛上种满了杨柳、桃杏，在澄澈的春水中、和煦的春风里，以绽放的桃花、含绿的柳丝向人们报以春的信息。在古代水景园中，水中常选荷花、紫菱、荇菜、菰、芦苇、蓼花及藻类，岸边常选柳、竹、石榴、桃、槐、松、木芙蓉等。

（二）国外古典园林水体的植物配置设计

水在外国古典园林中表现得也是极富韵味和各异，各国根据自己的地理区域特征营造了千姿百态的水景，颇具代表的是法国、英国、意大利、日本等。

二、不同园林水体的植物配置设计

园林中的水体根据其动静态，大体上可以分为两类，即静水和动水。静态的水面给人以安静、稳定感，令人沉思，是适于独处思考和亲密交往的场所，其艺术造景元素常以光和影为主；动态的水则活泼、多变、跳动，加上种种不同的声音，更加引人注意，可以更好地活跃气氛，增添乐趣。

（一）静态水体的植物配置设计

静态水如湖、池、潭等。适合静态水的植物有马蹄莲、薰衣草、香蒲、美人蕉、海寿花、莎草、黄花蔺、睡莲、半边莲、玉簪、金鱼藻、荷花、狸藻、茨藻、小茨藻、菹草等植物。下面简要介绍一下池、湖静态水体的植物配置设计。

1. 池的植物配置设计

池与湖相比多指较小的水体，自然环境或村野中的一般称之为池塘，园林里或广场上的称之为水池。根据其形式及周边环境的不同、要营造的氛围不同，池周边的植物配置也不尽相同。

总体要求：主考虑近观，追求"小中见大"的效果，其配置手法往往细腻，注重植物单体的效果；注重水面的镜面作用，故水生植物不宜过于拥挤，通过倒影，增加水体的层次，扩大水景空间；注重色彩的营造，可根据花期的先后进行规划，达到此起彼落的效果，而且要注意立面的层次效果；水面植物可采用单丛孤植、成片丛植、容器种植，水边植物可采用孤植、列植、丛植；注重基本格调，需根据四周景物及池中设计的装饰构筑物、使用目的决定；注重数量和种类，一般提倡"以少胜多"，留出较多的水面，这种"少"的含义，包括种类与数量。如果种类多而数量少，很容易显得杂乱无章，如果种类不多，应有一定数量，物以类聚，成一小片才能有影响力；如果种类少数量也少，则孤芳自赏、单调乏味，也不适宜。

针对池塘水生植物种植常四周拥挤、中间空阔，视线受到阻碍的问题，可采取这些办法进行弥补：视线来源一方，如临窗一面或接近道路的一面可少种或不种植物；视线来自四周，如小路环池时，水池边沿植物的种植要断断续续，留出大小不同的缺口，避免封闭；水陆结合的地方，即水缘少种或不种水生植物的地方，岸坡上应种些陆生花卉，如池边一边的水缘若无水生植物，可种些酢浆草、矮雪轮、美女樱等花期长而植株矮小的种类，可以相互补充。

2. 湖的植物配置设计

湖是园林中最常见的大水体景观，有人工湖也有自然湖，一般水面辽阔、视野广、较宁静（图10-4-5）。

图 10-4-5　湖的植物配置（西昌邛海）

① 宽阔水景的配置模式以营造水生植物群落景观为主。主考虑远观，植物配置注重整体效果，主以量取胜，多采取单一群落或多种水生植物群落组合式。大面积的浮水植物可作为开阔水面的主景，如睡莲群落、荇菜群落、荷花群落等，创造出宁静幽远的景观效果，给人一种壮观的视觉感受。

② 美观上需景观多样化，层次丰富。因湖水面常较大，在植物选择和配置上可从主次、高矮、姿态、叶形、叶色、花期、花色等方面突出多样化，使植物群落竖向间错落有致。

③ 沿湖景点要突出季相，注意色叶树种的应用。如知名的西湖就很注重季相景观的营造。春天，沿湖桃红柳绿，垂柳、悬铃木、水杉、池杉等新叶一片嫩绿，碧桃、日本樱花、垂丝海棠、迎春等先后吐艳，与嫩绿的叶色交相呼应。秋天，色叶树种更是绚丽多彩，鸡爪槭、三角枫、红枫、乌桕、枫香、重阳木等呈现出鲜艳的红色或红紫色，而无患子、悬铃木、银杏、水杉、落羽杉、池杉、紫荆等呈现出金灿灿的黄色和黄褐色。

④ 湖边植物要考虑湖岸节奏与韵律的变化。大部分湖面，水域辽阔，视野开广，水面会给人有点平直的感受，可通过配置各种色彩与线条的植物增加节奏与韵律。如杭州西湖在水体中设堤、岛，本已增添水面空间的层次感，再在岸边种植高耸的水杉或雪松林与低垂水面的垂柳，更与平直的水面形成强烈的对比。同时树荫下轻拂水面的蔷薇、云南黄馨、金钟花等灌木丛又柔化岸线，丰富色彩。

（二）动态水体的植物配置设计

动水主要表现水的动感、声音等，动水分为流水和落水。流水如溪涧、河流等，落水如瀑布、喷泉等。

1. 带状水面的植物配置设计要点。

带状水面一般为自然河流或溪流。

（1）河流植物配置要点

① 自然河流随着一年四季雨量的变化有丰水期、常水期和枯水期，会涉及丰水位、常水位和枯水位这三个水位，它们是河岸景观设计的依据。常水位是河道一年来80%以上的时间里水位所处的位置，这个位置是界定选用植物为水生或旱生的依据，在此水位以下就选择水生植物，之上采用湿生或沼生植物。

② 河流两岸条带状地域需选高低错落、疏密有致、体现节奏与韵律的水生植物。切忌所有植物处于同一水平线上，应结合水面大小宽窄、水流缓急、空间开合，有大有小、有高有低、有前有后地搭配不同姿态、形韵、线条、色彩的水生植物，使之与周围环境相协调，力求模拟、浓缩、创造自然水景之美，构成种群稳定和富于季相变化的风景。

③ 流水环境下多选择挺水类植物，因它们可以承受急流。如毛茛、漂浮毛茛、线叶水马齿、柳叶水藓，可以吸附在岩石和树根上，也能在流水中生长。如在浅滩上可以种植艳丽耐湿的驴蹄草，并与白色变种组合，植物稠密的花茎可抵御流水的冲蚀。

④ 河流的沉水植物可选用黑藻、苦草、马来眼子菜、金鱼藻等能适应流水环境的种类。在狭窄水道边，水生观赏植物种类不宜太多，高矮应根据周围的背景来搭配，体现自然和谐的美化效果，常用的水生观赏植物有泽泻、芦苇、菖蒲、千屈菜、香蒲、花叶芦苇、花叶芦荻等。

（2）溪流的植物配置设计要点

溪流的特点是水面狭窄而细长，蜿蜒曲折，时隐时现，时宽时窄。人工溪流的宽度、深浅一般都比自然河流小，一眼即可见底，硬质池底上常铺设卵石或少量种植土，以供种植水生植物绿化水体。

① 溪涧的宽窄、深浅是影响植物配置的一个重要因素。一般选择较低、体量不宜过大的水生植物。种类不宜过多，只起点缀作用，注意溪流不要被植物完全淹没。如常以菖蒲、石菖蒲、海寿花、海芋等，3~5株一丛点植于水中块石旁，清新秀气，雅致宁静；岸边可种植如迎春、金钟、金丝桃、肾蕨等枝条较软的植物，在增加水体层次的同时，水面上清晰的倒影也可使溪流与植物融为一体。

②"山花野草，曲涧幽溪"可增添人工园林的野趣与亲切感。人工造的溪涧在溪形上要采用自然式，植物配置及树种选择上应以"自然式"和"乡土植物"为主，管理应粗放，任其枝蔓横生，显示其野逸的自然之气。

③ 曲折蜿蜒、有收有放的小溪流尽头及小溪旁，可配置遮挡视线的翠竹或花灌木，还可以配有岩石植物爬蔓的少量置石，以造成小溪绕石穿林远去的意境。

④ 一些不能露地越冬的水生植物，可做盆栽处理。既可保持水质的干净，又便于替换植株，更新设计。完全硬质溪底的人工溪流，也可采用此种方式处理。

⑤ 在植物配置上可采用不同的植物搭配出花溪、树溪、草溪等（图10-4-6）。花溪，是最能在不同季节产生丰富多彩季相美的一种水景，如海棠溪、芙蓉溪、桃花溪、荷花溪、莲花溪、兰花溪、红花杜鹃溪、白花驴蹄草溪等。树溪，可以形成具有高大宽阔的绿茵水面空

间，常选各种耐水湿的大小乔木，如配置适宜的多种植物组合，可产生红花绿叶、姿态婀娜的季相之美。草溪，水草植物攀附溪水泉石之中，自然生长于溪旁、沟旁的杂草，极尽自然野趣之美，虽看起来凌乱，但使人产生一种自然而朴实之美。

(a)草溪　　　　　　　　(b)花溪　　　　　　　　(c)树溪

图 10-4-6　溪流的植物配置

2. 喷泉的植物配置设计要点

因水流的飞溅以及水面的激荡会影响植物的生长，所以喷水池中很少有植物景观。大多数规则式喷水池，注重池旁植物的配置，这些植物作为背景衬托水体，起到欲藏还露的神秘效果，选择深绿色的叶冠或暗色的树干可形成较为理想的背景，如一些常绿植物羊蹄甲、小叶榕、竹等（图 10-4-7）。而在一些小型的规则喷水池边可以用整形的树篱进行装饰，但不宜过繁。此外，有香味的水生植物会让喷泉周围芳香四溢。一些小型喷泉水池喷射力较小，可在水池中直接种植水生植物进行装饰，水生植物数量不宜过多，植株不宜高大，以浮水和低矮的挺水植物为主，可适当点缀睡莲、荷花、芡实等，种植的位置不宜靠落水面太近。

图 10-4-7　喷泉的植物配置

3. 叠水瀑布的植物配置设计要点

瀑布是由水的落差形成，小型瀑布也可以称为叠水。叠水瀑布的植物配置（图 10-4-8）时要注意以下几方面。

① 水口的植物景观会影响跌水景观成功与否，植物常结合步石配置，如石菖蒲或苔草；跌水口上的植物配置，既要考虑到植物本身的习性，是否能承受流速较快的水流，又要考虑到水口的景观和生态效果。

② 自然式瀑布产生的水雾与飞溅的水花形成的小环境内湿度较高，更适于喜湿植物，如报春花属的植物。

③ 瀑布周围的植物种类不应过多。小型瀑布周围的植物一般不超过三种，且在背景上应该种植乔灌木来增加地势的变化，如在地形轮廓线并不是很理想，可用常绿植物做绿色背景。

④ 瀑布的周围可以种植一些叶片细小或羽毛状的植物，如细小的粉红报春植物，与蕨类植物能形成鲜明的对比，具有白绿条纹相间的燕子花在花谢之后仍有很高的观赏价值。在离瀑布较远的地带，玉簪属植物硕大的叶片为细小、羽毛状复叶的植物提供很好的衬托，在它们之间也可以补植一些优雅的鸢尾。

图 10-4-8　叠水瀑布的植物配置

实训模块十　城市广场中其他园林组成要素的植物配置设计

一、实训目的

（1）熟悉城市广场园林植物配置设计的流程。

（2）学会其他园林组成要素的植物配置设计相关知识，完成城市广场植物配置设计，并用图纸表达。

二、实训材料

（1）教师准备若干城市广场植物配置设计经典案例供学生参考用。

（2）教师准备几套不同类型的城市广场景观方案设计原始图供学生选择。

三、实训内容

城市广场中其他园林组成要素的植物配置设计。

四、实训步骤

（1）教师阐述实训任务，并展示教师提前做好的示范设计、往届学生的优秀作业、优秀商业案例。

（2）教师按城市广场植物配置设计流程依次简单阐述和示范其他园林组成要素的植物配置设计关键点。

（3）学生跟练，教师辅导答疑。

（4）设计汇报与交流、修改、定稿。

五、实训作业

学生用规范的广场植物配置方案设计图（A3彩色横版，封面、目录、方案设计说明、相关分析图、植物彩平图、意向图、效果图、苗木简表）、施工设计图（A3横版CAD、目录、植物种植施工设计说明、植物总平面图、网格定位图、尺寸定位图、上木平面图、下木平面图、苗木表）展示自己的城市广场植物配置或植物景观改造设计。

【练习与思考】

1. 简述园林地形的植物配置设计要点，并找对应的意向图不少于10张。

2. 简述园路的植物配置设计要点，并找对应的意向图不少于10张。

3. 简述园林建筑、小品的植物配置设计要点，并找对应的意向图不少于10张。

4. 简述园林水体的植物配置设计要点，并找对应的意向图不少于10张。

项目单元十【知识拓展】见二维码。

传统植物景观的意境营造

植物景观设计实践

知识目标： 通过对本章三个任务内容的学习，掌握居住区绿地、道路绿地、别墅庭院的相关基础知识，以及不同空间的植物配置设计方法。

技能水平： 通过对三个典型场所（居住区、道路、别墅庭院）的植物配置设计内容学习，掌握在实际场地中植物配置的要点及配置方法，掌握植物配置设计流程，并结合拓展任务强化植物配置设计训练。

导言

本项目单元分为三个任务。其中，任务一居住区植物配置设计主要从居住区绿地的几种类型、绿化指标、居住区不同绿地空间的植物配置设计要点、居住区植物配置设计流程等方面重点介绍。任务二道路植物景观设计，从道路绿地的相关术语、道路绿地的断面形式、不同道路绿带的设计要点及设计流程，结合具体的案例，介绍道路绿地的配置要点。任务三以别墅庭院作为主体任务，从别墅分类、别墅庭院的空间组成、不同空间的植物配置设计流程，以及别墅庭院植物配置设计的案例，展示了别墅庭院植物配置设计的步骤，将本书之前的章节内容，运用在设计实践中。

任务一　　居住区植物景观设计

【任务提出】 居住区是人类生存和发展的主要场所，居住区绿地是城市绿地系统中的重要组成部分，而植物作为居住区绿地建设的主体，对居住区的生态环境发挥着平衡的调节作用。居住区绿地都有哪些类型？不同类型绿地的植物配置都有哪些要点？怎样进行居住区绿地的植物配置，是本任务的重点。

【任务分析】 居住区绿地中的植物功能巨大，除了景观功能，也有生态以及防护功能，怎样在功能的基础上实现植物配置，是需要考虑的问题。此外，植物的高低、树形的姿态、四季的色彩变换，都使得居住区植物景观有很大的变化。在国家对居住区绿地指标的规定下，按照居住区不同绿地的分类，进行植物配置的思考。

【任务实施】 首先要明确居住区绿地的类型以及相应的国家指标、规范，在此基础上掌握设计的大体思路，进而拓展到不同类型绿地的植物配置要点，结合相应案例，掌握居住区绿地的植物景观设计。

一、居住区绿地类型和绿化指标

（一）绿地类型

根据居住区中绿地的位置和功能，一般将居住区绿地分为四大主要类型：居住区公共绿地、宅旁绿地、居住区道路绿地及公建设施绿地。

1. 居住区公共绿地

它是全区居民公共使用的绿地，其位置适中，并靠近小区主路，适宜于各个年龄组的居民前去使用。具体应根据居住区不同的规划组织结构类型，设置相应的中心绿地和组团绿地。居住区公共绿地集中反映了小区绿地质量水平，一般有较高的规划设计水平和一定的艺术效果。

（1）中心绿地

在居住区的规划设计中，每个居住区都有一处自己的公共中心区域，为本居住区的居民提供商业、文化、娱乐等服务，这个公共中心常常和中心绿地结合起来，形成整个居住区居民共用的共享空间，中心绿地（图11-1-1）在居住区中应该位置适中并靠近小区主路，适宜各年龄组的居民使用。中心绿地绿化面积（含水面）不宜小于绿地面积的75%。从生态角度看，中心绿地相对面积较大，有较充裕的空间模拟自然生态环境，对于居住区生态环境的创造有着直接的影响；从景观创造的角度看，中心绿地一般视野开阔，有足够的空间容纳足够多的景观元素构成丰富的景观外貌；从功能角度而言，可以安排较大规模的运动设施和场地，有利于居住区集体活动的开展；从居民心理感受而言，在密集的建筑群中，大面积的开敞地则成为心灵呼吸的地方。

图 11-1-1　居住区中心绿地

图 11-1-2　居住区组团绿地

（2）组团绿地

从20世纪50年代后期起，组团绿地（图11-1-2）的形式就已经在我国出现，它实际是宅间绿地的扩大或延伸，虽然大小不同、形态各异，但普遍认同一个组团就是一个基本的社会单元。组团绿地供本组团居民集体使用，为组团内居民提供室外活动、邻里交往、儿童游戏、老人聚集等良好的室外条件，为建立居民的社区认同感、促进邻里交往、建立良好的邻里关系提供了必要的环境条件。组团绿地离居民居住环境较近，居民步行几分钟即可到达，便于使用，居民在茶余饭后即来此活动。因此，组团绿地就成为居民主要的活动场所，在视觉上和使用上成为居民环境意向中的"邻里"中心。在使用上，组团绿地应有较多的活动面积，便于居民活动；从视觉上看，组团绿地应具备作为组团中心所应有的标志与象征。另外，组团绿地的设置应满足有不少于1/3的绿地面积在标准的建筑日照阴影范围之外的要求，并便于设置儿童游戏设施和适于成人游憩活动。

2. 宅旁绿地

宅旁绿地（图11-1-3），也称宅间绿地，是最基本的绿地类型，多指在行列式建筑前后两排住宅之间的绿地，其大小和宽度取决于楼间距，一般包括宅前、宅后以及建筑物本身的绿化，它只供本栋居民使用。宅旁绿地对居民的居住环境影响最为直接，是居住区绿地内总面积最大、居民最经常使用的一种绿地形式，尤其是对学龄前儿童和老人（图11-1-4）。

图11-1-3 居住区宅旁绿地

图11-1-4 居住区宅旁儿童活动绿地

3. 居住区道路绿地

居住区道路绿地是居住区道路两侧、红线以内的绿地，具有遮阴、防护、丰富道路景观的功能，根据道路的分级、地形、交通情况等进行布置。道路绿地是居住区绿地系统的一部分，也是居住区"点、线、面"绿地系统中的"线"的部分，它起到连接、导向、分割、围合等作用，沟通和连接居住区公共绿地、宅旁绿地等各级绿地（图11-1-5）。

图11-1-5 居住区道路绿地

图11-1-6 居住区公建设施绿地

4. 公建设施绿地

各类公共建筑和公共设施四周的绿地称为公建设施绿地（图11-1-6）。例如，商店、俱乐部、会所、活动中心等周围的绿地，其绿化布置要满足公共建筑和公共设施的功能要求，并考虑与周围环境的关系。

（二）绿化指标

随着物质文化水平的提高，人们对居住环境的要求也越来越高，居住区的绿地率是衡量居住环境的一项重要数字。我国规定居住区绿地面积至少占总用地的30%，新建居住区绿地率要在40%～60%，旧区改造绿地率不能低于25%。2001年住房和城乡建设部提出的《绿色生态住宅小区的建设要点和技术导则》中还规定了一项指标：每100m^{2}的绿地要有3株以上乔木；华中、华东地区木本植物种类不少于50种；华南西南地区木本植物种类不少于60种，以保证居住区植物种类的多样性。

二、居住区植物景观设计

（一）总体设计

① 确定基调树种。主要用作行道树和庭荫树的乔木树种的确定要基调统一，在统一中求变化，以适合不同绿地的需求。如图11-1-7所示，在道路绿化时，主干道以落叶大乔木银杏为主，选用紫叶李、大叶黄杨球、合欢加以陪衬，路缘选用草花等加以点缀。

图11-1-7　道路绿化基调树种

② 以绿色为主调，适量配置各类观花植物，以起到画龙点睛之妙。如图11-1-8，在居住区入口处种植体型优美、季节变化强的乔灌木，并搭配色彩鲜艳的花卉植物，以增加居住区的可识别性。

图11-1-8　居住区入口植物配置

③ 乔、灌、草、花结合，常绿与落叶结合，孤植、丛植、群植结合，构成多层次的复合群落结构，使居住区的绿化疏密有致（图11-1-9）。

图11-1-9　多层次复合群落结构

④ 选用具有不同香型的植物给人独特的嗅觉感受，可以选择的植物有广玉兰、桂花、栀子花、含笑等。

⑤ 选用与地形相结合的植物种类。如图 11-1-10（a）所示是居住小区的景观水系，水池周边亲水绿地地被、色块采用了鸢尾、毛杜鹃、红花檵木、金叶女贞球和云南素馨等品种，与景观水池压顶石、景石有机结合，形成形态自然，叶色、叶形、花色多样和层次丰富的亲水绿地效果。如图 11-1-10（b）所示，在居住区中心广场中，通过金叶女贞绿篱与台阶结合，强化地形，突出广场的向心性。

(a) 居住小区景观水系 　　　　　　　　　　　(b) 居住区中心广场景观

图 11-1-10　与地形结合的植物选择

如图 11-1-11 所示，在起伏的地形中，将植物种植在地势低的位置，可以减弱或消除由地形所构成的空间。相反，如果将植物种植在地势高的位置，可以增强由地形所构成的空间。

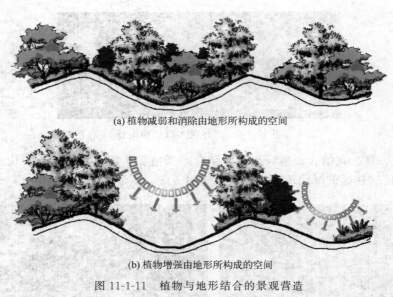

(a) 植物减弱和消除由地形所构成的空间

(b) 植物增强由地形所构成的空间

图 11-1-11　植物与地形结合的景观营造

（二）分项设计

1. 居住区公共绿地植物设计

居住区公共绿地以植物材料为主，与地形、山水和景观建筑小品等构成不同功能、变化丰富的空间，为居民提供各种特色空间。

（1）居住区小游园植物设计

小游园一般布置在小区中心位置，方便居民使用，其服务半径一般以 200～300m 为宜，最多不超过 500m；在规模较小的小区中，小游园也可在小区一侧沿街布置或在道路的转弯处两侧沿街布置。小游园以植物造景为主，要考虑四季景观。在植物种类选择上，要考虑不同的季相景观，以及尽量做到三季有花，四季有绿。例如：

春景：垂柳、玉兰、迎春、连翘、海棠、樱花、碧桃等。

夏景：悬铃木、栾树、合欢、木槿、石榴、凌霄、蜀葵、紫薇等。

秋景：银杏、枫树、火棘、桂花、爬山虎等。

冬景：蜡梅、雪松、白皮松、龙柏等。

如图 11-1-12，上层乔木选择栾树，中层灌木选择洒金珊瑚，地被选择鼠尾草，将植物色彩与形态景观融合在小游园中，使其功能性更加突出。

图 11-1-12　小游园植物设计

（2）居住区组团绿地植物设计

居住区组团绿地是不同建筑群组成而形成的绿化空间，用地面积不是很大，但离住宅最近，居民能就近方便使用，尤其是老人和儿童，在植物设计上要考虑到他们生理和心理的需要。可利用植物围合空间，以绿色作为基调颜色进行植物布置。如某居住区中，4 个组团绿地分别选用桂花、桃花、海棠、梅花四类植物作为组团主景树，结合其他花木栽植，形成各自不同的氛围和意境（图 11-1-13～图 11-1-16）。

（3）居住区宅旁绿地植物设计

宅旁绿地的功能主要是美化生活环境，阻挡外界视线、噪声和灰尘，满足居民夏天纳凉、冬天晒太阳、就近休息赏景、幼儿就近玩耍等需要，为居民创造一个安静、卫生、舒适、优美的生活环境（图 11-1-17），设计要注意以下几点：

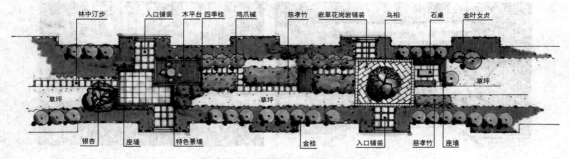

图 11-1-13　桂花园组团绿地平面图

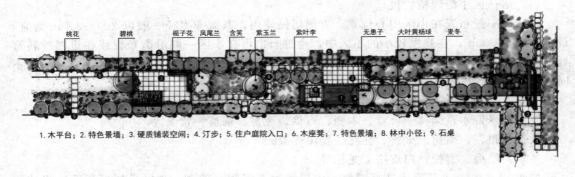

桃花　碧桃　　栀子花　凤尾兰　含笑　紫玉兰　　紫叶李　　　无患子　大叶黄杨球　麦冬

1.木平台；2.特色景墙；3.硬质铺装空间；4.汀步；5.住户庭院入口；6.木座凳；7.特色景墙；8.林中小径；9.石桌

图 11-1-14　桃花园组团绿地平面图

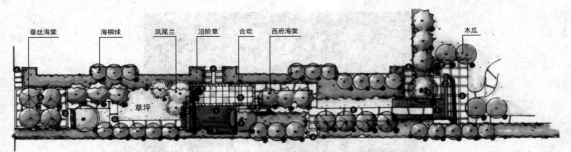

垂丝海棠　　海桐球　　凤尾兰　沿阶草　合欢　西府海棠　　　　　木瓜

草坪

1.木平台；2.特色景墙；3.硬质铺装空间；4.树阵小广场；5.木座凳；6.住户庭院入口；7.特色景观树（合欢）；8.林中小径；9.特色陶罐

图 11-1-15　海棠园组团绿地平面图

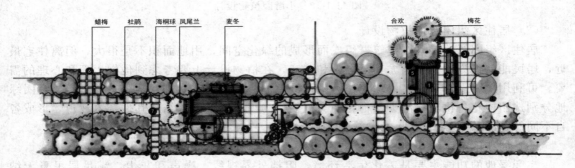

蜡梅　杜鹃　海桐球　凤尾兰　麦冬　　　　　　　　　合欢　　　梅花

1.木平台；2.特色景墙；3.硬质铺装空间；4.特色陶罐；5.木座凳；6.住户庭院入口；7.汀步；8.林中小径

图 11-1-16　梅园组团绿地平面图

图 11-1-17　宅旁绿地的植物配置

① 各行列、各单元的住宅树种选择要在基调统一的前提下，各具特色，成为识别的标志，起到区分不同的行列、单元住宅的作用。

② 宅旁绿地树木、花草的选择应注意居民的喜好、禁忌和风俗习惯。

③ 住宅四周植物的选择和配置。一般在住宅南侧，应配置落叶乔木，在住宅北侧，应选择耐阴花灌木和草坪配置，若面积较大，可采用常绿乔灌木及花草配置，既能起分隔观赏作用，又能抵御冬季西北寒风的袭击；在住宅东、西两侧，可栽植落叶大乔木或利用攀缘植物进行垂直绿化，有效防止夏季西晒和东晒，以降低室内气温，装饰墙面。

④ 窗前绿化要综合考虑室内采光、通风、减少噪声、视线干扰等因素，一般在近窗种植低矮花灌木或设置花坛，通常在距离住宅窗前5～8m之外，才能分布高大乔木。

⑤ 在高层住宅的迎风面及风口应选择深根性树种。

⑥ 绿化布置应注意空间尺度感。

2. 居住区道路绿地植物设计

居住区道路主要分为主干道、次干道、游步道3级道路。

在主干道植物设计上，要考虑人行道上行人的遮阴功能，上层选择高大落叶乔木，下层选择耐阴花灌木。行道树的栽植要考虑行人的遮阴与车辆交通的安全，在交叉口及转弯处要留有安全视距；宜选用姿态优美、冠大荫浓的乔木进行行列式栽植。

在次干道的两侧植物设计上可以乔灌木高低错落自然布置，并与支干道两侧的宅旁绿地密切结合，形成有机整体。

人行道绿带还可用耐阴花灌木和草本花卉种植形成花境，借以丰富道路景观。

图11-1-18所示为某居住区入口的道路植物配置平面图，主路口两旁采用规则式配置，选用紫叶李两行列植，作为主调树种。主路的西侧孤植一棵落叶乔木银杏作为主景树，最西侧的绿地中上层选用棕榈、中层选用海桐、下层选用杜鹃，并创造自然草坡，形成主景树的绿色背景。

图11-1-18　某居住区入口道路植物配置

图11-1-19所示为道路节点植物配置实景，在小游园游步道道路节点空间，地面硬质铺装的直角围边采用了毛鹃色块配红花檵木球，在直角部位草坪上种植无刺枸骨球来收住铺装硬角，形成具有围合感、美观的中庭景观节点空间。

三、居住区植物景观群落推荐

（一）四季景观

1. 体现春景的植物群落

上层：雪松；中层：白玉兰、樱花＋西府海棠或紫荆；地被：紫花地丁。

图 11-1-19　道路节点植物配置实景

2. 体现夏景的植物群落

上层：圆柏＋国槐＋合欢；中层：紫叶李＋紫薇或石榴-平枝栒子或卫矛；地被：玉簪。

3. 体现秋景的植物群落

上层：老鸦柿或银杏＋火炬漆；中层：平枝栒子；地被：阔叶麦冬。

4. 体现冬季景观的植物群落

上层：雪松＋朴树；中层：蜡梅；下层：栒骨；地被：铺地柏＋书带草。

（二）保健型人工植物群落

① 上层：圆柏（侧柏或雪松）＋臭椿（或国槐、白玉兰、柽柳、栾树）；中层：大叶黄杨＋碧桃＋金银木（或紫丁香、紫薇、接骨木）；下层：铺地柏＋丰花月季或连翘；地被：鸢尾或麦冬。

② 上层：白皮松（粗榧或洒金扁柏）＋银杏（栾树、杜仲、核桃、丁香）；中层：早园竹＋海州常山（珍珠梅、平枝栒子、栒骨、黄刺玫）；地被：萱草＋早熟禾。

（三）芳香类植物群落

① 广玉兰-栀子＋蜡梅-月季。

② 白玉兰＋银杏-结香＋栀子-十姐妹＋红花酢浆草。

③ 银杏-桂花＋含笑-红花酢浆草。

任务二　道路绿地植物景观设计

【任务提出】　随着城市机动车辆的增加，交通污染日趋严重，道路绿化的主要功能是庇荫、滤尘、减弱噪声、改善道路沿线的环境质量和美化城市，怎样进行道路绿地的植物配置，是本任务的重点。

【任务分析】　道路绿地是指道路及广场用地范围内可进行的绿化用地。从广义上讲，道路绿地分为道路绿带、交通岛绿带、广场绿地和停车场绿地。从狭义上讲，道路绿地即道路绿带，即以道路为主体的相关部分空地上，以乔木为主，乔木、灌木、地被植物相结合的绿化设计。

【任务实施】 首先明确道路绿地的相关概念，包括相关术语及国家对道路绿地的绿化指标规定；其次了解道路绿地的不同断面形式，更好地把握不同类型绿地的设计方法。在具体设计方法中，通过不同绿带的设计方法，结合内容中的案例，把握道路绿地的植物配置要点。

一、道路绿地相关概念

（一）相关术语

1. 道路红线

道路红线是指规划的城市道路（含居住区级道路）用地的边界线（图 11-2-1）。有时也把确定沿街建筑位置的一条建筑线谓之红线，即建筑红线。它可与道路红线重合，也可退于道路红线之后，但绝不许超越道路红线，在红线内不允许建任何永久性建筑。

图 11-2-1　道路红线示例

2. 道路绿带

道路绿带是指道路红线范围内的带状绿地。道路绿带分为分车绿带、行道树绿带和路侧绿带。

3. 分车绿带

分车绿带是指在车行的路面上设置的划分车辆运行路线的绿带。一般在路面上可以有一条或两条绿带，一条绿带是把车辆分成上下行；两条绿带是把慢车道和快车道分开。

4. 行道树绿带

行道树绿带是指布设在人行道与车行道之间，以种植行道树为主的绿带。

5. 路侧绿带

路侧绿带是指在道路侧方，布设在人行道边缘至道路红线之间的绿带。

6. 交通岛绿地

交通岛绿地是指可绿化的交通岛用地。交通岛绿地分为中心岛绿地、导向岛绿地和立体交叉绿岛。

7. 中心岛绿地

中心岛绿地是指位于交叉路口上可绿化的中心岛用地（图 11-2-2）。

8. 园林景观路

园林景观路是指在城市重点路段，强调沿线绿化景观，体现城市风貌、绿化特色的道路。

9. 道路绿地率

道路绿地率是指道路红线范围内各种绿带宽度之和占总宽度的百分比。

道路绿地率相关规定：

• 园林景观路绿地率不得小于 40％；

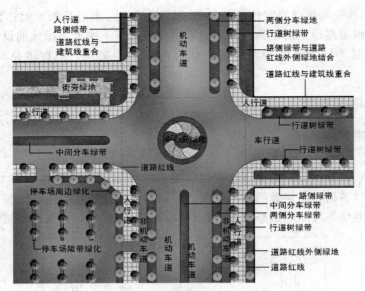

图 11-2-2　道路绿地名称示意图

- 红线宽度大于 50m 的道路，绿地率不得小于 30%；
- 红线宽度 40～50m 的道路，绿地率不得小于 25%；
- 红线宽度小于 40m 的道路，绿地率不得小于 20%。

（二）道路绿地断面形式

城市道路绿地断面布置形式与道路的性质和功能密切相关。一般城市中道路由机动车道、非机动车道、人行道等组成。道路的断面形式多种多样，植物景观形式也有所不同。我国现有道路多采用一块板、两块板、三块板、四块板式等，相应道路绿地断面也就出现了一板两带式、两板三带式、三板四带式、四板五带式。

1. 一板两带式绿地

一板两带式绿地是指一条车行道、二条绿带，这是道路绿化中最常用的一种形式。中间是车行道，两侧是人行道，在人行道上种植一行或多行行道树（图 11-2-3）。其优点是简单整齐，用地比较经济，管理方便，但在车行道过宽时行道树的遮阴效果较差，同时机动车辆与非机动车辆的混合形式，不利于组织交通。

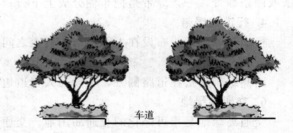

图 11-2-3　一板两带式绿地剖面示意图

此种形式适于机动车交通量不大的次干道、城市支路和居住区道路。道路宽度一般为 10～20m。

2. 二板三带式绿地

二板三带式绿地是指除了在车行道两侧的人行道上种植行道树外，还有一条一定宽度的分车绿带把车行道分成双向行驶的两条车道（图 11-2-4）。分车绿带宽度不宜小于 2.5m，以 5m 以上景观效果为佳，可种植 1～2 行乔木，也可种植草坪、草本花卉或者花灌木。

此种形式适于宽阔道路，绿带数量较大、生态效益较显著，多用于高速公路和入城道路绿化。

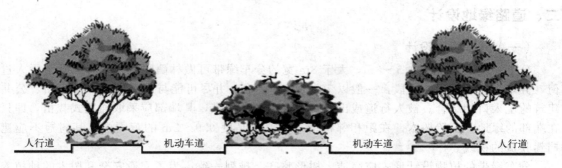

图 11-2-4　二板三带式绿地剖面示意图

3. 三板四带式绿地

利用两条分隔带把车行道分成三块，中间为机动车道，两侧为非机动车道，连同车行道两侧的行道树共为四条绿带，故称三板四带式（图 11-2-5）。分车绿带宽度在 $1.5\sim2.5\mathrm{m}$ 的，以种植花灌木或者绿篱造型植物为主，宽度在 $2.5\mathrm{m}$ 以上时可种植乔木。

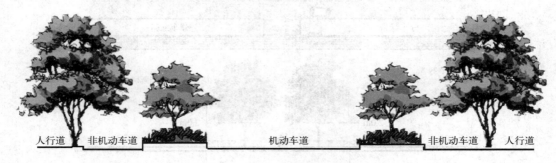

图 11-2-5　三板四带式绿地剖面示意图

此种形式适于城市主干道，组织交通方便、安全，解决了机动车与非机动车混行的矛盾，尤其在非机动车辆多的情况下是较合适的。

4. 四板五带式绿地

四板五带式绿地是利用 3 条分隔带将车道分为 4 条（2 条机动车道和 2 条非机动车道），使机动车和非机动车均形成上行、下行各行其道，互不干扰，保证了行车速度和交通安全（图 11-2-6）。

图 11-2-6　四板五带式绿地剖面示意图

此种形式适于车辆较多的城市主干道或城市环路系统，用地面积较大，分车绿带可考虑用栏杆代替，以节约城市用地。

二、道路绿地设计

（一）分车绿带设计

分车绿带一般宽为 2.5～8m，大于 8m 宽的分车绿带可做林荫路设计。为了便于行人过街，分车带应进行适当分段，一般以 75～100m 为宜，并尽可能与人行横道、停车站、公共建筑的主入口相结合。被人行道或出入口断开的分车绿带，其端部应采取通透式栽植，即只在端部的绿地上配置树木，在距相邻机动车道路面高度 0.9～2m 的范围内，其树冠不应遮挡驾驶员的视线。

分车绿带的植物设计形式应简洁、树形整齐、排列一致。为了交通安全和树木的种植养护，在分车绿带上种植乔木时，其树干中心至机动车道路缘石外侧距离不能小于 0.75m（图 11-2-7）。

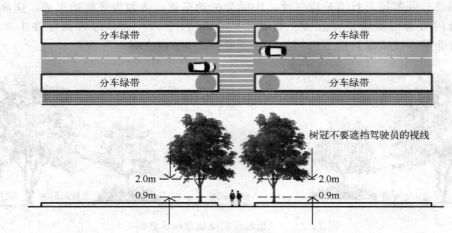

图 11-2-7　分车带端部需采取通透式栽植

1. 中间分车绿带设计

中间分车绿带应阻挡相向行驶车辆的眩光。在相向机动车道路之间，高度在 0.6～1.5m 的范围内种植灌木、灌木球、绿篱等枝叶茂密的常绿树能有效阻挡夜间相向行驶车辆前照灯的眩光，其株距应小于冠幅的 5 倍。

中间分车绿带的种植形式有以下 3 种种植形式。

（1）乔木＋草坪

上层种植乔木，下层种植草坪。高大的乔木成行种植在分车绿带上，会使人感到一种雄伟壮观的景象，但缺点是比较单调。图 11-2-8 中，主要应用的乔木是银杏和香樟，银杏属于落叶大乔木，而香樟属于常绿大乔木，将落叶和常绿进行搭配，产生季相的变化，从而可以弥补上层乔木下层草坪的单调的缺点。

（2）乔木＋常绿灌木绿篱

上层种植乔木，下层种植常绿灌木，常绿灌

图 11-2-8　分车绿带种植方式：乔木＋草坪

木经过整形修剪，使其保持一定的高度和形状。乔木、灌木按照固定的间隔排列、有整齐划一的美感。图11-2-9中，是将上层的银杏和下层的瓜子黄杨进行组合。银杏属于落叶乔木，下层的瓜子黄杨是常绿的灌木，也是典型的将落叶乔木和常绿灌木进行组合搭配，产生季相上的景观变化。

图11-2-9　分车绿带种植方式：
乔木＋常绿灌木绿篱

图11-2-10　分车绿带种植方式：乔木＋
灌木-绿篱＋花卉-草坪

（3）乔木＋灌木-绿篱＋花卉-草坪

上层种植乔木，中层种植灌木和绿篱，下层种植花卉和草坪，形成上、中、下复层搭配形式，并通过图案的设计，从而使分车绿带达到丰富的色彩美和构图美，这是目前使用最普遍的形式（图11-2-10）。

2. 两侧分车绿带设计

两侧分车绿带离交通污染源最近，其绿化所起的滤减烟尘、减弱噪声的效果最佳。当两侧分车绿带宽度小于1.5m时，绿带应种植灌木、地被植物或草坪；当两侧分车绿带宽度在1.5～2.5m时，绿带以种植乔木为主，在乔木与乔木中间种植常绿花灌木，以增加景观色彩；当两侧分车绿带宽度大于2.5m时，可采用常绿乔木、落叶乔木、灌木、花卉和草坪多种植物类型相互搭配的种植形式。

（二）人行道绿带设计

人行道绿带是指车行道边缘与道路红线之间的绿地，包括人行道和车行道之间的行道树绿带以及人行道与建筑之间的路侧绿带。人行道绿带既起到与嘈杂的车行道的分隔作用，又为行人提供安静、优美、遮阴的绿色环境。城市道路红线较窄，没有车行道隔离带的人行道绿带中，不宜配置树冠较大、易郁闭的树种，以利于汽车尾气的扩散。

1. 行道树绿带设计

行道树是城市道路植物景观的基本形式。行道树的主要功能是为行人和驾驶非机动车的人庇荫、美化街道、降尘、降噪、减少污染。

（1）种植方式

行道树的种植方式主要有树池式和树带式两种。

① 树带式　在人行道和车行道之间留出一条连续的、不加铺装的种植带，为树带式种植形式。种植带宽度一般不小于1.5m，可种植一行乔木和绿篱，或根据不同宽度可种植多行乔木，并与花灌木、地被等相结合（图11-2-11）。在人行道较宽、行人不多或绿带有隔离防护设施的路段，行道树下可以种植灌木和地被植物，减少土壤裸露，形成连续不断的绿化带，提高防护功能，加强绿化景观效果。

图 11-2-11　树带式行道树种植法

图 11-2-12　树池式行道树种植法

②　树池式　在交通量比较大、行人多而人行道又狭窄的街道上，行道树宜采用树池式的种植方式。行道树之间采用透气性的路面材料铺装，利于渗水通气，改善土壤条件，保证行道树生长，同时也不妨碍行人行走。树池以正方形为主，边长宜不小于1.2m。若树池为圆形，其半径不宜小于1.2m（图11-2-12）。

行道树栽植于树池的几何中心，为了防止树池被行人践踏，可使树池边缘高出人行道8～10cm。如果树池稍微低于路面，应在上面加上透空的池盖，与路面同高。这样可使树木在人行道上占很小的面积，实际上增加了人行道的宽度，又避免了践踏，同时还可使雨水渗入树池内。池盖可由木条、金属制成（图11-2-13）。

图 11-2-13　树池的不同形式

（2）行道树种植设计要求

在人行道绿化带上种植树木，必须保持一定的株距。一般来说，株距不应小于树冠的2倍。行道树种植时，应充分考虑株距与定干高度。一般株行距要根据树冠大小决定，有4m、

5m、6m、8m不等。若种植干径为5cm以上的树苗，株距以6~8m为宜，使行道树树冠有一定的分布空间，以保证必要的营养面积，保证其正常生长，同时也是便于消防、急救、抢险等车辆在必要时穿行。树干中心至路缘石外侧距离不小于0.75m，以利于行道树的栽植和养护管理。快长树胸径不得小于5cm、慢长树胸径不宜小于8cm的行道树种植苗木的标准，是为了保证新栽行道树的成活率和在种植后较短的时间内达到绿化的效果（图11-2-14）。

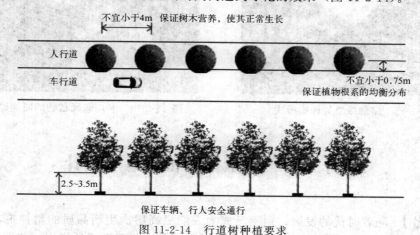

图11-2-14　行道树种植要求

（3）行道树树种选择要求

应选择能适应当地生长环境、树龄长、树干通直、树枝端正、花果无毒、耐修剪的植物。目前应用较多的有法国梧桐、雪松、垂柳、国槐、合欢、栾树、馒头柳、杜仲、白蜡、棕榈、女贞、香樟、广玉兰、泡桐、银杏等。

2. 路侧绿带设计

路侧绿带是城市道路绿地的重要组成部分。路侧绿带与沿路的用地性质或建筑物关系密切，有的要求有植物衬托，有的要求绿化防护。因此，路侧绿带应根据相邻用地性质、防护和景观要求等进行设计，并在整体上保持绿带连续、完整和景观效果的统一（图11-2-15）。由于路侧绿带宽度不一，所以植物配置各异。国内路侧绿带常用地锦等藤本植物作墙面垂直绿化，用直立的桧柏、珊瑚树或女贞、杨树等作为分隔。如绿带宽些，则以此绿色屏障作为背景，前面配植花灌木、宿根花卉及草坪。为避免行人践踏破坏，在外缘常用绿篱分隔。

总之，路侧绿带的设计要注意以下几点。

① 路侧绿带应根据相邻用地性质、防护和景观要求进行设计，并应保持在路段内的连续与完整的景观效果。

② 路侧绿带宽度大于8m时，可设计成开放式绿地。在开放式绿地中，绿化用地面积不得小于该段绿带总面积的70％。路侧绿带与毗邻的其他绿地一起辟为街旁游园时，其设计应符合现行行业标准《公园设计规范》（CJJ 48）的规定。

③ 濒临江、河、湖、海等水体的路侧绿地，应结合水面与岸线地形设计成滨水绿带。滨水绿带的绿化应在道路和水面之间留出透景线。

④ 道路护坡绿化应结合工程措施栽植地被植物或攀缘植物（图11-2-16）。

总之，城市道路绿地植物设计在一定意义上能够凸显城市的整体风貌，是展现城市文明的重要途径。在植物设计中要全面考虑植物景观的功能结构，运用与城市气候、土壤环境、湿度等条件相符的植物，充分展现植物本身的艺术性与功能性，为行人创造一个优美的道路环境。在植物设计中要从整体出发进行局部设计，让整个城市道路绿地植物景观看起来错落有致，提升植物的艺术价值。

图 11-2-15　路侧绿带的种植形式　　　　图 11-2-16　利用攀缘植物的路侧绿带设计

任务三　　别墅庭院植物景观设计

【任务提出】　随着时代的发展，别墅已成为人们更高层次生活品质的精神追求之一。植物作为景观要素的核心内容之一，在别墅庭院景观营造中起着重要的作用。如何合理利用植物来美化庭院，营造优美和谐的庭院景观，是本任务的重点。

【任务分析】　别墅庭院与其他场所不同，是最能体现业主个人品位、志趣、爱好的独特场地。但别墅庭院的设计是个复杂的过程，需要将能体现业主思想的设计主题与复杂的技术要求相结合，运用乔木、灌木、藤本、地被及草坪进行庭院景观的创作。

【任务实施】　本任务通过学习别墅庭院的不同类型，了解别墅庭院空间的组成及常用植物，结合一个实际的庭院设计案例，从每一步上重点讲解植物景观设计的流程，以及别墅庭院植物设计图纸的绘制方法和要求。

一、别墅庭院概述

1. 别墅的定义

别墅，是改善型住宅，在郊区或风景区建造的供休养用的园林住宅，主要是用来享受生活的居所。

2. 别墅的分类

（1）独栋别墅

独栋的别墅一般是指独门的独院，上有独立空间，中有私家花园领地，下有地下室，是私密性很强的一种独立式住宅，表现为上下左右前后都属于独立空间，一般房屋的周围基本上都有面积不等的绿地、院落、游泳池、亭子、篮球场等（图 11-3-1、图 11-3-2）。这一类型是别墅历史最悠久的一种，私密性强，市场价格较高，也是别墅建筑的终极形式。

（2）联排别墅

联排别墅一般都带有私人院子、露台和车库。由三个或三个以上的单元住宅组成，一排2～4 层联结在一起，每几个单元共用外墙，有统一的平面设计和独立的门户（图 11-3-3、图 11-3-4）。

联排别墅是大多数经济型别墅采取的主要形式。其主要特点是低密度、低容积率、环保节能。

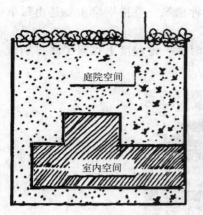

图 11-3-1　独栋别墅结构示意

图 11-3-2　独栋别墅实景

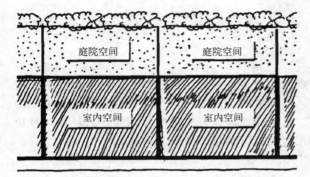

图 11-3-3　联排别墅结构示意

图 11-3-4　联排别墅实景

（3）双拼别墅

它是联排别墅与独栋别墅之间的中间产品，由两个单元的别墅并联组成的单栋别墅，有宽阔的室外空间（图 11-3-5、图 11-3-6）。

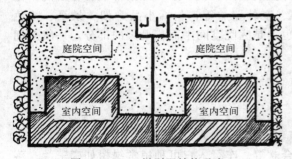

图 11-3-5　双拼别墅结构示意

图 11-3-6　双拼别墅实景

双拼别墅特征如下：

① 降低了社区密度，增加了住宅采光面，使其拥有了更宽阔的室外空间。

② 双拼别墅基本是都是三面采光，外侧的居室一般也通常会有两个以上的一个采光面，窗户比较多，通风良好，更重要的是采光和观景。

（4）叠拼别墅

叠拼别墅是联排别墅的叠拼式的一种延伸，介于别墅与公寓之间，是由多层的别墅式复式住宅上下叠加在一起组合而成的，一般为四层带阁楼的一种建筑。叠拼别墅主要是由每单元 2～3 层的别墅户型上下叠加而成的（图 11-3-7）。

这种开间与联排别墅相比，独立面造型可丰富一些，同时在一定程度上克服了联排别墅长进深的缺点。

图 11-3-7　叠拼别墅实景

二、别墅庭院的空间组成及作用

1. 前院

前院空间主要起到出入口作用，是进出别墅的通道，分为车行入口和人行入口。根据前院围墙的高度和种类，前院又可做成开放式、半开放式、封闭式。开放式前院一般设置矮的挡土墙和花坛，半开放式前院设置铁艺围栏，封闭式前院设置高的实体围墙。人行入口种植落叶观花树种，如白玉兰、合欢、樱花等。车行入口可种植广玉兰和银杏等。

2. 侧院

经过前院不穿过别墅建筑而到别墅后院空间的通道，主要起到交通作用，侧院由于不是出入口空间，也不是主要的活动场所，人们会把它作为一定的储物空间来使用。所以侧院的主要作用一般是交通和储物。

3. 后院

后院是主要活动场所，停留时间最长的室外庭院空间。很多景观元素都设置在后院，比如室外家居平台、游泳池、SPA 池、烧烤设备、室外壁炉等，包括小品廊架、景亭、特色花架、座椅、景墙、雕塑、坐凳等，后院一般也会是庭院空间中面积最大的部分，一般多拥有宽敞的大草坪。

三、不同空间的植物景观设计

1. 前院空间的植物景观设计

前院空间的植物景观设计，主要突出出入口景观，分为人行入口和车行入口，人行入口可对称种植落叶观花树种，如白玉兰、樱花、合欢等。车行入户可种植常绿树如广玉兰、落叶树如银杏等。封闭式前院具有分户实体围墙，高度在 2m 左右，要考虑种植对墙体的遮挡和对外面人群视线的遮挡（图 11-3-8）；半开放式前院可以种植藤本攀爬铁艺围墙；开放式前院可考虑挡土墙和花坛的种植（图 11-3-9）。

关于围墙的遮挡，种植设计有很多做法：采用绿篱，比如法国冬青、红叶石楠、桂花、石榴、栀子花等，高度可控制在 1.8～2m，也可以采用修剪整齐的灌木球，如红叶石楠球、栀子花球、桂花球、茶梅球、海桐球等，还可以采用藤本植物沿着围墙攀缘，如爬山虎、蔷薇、凌霄、木香、铁线莲等，从而达到遮挡墙身的目的（图 11-3-10、图 11-3-11）。

图 11-3-8　封闭式围墙植物种植方式

图 11-3-9　开放式围墙植物种植方式

紫叶李

法国冬青

图 11-3-10　围墙遮挡植物冬青

蔷薇

图 11-3-11　围墙遮挡植物蔷薇

2. 侧院空间的植物景观设计

侧院的主要作用一般是交通和储物，所以人们停留的时间是比较短的。一般的侧院空间会比较狭长，采用汀步或草径作为交通步道。种植主要是在建筑与步道、步道和分户围墙之间的区域，乔木的主要作用是对隔壁别墅二楼窗户的视线遮挡，可以列植常绿树种，或者在草径和汀步的两侧错落种植落叶乔木，让种植范围较窄的侧院空间起到较好的分户遮挡的作用（图 11-3-12）。

3. 后院空间的植物景观设计

后院一般是主要的庭院活动空间，各类硬质景观小品元素都设置在后院。如果面积足够大，可设置开敞草坪（图 11-3-13）。

（1）别墅庭院角点的种植设计

角点处点植乔木，对把控整个后院种植

图 11-3-12　侧院植物种植

空间、保证庭院空间的私密性起到极其重要的作用。如果庭院角点种植空间较大，可以 2～3 棵为群组来设计。在这里，常绿的香樟、饱满的广玉兰等树种是很好的选择。在建筑墙角种植乔木，乔木下可配植常绿灌木或者草本花卉用以遮挡围墙的拐角（图 11-3-14）。

乐昌含笑

鼠尾草

美女樱

图 11-3-13　后院空间设置开敞大草坪　　　　图 11-3-14　建筑墙角植物种植

（2）草坪界限与围墙之间的种植区域

在这个区域主要是通过上层乔木、中层灌木、下层地被三层空间创造复合植物群落。

首先，上层空间可以选择观花树种、庭荫树、色叶树等，如玉兰群植、樱花列植；点植无患子、银杏、红枫、青枫等色叶树。果树如杨梅、柿子树、橘树、香柚等在庭院种植设计中也经常运用。处于上层大乔木和下层地被之间的中间层，是前两者的过渡空间，主要靠小乔木和灌木来丰富，如观花类紫荆、海棠、贴梗海棠、绣线菊、木绣球、结香等。常绿灌木多列植于墙根，点植于角点，对植于出入口、台阶的两侧等。下层地被离观赏者最近，可以用简单的一种地被铺满很大一块种植区域；也可以用很多种地被按照高低错落种植（图 11-3-15）。

焦点利用常绿灌木修剪造型，如大叶黄杨、金边黄杨

路缘利用花卉形成花境，如新几内亚凤仙、石竹

入口利用常绿灌木对称布置，如小叶女贞、瓜子黄杨

图 11-3-15　常绿灌木台阶两侧对植

四、实际案例分析

以某独栋别墅庭院植物设计为例，分析别墅庭院植物设计时的思路与具体步骤，及设计成果。

1. 项目现状调查与分析

根据甲方提供的现状图纸，该别墅属于独栋别墅，坐北朝南。整个项目长 31m，宽 26.5m，总占地面积 823m^2，其中建筑占地面积 232m^2，绿地占地面积 591m^2。项目的入口位于南侧，一条 3m 宽混凝土车道从南侧庭院主入口直通室内车库，东西两侧是其他住户的宅基地，南北两侧各有一条东西向的宽 6m 车行道，项目的西侧是一条宽 2m 的人行道。项目设计区域四周由 0.5m 高的挡土墙围合。在厨房的北面地下埋有水管、煤气管、电缆。从图中尺寸可以看出，庭院空间南侧占地面积最大，其次是西侧空间，庭院的东侧和北侧都是狭长的带状空间，占地面积最小（图11-3-16）。

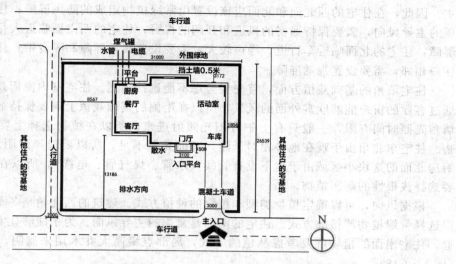

图 11-3-16　别墅庭院基地现状图

本项目案例中住宅建筑是形成基地小气候的关键条件，所以围绕住宅建筑加以分析：住宅的南面光照最充足、日照时间最长，地势平坦、开阔，通风，适宜开展活动和设置休息空间，但夏季的中午和午后温度较高，需要遮阴。另外，为了延长室外空间的使用时间，提高居住环境的舒适度，室外休闲空间或室内居住空间要保证充足的光照。因此，住宅南面的遮阴树应该选择分枝点高的落叶大乔木，这类乔木也有利于风道的顺畅，要避免栽植常绿植物。

住宅的西面，夏季炎热、干燥，冬季寒冷、多风，阳光充足地势平坦开阔，是最多风的地点，冬季以西北风和北风为主。住宅的北面，寒冷、多风、光照不足、地势低洼。住宅的东面，阳光照射时间较短、温度温和、风较少。住宅的东西两侧都是其他住户的宅基地，所以在植物设计上要考虑避免视野的通透；通过选用分枝点低的大灌木或者乔木形成相对私密的空间（图11-3-17）。

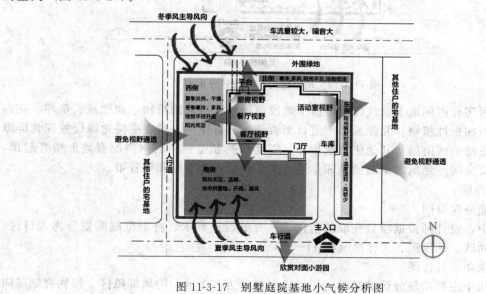

图 11-3-17　别墅庭院基地小气候分析图

根据图纸可以分析出，基地中的风向有以下规律：一年中住宅的南面、西南面、西面、西北面、北面风较多，而东面风较少，夏季以南风、西南风为主，冬季以西北风和北风为主。因此，在住宅的西北面和北面应该设置由常绿植物组成的防风屏障；住宅的南面是夏季风的主导风向，需要保持通畅的风道和开阔的视野；住宅的西南面临近人行道需要设置视觉屏障；住宅的北面临近车行道，噪声较大，需要设置视觉屏障和隔音带；住宅的东面与其他住户相邻，需要设置视觉屏障。

　　住宅墙角的基础栽植方面，首先要考虑不能遮挡阳光。住宅室内南面是客厅，业主希望通过客厅的窗户能够欣赏外面的风景，所以在南侧的基础栽植上需要保持通透。住宅东侧的墙角光照时间有限，一般只有上午有阳光照射进来，所以在植物选择上要考虑耐半阴的植物。住宅东北角由于现在地势相对低洼，背面光照不足，所以要选择耐阴湿的植物。此外，厨房北面的这块小区域由于地下设有管线（水管、煤气管、电缆），所以在植物栽植上一定要选择浅根性的耐阴植物。

　　根据风向，可以确定植物类型和植物的种植方式。建筑的西北角是冬季的主要风向，所以选择常绿植物群植的方式。住宅的南面是夏季的主导风向。为了能够让室内外空间空气流通，住宅南面的植物就要考虑丛植的方式，局部点缀高大乔木用来遮阴，以灌木丛植为主（图 11-3-18）。

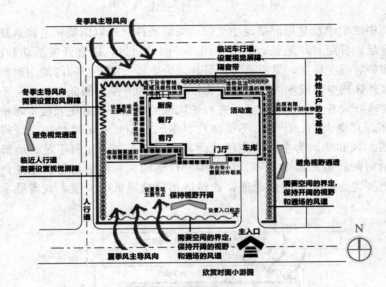

图 11-3-18　别墅庭院基地现状分析图

　　住宅的厨房外南侧地下管线较多，这个地段要种植浅根性的植物，如地被、草坪、花卉等，避免栽植深根性植物。北侧紧邻车道，车流量大、有噪声，应在庭院边缘设置视觉屏障和隔离带。庭院的西南侧与其他住宅地相邻，需要保持私密性。西南侧原有地形稍有起伏，是庭院的主要空间。建筑的东南侧紧邻车道，需要设置视觉屏障和隔音带。

　　2. 功能分区

　　（1）功能分区草图

　　本项目中，设计师根据项目获取的信息、甲方的设计要求，将别墅庭院划分为入口区、集散区、活动区、休闲区、工作区（图 11-3-19）。

　　（2）植物功能分区图

　　在以上几个主要功能分区的基础上，植物主要分为 8 个区：防风屏障区、植物视觉屏障

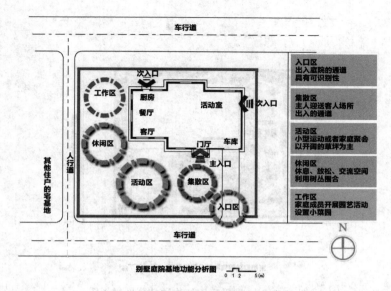

图 11-3-19　别墅庭院功能分析图

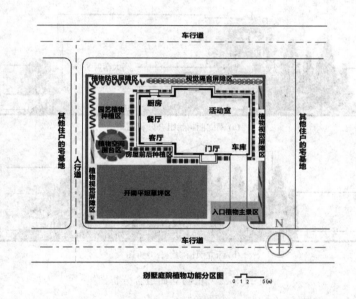

图 11-3-20　别墅庭院植物功能分区图

带、入口植物主景区、开阔平坦草坪区、房屋前后种植区、植物视觉隔音屏障区、植物空间围合区、园艺植物种植区（图 11-3-20）。

（3）功能分区细化

① 植物种植分区规划图　结合现状分析，在植物功能分区图的基础上，将各个功能分区继续分解，用符号标出各种植物种植区域，绘制植物种植分区规划图。植物种植分区规划图主要确定植物是常绿的还是落叶的，是乔木、灌木、地被、花卉、草坪中的哪一类，并不确定具体的植物名称（图 11-3-21）。

② 植物立面组合分析图　在植物种植分区规划图的基础上，分析植物的组合效果，绘制植物立面组合分析图，一方面可确定植物的组合是否能形成优美、流畅的林冠线；另一方

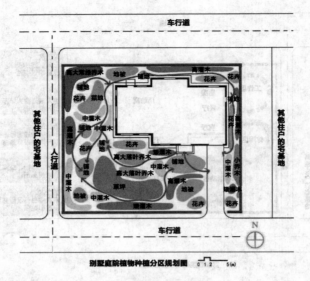

图 11-3-21 别墅庭院植物种植分区规划图

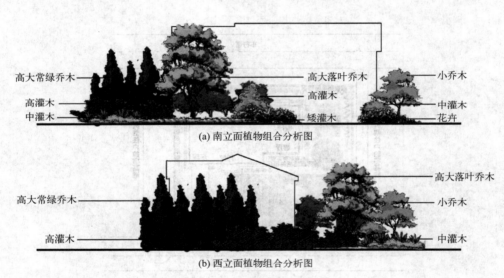

(a) 南立面植物组合分析图

(b) 西立面植物组合分析图

图 11-3-22 植物立面组合分析图

面也可以判断植物的组合是否能满足功能需要，如私密性、防风等（图 11-3-22）。

3. 别墅庭院植物种植设计

首先确定孤植树。孤植树构成整个景观的骨架和主体，需要先确定孤植树的位置、名称和规格。在项目建筑的南面与客厅窗户相对的位置上设置一株孤植树。本方案选择合欢作为孤植树，合欢树冠伞形，夏季开粉色花。在入口处，选择栾树作为主要景观树，栾树夏季开黄花，秋季结红果。其次，确定配景植物。在项目南窗前栽植银杏，银杏可以保证夏季遮阴，冬季透光，在建筑西南侧栽植几株鸡爪槭、红枫，与西侧窗户形成对景。入口铺装平台处栽植一株桂花，形成视觉焦点和空间标志。接下来，选择其他植物（表 11-3-1）。

表 11-3-1　别墅庭院初步设计植物选择列表

植物类型	植物名称
常绿大乔木	北美香柏、日本柳杉
落叶大乔木	银杏、国槐、合欢、栾树
小乔木	鸡爪槭、红枫、紫薇、木槿、桂花、罗汉松
高灌木	法国冬青
中灌木	棣棠、红叶石楠、大叶黄杨
矮灌木	杜鹃、贴梗海棠
花卉	花叶玉簪、萱草、红帽月季、红花酢浆草
地被	金边黄杨、金边过路黄、绣线菊
草坪	多年生黑麦草与高羊茅混播

如图 11-3-23 所示，在主入口车行道两侧栽植红花酢浆草和月季形成花境，项目的东南侧栽植慈孝竹形成空间的界定，通过紫薇、贴梗海棠形成空间的过渡；基地的东侧栽植木槿，兼顾观赏和屏障功能；项目的北面寒冷、光照不足，选择花叶玉簪、萱草这类的耐阴耐寒植物；项目的西北侧利用北美香柏和日本柳杉构成防风屏障，并配置鸡爪槭、红枫、罗汉松、大叶黄杨、四季桂等观花观叶植物，与项目西侧形成联系；项目的西侧与人行道相邻区域栽植法国冬青高绿篱形成视觉屏障，并栽植观赏价值较高的国槐、桂花、石榴、紫薇等，形成优美的景观；项目南侧选择低矮的绣线菊植被，平坦的草坪点缀合欢、贴梗海棠，形成开阔的视线和顺畅的风道。最后在设计图纸中利用具体的图例标识出植物的类型、种植位置（图 11-3-24），并列出苗木规格表。

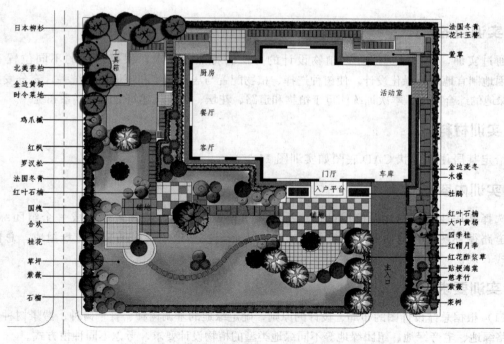

图 11-3-23　别墅庭院植物种植设计平面图

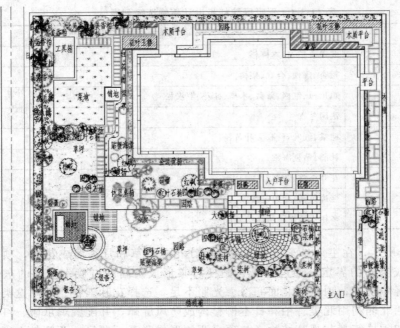

图 11-3-24　别墅庭院种植设计平面点位图

实训模块十一　居住区植物配置实践

一、实训目的

通过实训，能够掌握居住区植物设计的方法、特点、要求，根据绿地的不同位置和类型、因地制宜进行绿化设计，使树种选择、植物配置与居住建筑和环境协调统一，充分发挥居住区绿地的综合功能。本次训练侧重于植物和道路、花坛、铺装、建筑之间的联系和统一。

二、实训材料

给定某居住区现状 CAD 底图如实训图 11-1。

三、实训内容

选择某居住组团绿地做模拟设计。小区入口位于南侧，6 幢住宅围合成一个组团绿地，四周道路循环畅通并通向各个建筑单元入口。中心组团绿地主要由铺装、花坛组成，总体为规则式布局。

四、实训要求

（1）根据总体设计图的布局、设计的原则，确定绿地的基调树种、骨干树种、造景树种，考虑道路绿地、宅旁绿地、组团绿地等不同绿地类型的植物设计要求，考虑不同种植方式。

（2）季节分明：三季有花、四季常绿；无污染、无毒；观赏价值高；尽量选用本土树种。

（3）建筑周围绿化，要选择低矮花灌木，不能影响建筑内通风采光。宅间绿化要根据楼

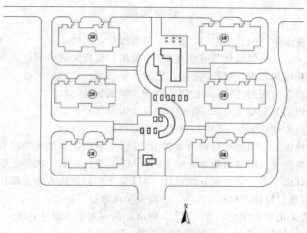

实训图 11-1　某居住区组团绿地布置图

间距大小和楼的高低，合理确定植物类型。道路绿地在植物选择上需考虑遮阴、不同等级道路植物配置的区分和组织交通的功能。组团绿地要结合花坛设计创造丰富植物景观。

五、实训作业

1. 小区绿地种植设计图（CAD 图），比例 1：200～1：300。
2. 植物设计说明书（立地条件分析、植被类型分析、植物造景分析）。
3. 植物配置表。

【练习与思考】

1. 行道树种植方式有哪些？列举所在区域常用行道树树种。
2. 分车绿带设计有哪些注意要点？
3. 别墅庭院植物设计的流程是怎样的？
4. 设计任务书的主要内容有哪些？
5. 如何编写植物设计说明？

项目单元十一【知识拓展】见二维码。

一、居住区植物设计案例；
二、别墅庭院植物配置要点

参考文献

[1] 汤庚国. 风景园林树木学 [M]. 重庆：重庆大学出版社，2019.

[2] 曾明颖，王仁睿，王早. 园林植物与造景 [M]. 重庆：重庆大学出版社，2018.

[3] 李名扬. 园林植物栽培与养护 [M]. 重庆：重庆大学出版社，2016.

[4] 孙立平. 园林植物识别与应用 [M]. 重庆：重庆大学出版社，2015.

[5] 黄金凤. 园林植物识别与应用 [M]. 南京：东南大学出版社，2015.

[6] 李明军. 植物与植物生理 [M]. 重庆：重庆大学出版社，2015.

[7] 彩万志，李华平，徐汉虹. 园林植物病虫害防治 [M]. 重庆：重庆大学出版社，2015.

[8] 冯志坚，陈锡沐，翁殊斐. 园林植物学：南方版 [M]. 重庆：重庆大学出版社，2013.

[9] 刘丽雅，刘露，李林浩，等. 居住区景观设计 [M]. 重庆：重庆大学出版社，2017.

[10] 刘滨谊. 现代景观规划设计 [M]. 南京：东南大学出版社，2017.

[11] 蔡晴. 基于地域的文化景观保护研究 [M]. 南京：东南大学出版社，2016.

[12] 张大为. 景观设计 [M]. 北京：人民邮电出版社，2016.

[13] 祁承经. 园林树木学 [M]. 重庆：重庆大学出版社，2013.

[14] 陈林. 园林花卉 [M]. 重庆：重庆大学出版社，2015.

[15] 陈其兵. 园林绿地建植与养护 [M]. 重庆：重庆大学出版社，2014.

[16] 范海霞，徐巧萍. 园林植物 [M]. 郑州：黄河水利出版社，2013.

[17] 颜玉娟，周荣. 园林植物基础 [M]. 北京：中国林业出版社，2020.

[18] 曾明颖，王仁睿，王早. 园林植物与造景 [M]. 重庆：重庆大学出版社，2018.

[19] 颜玉娟，周荣. 园林植物基础 [M]. 北京：中国林业出版社，2020.

[20] 强胜. 植物学 [M]. 北京：高等教育出版社，2017.

[21] 李艳. 茂名市园林绿地植物及其景观调查分析 [D]. 南宁：广西大学，2021.

[22] 王悦笛. 唐宋诗歌与园林植物审美 [D]. 北京：中国社会科学院研究生院，2021.

[23] 雷晓丽. 中国西南部小城市园林植物资源运用配置及植物多样性结构分析 [D]. 重庆：西南大学，2021.

[24] 董杰. 西方古典园林植物运用研究 [D]. 哈尔滨：东北林业大学，2020.

[25] 翟晶. 园林植物在城市景观设计中的应用 [J]. 住宅与房地产，2017（05）：76.

[26] 庄志勇. 园林植物在城市景观设计中的具体运用 [J]. 建筑经济，2021，42（04）：157-158.

[27] 龙梦琪. 上杭县城市园林植物评价与推介 [D]. 长沙：中南林业科技大学，2017.

[28] 李盛仙. 奇异树木大观园 [J]. 科学世界，1997（05）：34-35.

[29] 李真宪. 世界上奇异的树木 [J]. 吉林林业科技，1983（06）：69.

[30] 郑丽. 中国十大名花之人文形象思考——论园艺科学与人文精神的互动 [C]//中国花文化国际学术研讨会论文集. 旅游学研究，2007：181-183.

[31] 曾明颖，王仁睿，王早. 园林植物与造景 [M]. 重庆：重庆大学出版社，2018.

[32] 张德顺，芦建国. 风景园林植物学 [M]. 上海：同济大学出版社，2018.

[33] 卓丽环，陈龙青. 园林树木学 [M]. 北京：中国农业出版社，2019.

[34] 臧德奎. 园林树木学 [M]. 北京：中国建筑工业出版社 2007.

[35] 包满珠. 花卉学 [M]. 北京：中国农业出版社，2003.

[36] 张建新. 园林植物 [M]. 北京：科学出版社，2005.

[37] 邓小飞. 园林植物 [M]. 武汉：华中科技大学出版社，2008.

[38] 潘文明. 观赏树木 [M]. 北京：中国农业出版社，2008.

[39] 李宇宏. 景观设计基础 [M]. 北京：电子工业出版社，2010.

[40] 徐敏. 景观植物设计 [M]. 北京：人民邮电出版社，2015.

[41] 李文敏. 植物景观设计 [M]. 上海：上海交通大学出版社，2019.

[42] 刘破浪. "师法自然，造景探源"——植物造景的学习方法探讨 [D]. 长沙：中南林学院，2004.

[43] 李丹. 中西方园林植物景观设计的发展与方向 [J]. 现代园艺, 2018, 08.

[44] 梁蕴. 植物配置中若干数量关系的研究 [D]. 北京: 北京林业大学, 2004.

[45] 田丽. 重庆城区三个公园景观植物多样性及其配置模式的调查研究 [D]. 重庆: 重庆师范大学, 2019.

[46] 苏雪痕. 植物景观规划设计 [M]. 北京: 中国林业出版社, 2012.

[47] 田如男. 花境设计与常用花境植物 [M]. 南京: 东南大学出版社, 2018.

[48] 张秀丽. 花坛与花境设计 [M]. 北京: 金盾出版社, 2016.

[49] 夏宜平. 园林花境景观设计 [M]. 北京: 化学工业出版社, 2020.

[50] 雷琼. 园林植物种植设计 [M]. 北京: 化学工业出版社, 2017.

[51] 王美仙. 花境起源及应用设计研究与实践 [D]. 北京: 北京林业大学, 2009.

[52] 董丽. 园林花卉应用设计 [M]. 北京: 中国林业出版社, 2015.

[53] 李婷. 节日花坛设计 [M]. 北京: 中国林业出版社, 2020.

[54] 朱钧珍. 园林植物景观艺术. 第2版 [M]. 北京: 中国建筑工业出版社, 2015。

[55] 孙筱祥. 园林艺术及园林设计 [M]. 北京: 中国建筑工业出版社, 2011.

[56] 刘雪梅. 园林植物景观设计 [M]. 武汉: 华中科技大学出版社, 2020.

[57] 窦小敏. 植物景观规划设计 [M]. 北京: 清华大学出版社, 2019.

[58] 徐敏. 景观植物设计 [M]. 北京: 人民邮电出版社, 2019.

[59] 马晓雯. 景观植物造景设计原理 [M]. 北京: 东北大学出版社, 2018.

[60] 朱红霞. 中国林业出版社 [M]. 北京: 中国林业出版社, 2013.

[61] 李文敏. 植物景观设计 [M]. 上海: 上海交通大学出版社, 2011.

[62] 李尚志. 乔木与景观 [M]. 北京: 中国林业出版社, 2019.

[63] 胡长龙. 园林树木景观设计 [M]. 北京: 化学工业出版社, 2021.

[64] 王婷. 灌木与景观 [M]. 北京: 中国林业出版社, 2016.

[65] 谭继清. 草坪地被景观设计与应用. [M]. 北京: 中国建筑工业出版社, 2013.

[66] 张宝鑫. 地被植物景观设计与应用. [M]. 北京: 机械工业出版社, 2006.

[67] 周厚高. 藤蔓植物景观 [M]. 南京: 江苏凤凰科学技术出版社, 2019.

[68] 张金政. 藤蔓植物与景观 [M]. 北京: 中国林业出版社. 2015.

[69] 龙光华. 竹文化及竹景的营造与配置 [J]. 林业调查规划. 2021, 46 (2): 177-181.

[70] 赵娜. 风景园林中竹景的营造研究 [D]. 武汉: 华中农业大学. 2009, 6.

[71] 张德顺. 我国当代竹景研究概述 [J]. 中国城市农业. 2014, 14 (6).

[72] 陈其兵. 观赏竹与景观 [M]. 北京: 中国林业出版社, 2016.

[73] 陈其兵. 观赏竹配置与造景 [M]. 北京: 中国林业出版社, 2007.

[74] 孔杨勇, 夏宜平. 水生植物种植设计与施工 [M]. 杭州: 浙江大学出版社. 2015.

[75] 刘亮, 段青. 水生植物培育与造景技术 [M]. 北京: 化学工业出版社, 2015.

[76] 刘丽霞. 水生植物景观的营造 [J]. 北方园艺, 2008 (7): 188-190.

[77] 丁炳杨. 水生植物的净化作用及其在水体景观生态设计中的应用研究 [D]. 杭州: 浙江大学. 2003, 6.

[78] 黄喆. 南宁市青秀山玫瑰湾水生植物景观设计 [D]. 长沙: 中南林业科技大学, 2013.